中国云南沧源南滚河流域亚洲象保护的研究
——保护生物学的视角

李永杰 著

云南大学出版社
YUNNAN UNIVERSITY PRESS

图书在版编目（CIP）数据

中国云南沧源南滚河流域亚洲象保护的研究. 保护生物学的视角 / 李永杰著. -- 昆明：云南大学出版社，2020
ISBN 978-7-5482-3950-5

Ⅰ. ①中… Ⅱ. ①李… Ⅲ. ①亚洲象－动物保护－研究－云南 Ⅳ. ①Q959.845

中国版本图书馆CIP数据核字（2020）第000275号

策划编辑：徐　曼
责任编辑：徐　曼
封面设计：刘　雨

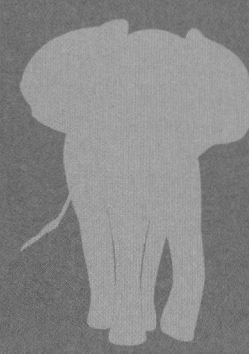

中国云南沧源南滚河流域亚洲象保护的研究
——保护生物学的视角

ZHONGGUO YUNNAN CANGYUAN NANGUNHE LIUYU
YAZHOUXIANG BAOHU DE YANJIU
BAOHU SHENGWUXUE DE SHIJIAO

李永杰　著

出版发行：	云南大学出版社
印　　装：	昆明理煋印务有限公司
开　　本：	787mm×1092mm　1/16
印　　张：	12.75
字　　数：	300千
版　　次：	2021年6月第1版
印　　次：	2021年6月第1次印刷
书　　号：	ISBN 978-7-5482-3950-5
定　　价：	88.00元

社　　址：昆明市翠湖北路2号云南大学英华园内
邮　　编：650091
电　　话：（0871）65033244　65031071
网　　址：http://www.ynup.com
E-mail：market@ynup.com

若发现本书有印装质量问题，请与印厂联系调换。联系电话：64167045。

序

我曾为几本生物多样性的专著作过序，都是带着愉悦的心情，但这一次却是例外。作者李永杰是我国研究亚洲象的著名学者之一，早年就读于云南大学动物学系，毕业后便深入滇西南开展亚洲象的调查监测与跟踪研究，是最早深入南滚河流域开展亚洲象调查研究的动物学学者。为了亚洲象的保护事业，他倾尽了自己毕生的心血。

我是在20世纪90年代初到南滚河流域开展南滚河国家级自然保护区科学考察时与永杰相识的，他当时是临沧林业局保护办的一位业务领导。我们同吃同住，一起跋山涉水，对南滚河流域的生物多样性和亚洲象等开展了综合性科学考察，并由此结下了深厚的友谊。2011年，永杰作为动物学高端人才被引进到云南省林业科学院，专职从事野生动物保护研究工作，我们又成为了亲密的同事。然而，天妒英才，在他即将把自己数十年来对南滚河流域亚洲象的调查研究成果付梓之际，却因病突然离开了我们，怎能不让人唏嘘！永杰的离开，是我国亚洲象及其动物学研究领域的一大损失。

逝者已去，生者已矣……

为了继承和延续永杰的事业，唤起人们对南滚河流域亚洲象保护问题的关注，完成他一生的未了心愿，永杰的领导、同事、同学，以及永杰的爱人——一位在香格里拉为了藏区的脱贫攻坚、乡村振兴事业奋斗了一生的优秀藏族领导，纷纷行动起来，化悲痛为力量，为永杰的遗稿整理数据、校改文字、编排照片、筹集经费，以期它能早日出版面世，藉此寄托大家对永杰的哀思，缅怀他对亚洲象保护所做的重要贡献。

南滚河流域是我国除西双版纳和普洱以外的第三个有亚洲象分布的地区。虽然都属于亚洲象的印度亚种，但西双版纳和普洱所分布的亚洲象属中南半岛向北延伸分布的扩散类群，在动物地理的分布类型上属东南亚（中南半岛）热带亚热带分布型，流域上属太平洋湄公河—澜沧江水系；南滚河流域的亚洲象是从南亚次大陆经孟加拉和缅甸北部向东北进入云南西部，再向东北抵达南滚河流域，在动物地理的分布类型上属南亚（南亚次大陆）热带亚热带分布型，在流域上属印度洋萨尔温江—怒江水系，是亚洲象南亚次大陆地理种群在我国的唯一代表。由于南滚河流域所分布的亚洲象地理种群是南亚动物地理区系成分向东分布的极限种群，与西双版纳和普洱分布的亚洲象中南半岛地理种群的亚洲象在生物学特性与生态和生活习性等方面都具有不小的差异，因而对南滚河流域亚洲象开展深入系统的调查研究具有生物地理学与保护生物学的重要意义，并对我国亚洲象保护实践有重要指导价值。

长时间以来，我国对亚洲象的研究主要集中在西双版纳和普洱的东南亚地理种群上，对南滚河流域亚洲象的研究工作严重滞后或空缺，永杰的研究具有填补这一空白的重要意义。他对南滚河流域亚洲象种群进行了长达30余年深入的调查监测与跟踪研究，是对南滚河流域亚洲象系统、深入开展调查研究的第一人。他回顾了历史上南滚河流域亚洲象地理种群的分布范围、种群数量，系统分析研究了该地理种群的生物学特性、栖息环境、生态习性与生活行为等，分析了亚洲象种群数量的变化及其与人类活动的关系。特别是，他以独特的视角剖析了佤族象文化对亚洲象在南滚河流域留存下来，使之成为滇西南亚洲象最后栖息地所起到的重要作用，旨在唤起人们在保护南滚河流域的亚洲象的行动中一定要重视传承弘扬民族传统文化，提出将"文化重构"和"文化反哺"理论应用到南滚河亚洲象保护的公众宣传教育与具体保护实践中，并与现代保护生物学理论相结合，为南亚种群的亚洲象在南滚河流域继续生存提供机会。从"人象冲突"回归到"人象和谐共生"，是永杰应用中国传统智慧和民族生态文化资源进行研究的创新之处与最大亮点，其中许多研究成果和观点都是首次与读者见面。

不知是什么原因，每当我看到亚洲象，就会想起李永杰，仿佛是永杰已经与亚洲象分不开了。是他为亚洲象撑起了保护的绿伞，是他为南滚河亚洲象的明天种下了希望。本书展现了永杰与南滚河亚洲象的不朽情缘；愿本书的问世，能唤起人们对动物保护问题的关注。让永杰的英灵能伴随着亚洲象，永远留在中国的大地上。

中华人民共和国濒危物种科学委员会委员
2021 年 5 月 1 日

目　录

第一篇　绪　论

1 研究背景与理论基础 …………………………………………………………………… (1)
　　1.1 研究背景及过程 ……………………………………………………………… (1)
　　1.2 理论支撑 ……………………………………………………………………… (3)
　　1.3 尺度与方法 …………………………………………………………………… (5)
2 亚洲象简介和现状 ……………………………………………………………………… (6)
　　2.1 亚洲象简介 …………………………………………………………………… (6)
　　2.2 亚洲象的现状 ………………………………………………………………… (7)
　　2.3 中国亚洲象及保护现状 ……………………………………………………… (16)

第二篇　南滚河流域亚洲象的生物学特性

3 亚洲象的（生物学）栖息环境 ………………………………………………………… (23)
　　3.1 亚洲象的非生物环境 ………………………………………………………… (23)
　　3.2 亚洲象的生物环境 …………………………………………………………… (30)
　　3.3 1974年—2005年亚洲象栖息地的变迁 …………………………………… (38)
　　3.4 亚洲象栖息地现状分析 ……………………………………………………… (48)
　　3.5 南滚河流域有害植物入侵及对亚洲象的影响研究 ………………………… (52)
4 亚洲象在云南省的分布范围变迁 ……………………………………………………… (57)
　　4.1 临沧市亚洲象的历史分布 …………………………………………………… (57)
　　4.2 孟定坝亚洲象的分布及变迁 ………………………………………………… (64)
　　4.3 南滚河流域亚洲象的分布及变迁 …………………………………………… (66)
5 亚洲象种群数量变迁 …………………………………………………………………… (69)
　　5.1 历史上南滚河流域亚洲象种群数量和结构研究 …………………………… (69)
　　5.2 关于南滚河流域亚洲象种群数量研究方法的探讨 ………………………… (77)
　　5.3 种群结构的研究历史及结果 ………………………………………………… (79)
　　5.4 亚洲象的种群数量现状 ……………………………………………………… (80)
6 亚洲象行为 ……………………………………………………………………………… (87)
　　6.1 文献综述 ……………………………………………………………………… (87)
　　6.2 南滚河流域亚洲象主要行为观察 …………………………………………… (88)
　　6.3 食性及食物选择 ……………………………………………………………… (95)
　　6.4 痕迹研究 ……………………………………………………………………… (105)
7 亚洲象生境选择 ………………………………………………………………………… (111)
　　7.1 基于样线调查法的研究 ……………………………………………………… (111)
　　7.2 亚洲象对高程的选择 ………………………………………………………… (111)
　　7.3 亚洲象对坡向的选择 ………………………………………………………… (117)
　　7.4 亚洲象对坡度的选择 ………………………………………………………… (117)
　　7.5 亚洲象对坡位的选择 ………………………………………………………… (117)
　　7.6 亚洲象对林木密度的选择 …………………………………………………… (117)
　　7.7 亚洲象对植被的选择 ………………………………………………………… (117)
　　7.8 亚洲象对郁闭度的选择 ……………………………………………………… (118)

7.9　亚洲象排粪行为的生境选择 ………………………………………（118）
　　7.10　亚洲象产仔的生境选择 …………………………………………（118）
　　7.11　亚洲象生境选择的综合分析 ……………………………………（118）

8　亚洲象的适应 ……………………………………………………………（120）
　　8.1　亚洲象对佤族刀耕火种农耕方式的适应 ………………………（120）
　　8.2　亚洲象对现代耕作方式的适应（亚洲象对人工植被的适应）…（125）
　　8.3　亚洲象对人类其他活动的适应 …………………………………（128）

第三篇　亚洲象保护管理的阶梯

9　亚洲象的现代管理 ………………………………………………………（130）
　　9.1　南滚河自然保护区的建立和沿革 ………………………………（131）
　　9.2　保护区规划及亚洲象保护的定位 ………………………………（131）
　　9.3　保护区建设 ………………………………………………………（132）
　　9.4　亚洲象保护的探索 ………………………………………………（136）
　　9.5　保护管理工作存在的问题 ………………………………………（138）

第四篇　危机的反思

10　亚洲象生境被压缩 ……………………………………………………（144）
11　亚洲象在生态系统中的作用 …………………………………………（145）
12　牛与亚洲象的生态位重叠 ……………………………………………（146）
13　人类活动的干扰 ………………………………………………………（147）
　　13.1　对亚洲象产生影响的人类行为 …………………………………（147）
　　13.2　亚洲象渐危过程和人类活动历史的共时性分析 ………………（150）

第五篇　继续生存的机会

14　对亚洲象的管理和研究 ………………………………………………（153）
　　14.1　参与式亚洲象保护问题及对策分析 ……………………………（153）
　　14.2　根据研究结果发现的问题和提出的对策 ………………………（156）
　　14.3　参与式亚洲象保护的对策分析 …………………………………（157）
　　14.4　南滚河流域两个乡政府对促进经济发展项目的选择 …………（161）
　　14.5　亚洲象保护需要开展的活动及排序 ……………………………（162）
　　14.6　南滚河流域亚洲象保护优先行动方案 …………………………（162）
15　亚洲象保护重点行动方案 ……………………………………………（163）
　　15.1　亚洲象的监测和数据库建立 ……………………………………（163）
　　15.2　亚洲象生境管理 …………………………………………………（169）
16　公众保护意识教育与文化重构 ………………………………………（175）
　　16.1　文化反哺 …………………………………………………………（176）
　　16.2　弘扬佤族象文化 …………………………………………………（178）
　　16.3　南滚河流域生态文化整合 ………………………………………（180）
　　16.4　社区共管组织——南滚河流域佤族亚洲象保护协会 …………（181）
　　16.5　农村实用技术培训 ………………………………………………（183）
　　16.6　生计替代——竹子资源的深度开发 ……………………………（185）
　　16.7　土地合理利用规划——以芒库村为例 …………………………（187）

参考资料 ……………………………………………………………………（191）

后　　记 ……………………………………………………………………（196）

第一篇 绪 论

1 研究背景与理论基础

1.1 研究背景及过程

本专著是在美国鱼类及野生动植物管理局（United States Fish and Wildlife Service；USFWS 或 FWS）资助《南滚河自然保护区亚洲象保护》项目研究成果的基础上，经过笔者的进一步深入研究完成的。

1.1.1 问题的提出

科学探索始于问题（刘大椿，1998），对亚洲象的研究当然也应该从问题开始。野生动物保护问题的领域广泛而复杂，如何选择既有学术意义，又有现实意义的问题是研究的关键。

随着社会的发展和人类活动的加剧，人类与生存环境的矛盾越来越突出，人类与其他动物争夺生存空间的情况愈演愈烈，大范围的生态环境恶化，许多物种已经灭绝和正在走向灭绝。生物多样性的丧失被视为当今世界十大环境问题之一，保护生物多样性、遏制生物多样性丧失的态势成了人们关注的热点，已经提到各国政府的议事日程上。1992 年在里约热内卢召开的联合国环发大会提出生物多样性保护是当前世界最紧迫的任务之一。大会通过了《生物多样性公约》，中国成为生物多样性保护的签约国之一。人们越来越意识到，生物多样性的丰富程度和生物多样性保护的成效，已经成为衡量一个地区自然生态环境和社会环境优劣的重要尺度，它是一个地区可持续发展的物质基础。物种的消亡必将影响人类的命运，物种多样性的丧失会直接威胁到人类的生存。

中国是生物多样性特别丰富的 12 个国家之一。据统计，中国的生物多样性居世界第八位、北半球第一位（Braatz et al. 1992）。由于庞大的人口压力和经济快速发展对资源的需求与环境的影响，中国又成为生物多样性受到最严重威胁的国家之一。生态系统的大面积破坏和退化，不仅表现在总面积的减少上，更为严重的是其结构和功能的破坏和丧失使生存其中的许多物种已变成濒危种或受威胁种。高等植物中有 4000～5000 种受到威胁，占总种数的 15%～20%（陈灵芝，1994）。在《濒危野生动植物种国际贸易公约》（CITES）列出的 640 个世界性濒危物种中，中国就占 156 种，约为其总数的 1/4，形势十分严峻（杨宇明，2008）。

物种是生物分类的基本单位，物种多样性是衡量一定地区生物资源丰富程度的一个客观指标，物种多样性保护是生物多样性保护的重要层次。据估计，在未来数百年内，整个地球的动植物种类中约有 50% 可能走向灭绝，所有的生物都将因此受到影响。物种灭绝的阴影遍布全球。即使地球上不断有新物种形成，但现今物种灭绝速度大约超过新物种形成速度的1000倍，这是十分严峻的形势。一旦某种生物绝种，就会永远消失，无法弥补。而每当我们失去一种物种，人类也即将因此失去一项对未来的选择。

象（Elephants）是目前世界上最大的陆生哺乳动物，现仅存亚洲象、非洲象和森林象3个种。其中，亚洲象主要分布在亚洲南部和东南部地区，是对生态保护起"指示"作用的"旗舰"物种。亚洲象在我国被列入国家一级重点保护动物，已被《濒危野生动植物种国际贸易公约》（CITES）列为附录Ⅰ物种，被世界自然保护联盟（IUCN）濒危物种红色名录列为濒危（Endangered，EN）物种，其野生种群在不久的将来面临灭绝的机率很高。从历史来看，亚洲象的分布范围很广，曾经广泛分布于东亚地区。在古代，我国南方大部分地区都有象生存，其分布范围最北曾达黄河以南的广大地区，数量大约有100000头。但目前在亚洲国家里亚洲象种群数量约为39463~47427头（平均数43947头）（《自然与自然资源保护联合会/SSC亚洲象专家小组杂志》35期，2011），野生亚洲象比家象约多出20000头。在我国的亚洲象仅分布在云南省的西双版纳州和临沧市沧源县南滚河流域为主的狭小区域内，数量在213~256头之间（张立，2011），已经处于高度濒危的状态。

亚洲象分布范围和数量的变迁是漫长的，许多学者对此做过研究。导致变迁的因素复杂多样，可归结为自然因素（亚洲象自身局限、自然环境变化）和人为因素（人类活动干扰和对大象的利用）（文焕然，1995；文榕生，2009）。但近百年来自然环境的变化甚微，亚洲象的分布又发生了怎样的变化呢？是什么原因导致了这种变化呢？

1.1.2 研究的视角

虽然20世纪人类文明造就了令人眼花缭乱的物质财富，但是近几十年来，由于经济发展和人口膨胀，人类活动对地球生态系统的影响迅速加大，人类生存与发展的基础——环境，随之遭到了严重的破坏。人类与其赖以生存和发展的自然环境之间的矛盾日趋尖锐。特别是在最近50年间，人类改变生态系统的速度和广度超过了历史上其他任何时期，物种灭绝速度是地球史上典型的背景速度的1000倍。人类在享受着工业文明所带来的快乐的同时，又面对着生物多样性丧失带来的无法挽回的后果。分析生物多样性以空前速度丧失的原因，人们几乎有一致的意见：生境丧失和栖息地被破坏、外来物种的侵入、生物资源的过度开发、环境污染、全球气候变化和农业及林业的过度发展等。而以上只是人类的活动及其产生的负面结果。是什么原因导致人类去伤害自己赖以生存的大自然呢？人类的生态文化在其中起到了决定性的作用。

文化是千百年来，人类对包括生物多样性在内的各种环境资源所进行的多种活动的成果积淀，主宰着人类的思维、行为方式和价值选择，支配着人的判断和行为。一个民族中社会成员的行为，包括生态行为，都处于相关文化的制约之下，也因此具有一致性和协调性。文化的选择或变迁决定和改变着人们的生态价值观，直接影响了人类利用自然资源的态度和行为，从而导致了"不断狭窄的农业、林业和渔业的贸易谱，经济系统和政策未能评估环境及其资源的价值，生物资源利用和保护产生的惠益分配的不均衡，知识及其应用的不充分以及法律和制度的不合理"等，进而对生物多样性产生了不良影响。

生物多样性是一个自然层面的论题，文化则是人文层面的论题，但二者间存在着密切的关系。自从有了人类社会，人类的各种活动和数千年积累的文化极大地影响着地球上的各种生命形式，生物多样性已不再是一个可以与人类社会分割的问题，人类社会的多元文化、伦理道德、社会经济、资源管理、政策和法律等方面与生物多样性的保护成效密切相关（裴盛基等，2008）。

生物多样性与民族生态文化多样性有着相辅相成的关系。民族生态文化多样性起源于生物多样性；民族生态文化多样性的挖掘、保护不仅对生物多样性保护能起到积极的作用，也将为生物多样性的可持续发展提供知识源泉。《生物多样性保护公约》是一项保护地球生物资源的公约。《公约》在序言中声明："认识到许多体现传统生活方式的土著和地方社区同生物资源有着密切和传统的遗存关系，应公平分享从利用与保护生物资源及持续利用其组成成分有关的传统知识、创新和实践而产生的惠益。"《公约》第8（j）条要求每一个缔约国应尽可能并酌情"依照国家立法，尊重、保存和维持土著的地方社区体现传统生活方式而与生物多样性保护和持续利用相关的知识、创新和实践并促进其广泛应用，在该知识、创新和实践的拥有者认可和参与下并鼓励公平地分享因利用该知识、创新和做法而获得的惠益"，足见国际社会对民族生态文化保护的重视。

特定的生物多样性孕育了与之相适应的特定传统文化，传统文化在生物多样性保护中有积极作用。尽管传统文化习俗从主观上不一定是为了生物多样性保护，但客观来看其真实地实现了生物多样性保护的目的。许多研究结果表明，广大民族群众的民族文化中有许多与自然保护有关的内容，我们要帮助他们去发展这些思想和文化，积极鼓励有利于生物多样性保护的民族文化行为；同时，要挖掘民族文化中有利于生物资源保护、自然资源可持续利用与管理的乡土知识方法、公众思想和理念，这样既能极大地调动广大民族群众自觉参与保护的积极性，又能极大地保留文化的多样性；我们要采取多种策略把优秀的民族乡土知识和文化作为生物多样性保护的特殊力量，纳入生物多样性保护的行动计划，并将其应用于保护和发展的策略制定中；另外，我们应该调动作为最直接利益相关者的当地居民的积极性，让他们参与到保护管理工作中来，只有当地社区获得其应得的利益并在管理当地生物资源中发挥更为重要的作用，地方的生物多样性保护才能实现。自然保护的内容是多样的，这也决定了保护的形式也必然多样化。因此，利用乡土知识和文化信仰来加强自然保护，是现代自然保护事业的重要策略之一（国家林业局世界银行贷款项目管理中心，2009）。

1.2 理论支撑

1.2.1 动物生态学、动物行为学和动物行为生态学

动物生态学（Animal Ecology）是从生物种群和群落的角度研究动物与其周围环境相互关系的科学，是生态学的分支，是由动物学与生态学等交叉形成的学科。1927年埃尔顿（Elton）著《动物生态学》一书，标志着这门学科的创立。其研究内容包括：（1）阐明动物与生存条件的关系，生存条件的变化对动物的生理结构、形态特征和行为方式的影响；（2）研究在一定的生存条件下各种动物种群的数量关系，出生率和死亡率的变化，种群密度和年龄分布；（3）研究一定的环境条件下动物种内和种间关系以及它们对动物进化的意义，种内与种间的合作与竞争，捕食—被捕食，种间各种共生关系，以及动物种群的结构和演化；（4）研究不同生态条件下，动物种群和群落的形成、适应性和演化；（5）人类对动物资源开发利用和动物遗传资源的保护等。

动物行为学（Ethology）是研究动物对环境和其他生物的互动等问题的学科。研究的对象包括动物的沟通行为、情绪表达、社交行为、学习行为、繁殖行为等。

动物行为生态学（Behavioural Ecology）主要是研究生态学中的行为机制、动物行为的生态学意义和进化意义，这一分支在理论及方法论方面是动物行为学中发展最快、最为活跃的一个领域，主要涉及到取食行为生态学、防御行为生态学、繁殖行为生态学、社会生态学、时空行为生态学（如栖息地的选择、定向和导航、巢域和领域现象等），以及行为生态学预测等内容。其中，在社会生态学或社会生物学方面，近年来取得了突出的进展。

1.2.2 生态学和景观生态学

生态学（Ecology）是研究有机体及其周围环境相互关系的科学。任何生物的生存都不是孤立的，同种个体之间有互助有竞争，植物、动物、微生物之间也存在复杂的相生相克关系。人类为满足自身的需要，不断改造环境；环境反过来又影响人类。随着人类活动范围的扩大与多样化，人类与环境的关系问题越来越突出。因此近代生态学研究的范围，除生物个体、种群和生物群落外，已扩大到包括人类社会在内的多种类型生态系统的复合系统。人类面临的人口、资源、环境等问题都是生态学的研究内容。

景观生态学（Landscape Ecology），是研究在一个相当大的区域内，由许多不同生态系统所组成的整体（即景观）的空间结构、相互作用、协调功能及动态变化的一门生态学新分支。景观生态学主要来源于地理学的景观理论和生物学的生态理论。它把地理学家研究自然现象的空间相互作用的横向研究和生态学家研究一个生态区的机能相互作用的纵向研究结合为一体，通过物质流、能量流、信息流及价值流在地球表层的传输和交换，通过生物与非生物以及人类之间的相互作用与转化，运用生态系统原理和系统方法研究景观结构和功能、景观动态变化以及相互作用的机理，研究景观的美化格局、优化结构、合理利用和保护。

1.2.3 生态伦理学

生态伦理学（Ecological Ethics）是一门研究人与大自然之间相互关系，以及人对于大自然的优良态度和行为准则的科学。它的理论要求是确定自然界的价值和自然界的权利，它的实践要求是保护地球上的生命和自然界。人类对于生态环境的健康发展负有责任。生态伦理学认为自然界是包括各种生物系统和生物栖息所依赖的自然环境的系统，是一个统一的、完整的有机体，大自然是有价值的，而且价值是多方面的。不同的生物物种在地球生态系统中各自占有特定的生态位，利用特定的空间和资源，在生态系统的物质循环、能量转化和信息传输中起着特定的作用。因此，地球上所有生命形式享有平等的权利。

1.2.4 生态人类学

生态人类学（Ecological Anthropology）是用人类学的理论和方法研究人类、文化与生态环境之间关系的学科，是 20 世纪 60 年代出现的一门人类学的分支学科。随着人类学的发展以及生态环境问题的不断出现，生态人类学的研究形成了诸多的理论。生态人类学应该是研究人类文化中如何具有生物性适应和社会性适应，并对自然生态环境实现最佳良好保护的一门边缘性学科。生态人类学重视人（人类生活、生存方式）、生态环境（生态安全）、文化（观念体现等）这三个要素，但各有侧重。生态人类学的三大理论取向：（1）从"超大尺度"上观察人与自然的关系，去认识"生态危机"的实质；（2）从文化维度去认识人类社会，进而认识人类社会和地球生命体系之间的互动关系；（3）以自为体系的制衡存在为认识框架，去探讨人类社会的生态安全问题，探讨人类社会与地球生命体系相互兼容和并行发展的各种可能。正是文化在人类社会的构建中的独特性与重要性，生态人类学将文化选定为研究的基点，以人类社会的各个民族及其文化作为研究的单元，与生态学研究相对接，推动文化人类学与生态学的有机结合。

1.2.5 参与式发展理论

参与式，全称是"参与性农村评估"（PRA：Participatory Rural Appraisal）。参与式发展研究与实践工具实际上是指一套通过参与式方法了解发展对象及所在地区的历史、现状、社会、经济、文化等方面存在的问题、约束、机会等策略的总称。通常所指的参与式的方法则是指以农民为主体，以农民参与为主要形式的一种工作过程。在参与式工作过程中，会有外部/外界的协助者作为主持人，以协助社区农民完成以上过程。此外，这个过程中需要运用各种农民容易理解的工具和语言（或者图画）。因此，在行动援助的社区工作中，常会与村民一起画社区资源图、问题树等，这样做的目的是为了让村民能更好地认识、分析村内现存的问题，最终以求找出解决问题的方法和途径。

1.2.6 社会－经济－自然复合生态系统

社会－经济－自然复合生态系统（SENCE：Social－Economic－Natural Complex Ecosystem）是指以人为主体的社会、经济系统和自然生态系统在特定区域内通过协同作用而形成的复合系统，这一概念由著名生态学家马世骏提出。该复合生态系统是人与自然相互依存、共生的复合体系。社会系统、经济系统和自然系统是三个性质各不相同的系统，有着各自的结构、功能、存在条件和发展规律，但它们各自的存在和发展又受其他系统结构和功能的制约。因此，不能将这三个系统割裂开来，而必须将它们视为一个统一的整体，即社会—经济—自然复合生态系统加以分析和研究。社会、经济、自然三个子系统相互依存、相互制约，通过人这一"耦合器"耦合成为复合生态系统。显然，分析人类社会的可持续发展，就是要分析复合生态系统的发生、发展和变化规律以及复合生态系统中的物质、能量、价值、信息的传递和交换等各种作用关系。

1.3 尺度与方法

1.3.1 研究尺度

1.3.1.1 时间尺度

亚洲象的行为研究以现状为主，即实际观察到的活体的活动和近年发生的可辨别的痕迹；亚洲象的分布、数量变迁、象文化变迁。本研究采取查阅历史记录和公众访谈相结合的方法，尽量追溯到最早的文献记录或最久远公众记忆（传说）。

1.3.1.2 空间结构

本研究中主要出现了"研究区""南滚河流域""亚洲象理论适生区""邻近地区"等主要空间概念，研究中所指的"南滚河流域"是该流域的中国部分。本研究选择了南滚河流域为主要研究区域。为了能准确反映有关亚洲象研究的历史背景，便于获得数据和相关信息，在研究亚洲象所处的人类社会经济环境时，我们把研究扩展到南滚河流域的班洪乡和班老乡（行政区划），将之称为"研究区"，将其中与亚洲象保护有关的村寨（相关社区）作为重点研究对象。在研究亚洲象行为生态学时，我们以南滚河流域（中国部分）亚洲象历史最大分布范围为研究区域，其界线由中缅边界、南滚河流域分水岭、亚洲象最大历史活动范围构成，将之称为"理论适生区"。在研究亚洲象分布的历史连续性和相关性，以及南滚河流域邻近地区人类活动对亚洲象的影响时，我们将研究的范围扩展到临沧市和孟定镇，将之统称为"邻近地区"。

1.3.2 研究方法

本研究所采取的方法具有多样性和复杂性，既有社会学研究的方法，也有自然科学研究的方法，大概可分为参与式调查、"3S"技术运用、实地（田野）考察、资料研究等。特殊的研究方法将在各章中作具体描述。

2 亚洲象简介和现状

2.1 亚洲象简介

亚洲象（Elephas maximus）为我国一级保护动物，现已被列为《中国濒危动物红皮书》中濒危级动物。

亚洲象曾经在亚洲的大多数森林和稀树草原地区都有分布。但现在仅存有 35000～40000 头，分布于 13 个国家和地区（孟加拉、不丹、柬埔寨、中国、印度、印度尼西亚、老挝、马来西亚、缅甸、尼泊尔、斯里兰卡、越南和泰国）。同时，在以上的 13 个国家中，大约有 16000 头亚洲象是通过野外捕获后人工饲养的。在所有的分布地区，数目在 1000 头以上的野生独立种群少于 10 个，其中一半以上分布于印度。

亚洲象的成熟个体体重在 11000 磅（5000kg）以上，每天需要至少 440 磅（200kg）的植物食物和 52 加仑（200kg）的水，栖息地面积要在 $20hm^2$ 以上。

亚洲象的栖息地很广泛，包括稀树草原、矮生灌丛、次生森林和有天窗的森林。在亚洲象常吃的食物中，草本植物要占到一半以上。草地和森林镶嵌带被认为是亚洲象的最佳栖息地，在这些地区，有记录显示 $0.1hm^2$ 的地方可分布 5 头亚洲象。亚洲象具有寿命长、繁殖力低、迁移率高的特征。同是，它们在种子传播、植被演替、生物地球化学循环等生态系统的进程中也有重要的作用。21 世纪初期，在许多众所周知的压力下，不论是野生的还是饲养的亚洲象，它们的生存都受到了威胁。

20 世纪，在人口快速增长的压力下，亚洲南部和东南部的许多森林和草地变成了耕地、放牧场和村庄，造成亚洲象栖息地被破坏，威胁到亚洲象的种群数目。同时，人类为了获得象牙和大象的其他器官，对大象进行猎杀。在亚洲象取食时杀死大象以保护作物、捕获亚洲象进行饲养等行为也导致了亚洲象种群数目的急剧降低。许多亚洲象栖息在茂密的森林里，迁移率也很高，这些都对获得亚洲象的确切数量和对它们进行监控造成了困难。最近，人们研发了比以往更加科学、严格的方法来估量亚洲象的数目，但实际上，这些方法的精确性还有待验证。然而，亚洲象的消亡速率加快以及它们的栖息地减少依然需要引起人们更多的关注。

栖息地的减少对现存野生亚洲象的生存造成了很大的威胁。美国史密森学会保护和研究中心的最新研究指出，20世纪60年代至今，亚洲象的地理分布范围缩小了大约70%。在被认为可以存活3000头亚洲象的印度尼西亚苏门答腊岛和有5000头亚洲象栖息的印度阿萨姆邦等地，由于森林被过度砍伐、经济衰退、社会动荡以及人口由高密度地区到低密度地区的迁移等因素，都造成了亚洲象野外栖息地的减少。这些人类活动导致了人象冲突的加剧，大象被毒死、射死、电死的数目增加，给大象的实地管理带来了困难。苏门答腊岛和阿萨姆邦的统计数据表明，栖息地的丧失是亚洲象保护的最大威胁。1985—1997年间，苏门答腊岛楠榜省的林地面积减少了大约44%；1990—2000年间，阿萨姆邦的林地面积则以每年70~100km^2的速度在减少。

除了栖息地的丧失造成亚洲象种群数量的大幅下降外，人象冲突的人为因素也是造成亚洲象死亡的重要原因。水稻、木薯、香蕉、油椰子、橡胶、茶叶、咖啡等作物的种植是引起人象冲突的主要原因。人象冲突的根源在于亚洲象对草料食物的高需求量与人口的高密度分布。这些地区有时每平方千米分布的人口多达650人，这样就占据了亚洲象的栖息地。临近丰收季节或亚洲象季节性迁移时，人象冲突会加剧，易造成人象伤亡。在冲突比较严重的地区，当人们把亚洲象驱赶出农田或仅仅在道路上遇到亚洲象时，都有可能发生人员死亡。2001年，在阿萨姆邦发生过大象连续70天毁坏农作物后，有31头被毒死的事件。斯里兰卡大约有3000头亚洲象，每年死亡110~120头，大多数发生在农作物抢收期。如果这一死亡率持续，斯里兰卡仅存的这些亚洲象在21世纪就会灭绝。

长久来看，因捕猎而造成亚洲象数目的减少也是对亚洲象的一大威胁。偷猎者为了得到象牙和象肉、象皮、象足、骨头等，猎杀亚洲象，从而造成了一些地区亚洲象分布范围内种群数量的减少。在印度南部的一些地区，偷猎者为了得到象牙而对雄性大象进行猎杀，造成了亚洲象性别比例严重失调，雌雄比例几乎达到50∶1。亏得亚洲象是"一夫多妻"制以及它们分布范围的广泛，才在一定程度上缓解了这一压力对他们造成的威胁。

据估计，在亚洲象的驯养发展史中，大约有200~400万头野生象从野外被捕获，其中在19世纪被捕获的就有10000头。由于亚洲象幼体成熟慢，带着幼象会降低母象的工作能力，因此人们基本上依靠从野外捕获亚洲象来维持或增加亚洲象的繁殖，而不是靠圈养繁殖。同时，由于大多数的亚洲象没有自由的最佳繁殖的机会，因而经捕获而驯养的亚洲象经常被认为对野生种群具有虹吸作用，这使得一些天然资源保护理论者称驯养个体为"黑户"。虽然现在当地人因生活所迫而捕获和驯养的亚洲象数量均有降低，看起来似乎捕获和驯养亚洲象并不会对亚洲象种群造成严重的威胁。但是，在一些特定的地区，捕获野生象依然能严重影响到亚洲象种群。

2.2 亚洲象的现状

2.2.1 长鼻目的起源和进化

虽然哺乳动物在6000多万年前恐龙灭绝以后才统治大地，但哺乳动物的起源要追溯到更古老的年代。最早的哺乳动物几乎是和恐龙同时出现的，在爬行动物出现后不久，向着哺乳动物方向进化的一支就已经出现，这一支既似哺乳动物又似爬行动物，它们在恐龙统治大地之前曾经繁盛一时。最早的哺乳动物体形极小，以昆虫和植物为食，看起来像老鼠，与三叠纪晚期到侏罗纪初期的一些兽齿类哺乳动物非常相似，身披毛发，是恒温动物，是哺乳动物的祖先。

大象的祖先出现于大约6000万年前，属于有蹄类，是从大型的原始哺乳食草动物踝节目进化而来。原始哺乳动物分为5个类群（艾森伯格，1981），包括鲸类（包括鲸鱼和海豚）、雷兽（已灭绝）、伪齿兽（包括奇蹄目）、偶蹄或有趾类、次蹄类等（详见链接2-1）。

知识链接 2-1：象的近亲

近蹄类（Paenungulata），又名准有蹄类或次有蹄类，是一个包含了长鼻目（Proboscidea）、海牛目（Sirenia）、蹄兔目（Hyracoidea）、重脚目（Embrithopoda）及索齿兽目（Desmostylia）等哺乳动物的动物类群。其中重脚目及索齿兽目经已灭绝。现存除长鼻目外，还有其近亲海牛目、蹄兔目。

海牛目在海洋哺乳动物中是相当特殊的一群，所属物种均为植食性，以海草与其他水生植物为食。现存共有四种海牛目动物，分为两个科：海牛科（Trichechidae）的3种海牛与儒艮科（Dugongidae）的儒艮。目前对于海牛目的演化分歧情形仍有许多疑问，各科分歧的时间点也尚有争议，但关于"由陆栖至海生"的演化途径由于化石充足已有完整理论提出。

蹄兔目在近蹄类的五个目中是最为基底的，为陆栖或树栖的小型兽类，因有蹄状趾甲而得名。蹄兔科（Procaviidae）是蹄兔目现存的唯一代表，有3属约10种，分布于非洲、西奈半岛、以色列和叙利亚。以植物和昆虫为食。体型似兔，脚上有蹄，脚掌有特殊附着力，适合爬树或在岩石上攀登。蹄兔为树栖性或地栖性，食植物或昆虫，背上有用于驱敌的腺体。

动物学家经过多年的研究发现，象是一种有蹄类哺乳动物。通过基因技术，科学家推断，象的祖先是一种小型动物，与娇小的蹄兔和憨厚的海牛源于同一个祖先，但早在几百万年前它们就已经分道扬镳了。目前，没有明确的研究表明哪一种动物与大象关系最密切。最早的长鼻目和海牛目的共同祖先被进化古生物学家 M. C. 麦凯纳称为古地中海兽（Tethytheria）。

早期的长鼻目动物种类繁多，在鼎盛时期有400多种。科学家根据不断被发掘的动物化石推断，这些动物曾经遍布世界。由于象鼻没有骨骼，所以在象的化石中找不到象鼻留下的痕迹，但研究发现象鼻的变化与象的颅骨的变化密切相关：鼻子越长，鼻子的肌肉就越发达，下颌骨也就越短。根据这个结论，动物学家从发掘的象骨骼化石推测出：在进化过程中，象鼻越来越长，也越来越有力。

象的祖先为大约5500~3600万年前的始新世后期出现于埃及、苏丹等地的始祖象（*Moeritherium*）。它的体形大小与家猪差不多，生活习性则近似河马；身体结构比较原始，并不特化，尚未出现大的象牙和长鼻，但第二对门齿已经比两旁的牙齿长大一些，有向大象牙发育的趋势，鼻子也比其他动物的略长一些。

恐象（*Deinotherium*）是大约在始新世晚期或中新世早期由始祖象发展的旁支，并在中新世扩散到非洲、亚洲和欧洲东部，于更新世在非洲和欧洲灭绝。恐象没有巨大的象牙，但下颌骨却有一对向下弯的大牙，颊齿的齿冠由两个尖的脊组成。

在距今3000万年前的渐新世早期，出现了古乳齿象（又称古柱牙象，*Palaeomastodons*）。在渐新世晚期，另一个旁支从古乳齿象中分出，即乳齿象科（Mammutidae）。乳齿象（Mastodons）是始祖象的直接后裔，它的身体比始祖象大一倍，上门齿进一步发育，成为可持续生长的、向下弯曲的长牙。釉质层仅限于牙齿的外侧，臼齿有三个横脊，所有的臼齿都同时使用，而不是一个接替一个生长和使用。

在距今约2000万年前的中新世早期，古乳齿象的另一支进化为原始嵌齿象类（Ancestral gomphotheres），进而分化为3支：1支为铲齿嵌齿象类（Shovel-tusked gomphothere），1支为垂吻兽类（Rhynchotherium），另1支进化为高等嵌齿象类（Advancedbgomphotheres）。

在中新世中期，高等嵌齿象类分化出1个旁支剑齿象科（Stegodontidae）。剑齿象在中新世晚期出现在亚洲，于更新世到达非洲。它们的头骨变短变高，颚骨变短，前臼齿变小，齿面变大，齿面出现脊状突，长牙弯曲生长，同时分化出互棱齿象类（Anancid gomphotheres）。还有1支进化为真象科（Elephantidae），是现代象的直接祖先。

在约500万年前的上新世晚期出现了现代象的祖先原始象（Primelephas），进一步进化出象科的3个属：猛犸属（*Mammuthus*）、亚洲象属（*Elephas*）、非洲象属（*Loxodonta*）。猛犸属动物首先出现在300～400万年前的上新世中期，源于非洲，早更新世时分布于欧洲、亚洲、北美洲的北部地区，尤其是冻原地带。其体毛长，有一层厚脂肪可御寒，夏季以草类和豆类为食，冬季以灌木、树皮为食，以群居为主；牙齿变大，开始向下生长，而且向前弯曲。在上新世更晚期，公元前9600年左右，猛犸属消失在西北利亚北部（Kuz'min，2000）。亚洲象属动物出现在上新世的撒哈拉地区，分布在非洲至南亚。通过破译从猛犸象细胞采集的线粒体DNA（脱氧核糖核酸）序列，并与现代象的DNA对比，日本科学家发现，猛犸象和亚洲象的DNA序列仅存在百分之几的区别，属于近缘关系。非洲象属动物在400万年前产生于非洲，从没有离开过非洲。

2.2.2 亚洲象的分类地位和亚种分化

大象在动物分类系统中属于哺乳纲（Mammalia Linnaeus，1758）、长鼻目（Proboscidea Illiger，1811）动物，曾有6科，其中5科已灭绝，现存仅有1科2个属，即象科（Elephantidae Gray，1821），象属（*Elephas* Linnaeus，1758）和非洲象属（*Lxodonta* Anonymous，1827）。

非洲象属有2种，即非洲草原象（*Lxodonta Africana* Blumenbach，1797）和非洲森林象（*Loxodonta cyclotis* Matschie，1900）。但科学家长期以来就一直在争论非洲象究竟是1个种的2个亚种还是2个种。美国哈佛医学院的遗传学家David Reich等人（2010）利用比较基因组学（Genomics）的方法，把两种非洲象、绝种的长毛象（*Mammuthus primigenius*）和乳齿象（*Mammut americanum*）的基因序列作了对比，比较结果表明非洲森林象和非洲草原象在260万年至560万年前就分了家，这与普通非洲象和亚洲象的分家时间相近，比原来想象的要长。非洲森林象和非洲草原象应该是两个不同的种。

象属（*Elephas* Linnaeus，1758）只有1个种，即亚洲象（*Elephas maximus* Linnaeus，1758）。一般认为其有4个亚种（也有研究者认为只有3个亚种），即婆罗洲象（*E. m. borneensis* Deraniyagala，1950）、印度象（*E. m. indicus* Cuvier，1798）、锡兰象或斯里兰卡象（*E. m. maximus* Linnaeus，1758）和苏门答腊象（*E. m. Sumatranus* Temminck，1847）（见表2-1）。

表2-1 亚洲象分类系统表

分类阶元	拉丁学名	中文名
Kingdom	Animalia	动物界
Phylum	Chordata	脊索动物门
Subphylum	Vertebrata	脊索动物亚门
Class	Mammalia Linnaeus, 1758	哺乳纲
Subclass	Theria Parker and Haswell, 1897	兽亚纲
Infraclass	Eutheria Gill, 1872	真兽下纲
Order	Proboscidea Illiger, 1811	长鼻目
Family	Elephantidae Gray, 1821	象科
Genus	*Elephas* Linnaeus, 1758	象属
Species	*Elephas maximus* Linnaeus, 1758	亚洲象
Subspecies	*E. m. borneensis* Deraniyagala, 1950	婆罗洲亚种（婆罗洲象）
Subspecies	*E. m. indicus* Cuvier, 1798	大陆亚种（印度象）
Subspecies	*E. m. s maximus* Linnaeus, 1758	指名亚种（锡兰象）
Subspecies	*E. m. sumatranus* Temminck, 1847	苏门答腊亚种（苏门答腊象）

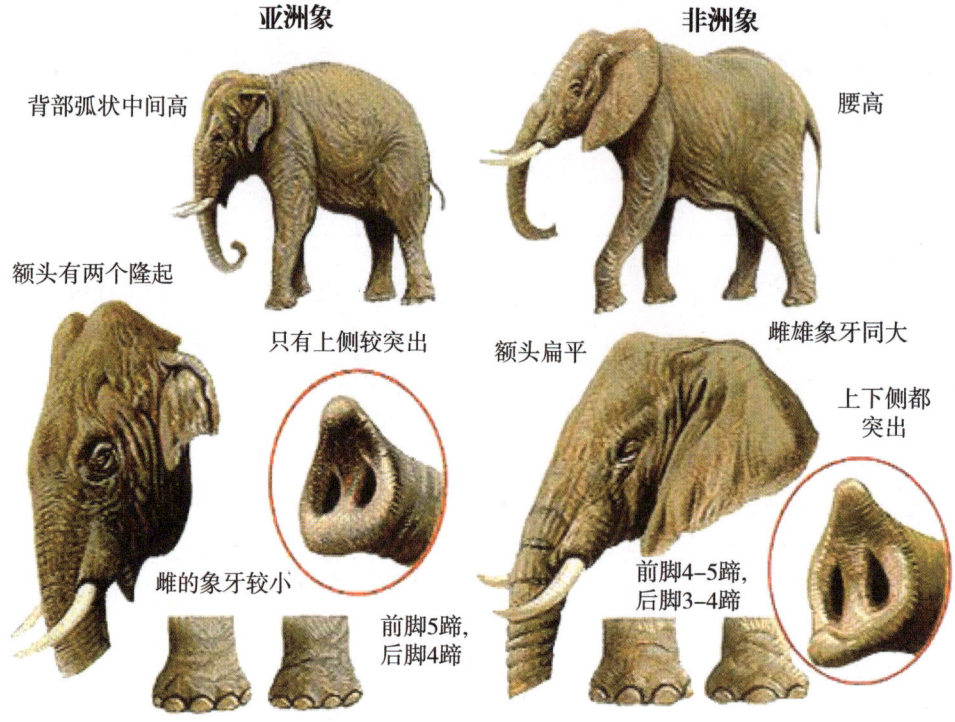

图2-1 亚洲象和非洲象的比较

婆罗洲象主要生存于马来西亚婆罗洲岛北部沙巴，只剩下2000头左右，一直以来被认为是近代由人类引入,是亚洲象属或非洲象属的后裔,并非当地的原生物种。美国纽约哥伦比亚大学环境研究和保护中心的唐·梅尔尼克(Don Melnick)与来自美国、印度和马来西亚的同事们研究了婆罗洲大象的DNA。他们收集了婆罗洲北部马来西亚部分的20只大象的粪便和血液样本,从中分离出一个线粒体和5个染色体基因,然后比较这些基因与南亚地区数百头大象的相应基因。2003年的比较结果表明,婆罗洲大象与任何已知大象种群都存在很大差异。

斯里兰卡象,又名锡兰象,是体型最大的亚洲象亚种。历史分布区包括所有斯里兰卡的生态区域:低地热带雨林、山区森林及锡兰干燥地区的森林。现今锡兰象已在山区森林绝迹,虽然在热带雨林亦有零星分布,但主要生活在干旱地区的森林中。

印度象,又称大陆象,是亚洲象的一个亚种,一般说到亚洲象指的最多的就是印度象。它分布于南亚和东南亚,包括印度、孟加拉、泰国、缅甸、柬埔寨、越南、老挝等国。在中国境内的亚洲象属于印度象亚种,目前仅云南省南部的西双版纳(景洪市、勐腊县)、普洱市(翠云区、澜沧县)和西南部的临沧市(沧源县南滚河)有野象分布。其中,西双版纳最多,约有220头。有不少象群是在边境线上活动的,常进入缅甸和老挝境内,南滚河流域分布的亚洲象即为该亚种。

苏门答腊象是亚洲象的一个亚种,分布在印度尼西亚的苏门答腊岛,该物种濒临灭绝。根据2000年的调查,有2000~2700头苏门答腊象生活在野外。苏门答腊象比锡兰象和印度象小,比婆罗洲侏儒象大。苏门答腊象有20对肋骨,背部隆起或水平,肤色较亚洲象其他亚种浅;大部分雄象有发达的象牙,雌象则没有或很小。

表2-2 现存亚洲象4个亚种比较表(资料引用自Jeheskel Shoshani,1992;Sukumar,1989)

亚 种	斯里兰卡象 (*E. m. maximus*)	印度象 (*E. m. indicus*)	苏门答腊象 (*E. m. Sumatvanus*)	婆罗洲象 (*E. m. borneensis*)
体重	2000~5500kg	2000~5000kg	2000~4000kg	较小,缺乏具体资料
肩高	2~3.5m	2~3.5m	2~3.2m	♂<2.5m
肤色	暗黑,在耳朵、脸、躯干和腹部有大而明显的褪色斑块。	肤色和褪色部分介于锡兰象和苏门答腊象之间。	最浅,很少褪色。	暗灰色到棕色。
耳朵大小	大多数有大耳朵	大小不等	与身体相比显得大	相对其他亚种较大
肋骨数量	19根	19根	20根	缺乏资料
估计现存数量	5879头	33408头	2600头	2060头
产地	分布于斯里兰卡。	分布于南亚和东南亚的孟加拉国、不丹、柬埔寨、中国、老挝、缅甸、尼泊尔、巴基斯坦、泰国和越南等亚洲大陆国家。	分布于印度尼西亚所属苏门答腊岛	分布于马来西亚和印度尼西亚所属婆罗洲东北部。

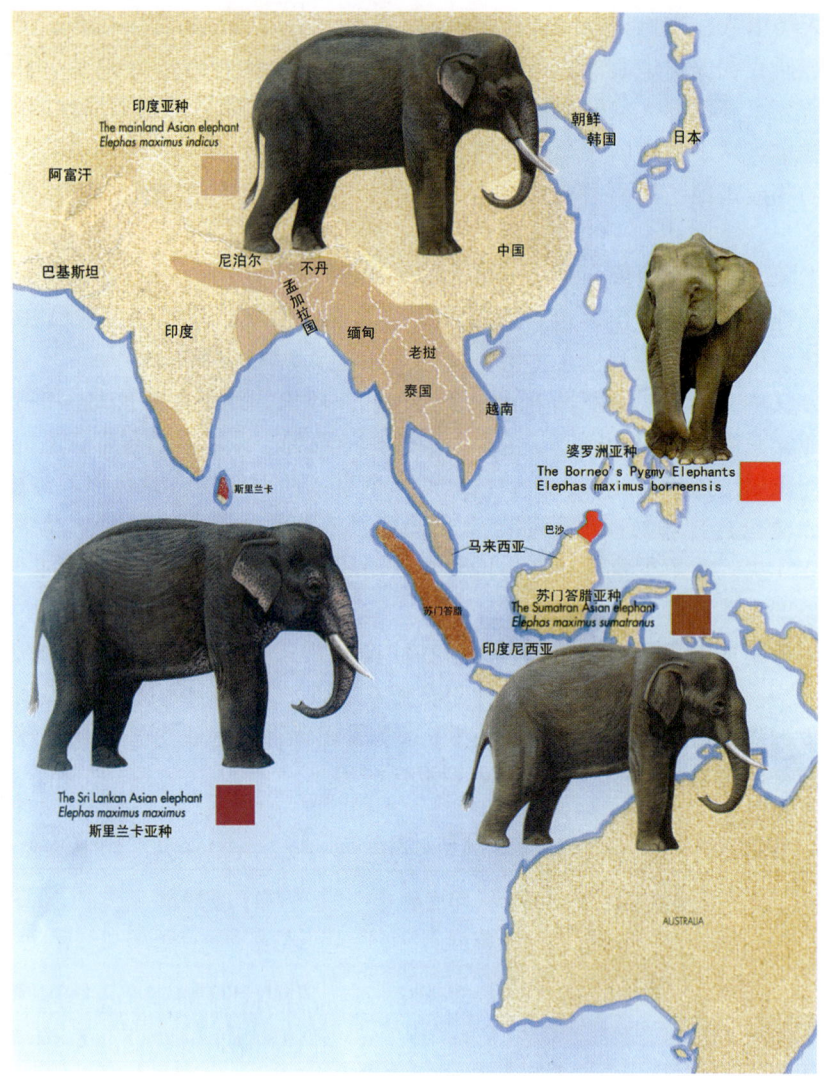

图 2-2 亚洲象亚种分布图

2.2.3 亚洲象的形态特化和行为适应

亚洲象属于哺乳动物，除具有哺乳动物的共同特征外，在漫长的进化过程中，一些形态都发生了高度特化，行为也表现出对生存环境的高度适应。

2.2.3.1 形态特化

（1）体型

象体型庞大，是现存最大的陆生哺乳动物。在现存3种象物种中，亚洲象的体型仅次于非洲象，是亚洲最大的陆生动物。成年亚洲象身长（从头到尾根的长度）是550～640cm，肩高250～300cm，从前脚尖至背脊的垂直身高平均为300cm，体重3500～5000kg。雄性比雌性体型要大。亚洲象前额左右有两大块隆起，称为"智慧瘤"，其最高点位于头顶。

（2）头骨

象为了能支撑硕大的头颅，颅骨腔特化为蜂窝状的缝隙，里面充满了空气，大大减轻了头颅的重量。

（3）皮肤

象的皮肤为浅灰色，厚而粗糙，可达3cm，能够保护大象不被利刺扎伤，免受寄生虫叮咬。尽管象的皮肤很厚，但仍然非常敏感。象的皮肤多皱褶，有的皱褶纹路深达十几厘米，缝隙处能保留水分，帮助象降温。

（4）耳朵

象有两只硕大的耳朵，宽度近1米，有利于收集声波，所以大象有非常好的听力。更重要的是象耳是很好的散热器官。由于耳部的皱皮很多，大大增加了散热面。象的耳朵布满很粗的血管，并且分布在耳朵表面。由于没有汗腺，大象会不停扇动耳朵，大量的热量散发到空气中，使血管中血液的温度降下来，这些冷却的血回流到身体的其他部位，起到降温的功效。象耳还能驱赶热带丛林中的蚊蝇和寄生虫。亚洲象多生活在森林中，容易找到隐蔽乘凉的场所，所以耳朵比生活在热带稀树草原的非洲象小一些。

（5）牙齿

拥有1对发达的长牙是大象的标志。象牙的长度为2m左右，单支重30~40kg，终生不断生长，永不脱换。长牙是由上颌的门牙发育而成的。长牙是大象重要的工具，可以用来刨土、剥树皮等，是掘食的工具，也是搏斗时的武器。大象的上下颌还各有两颗臼齿，很大且呈块状；所有的臼齿都有锯齿状的脊突，以便咀嚼坚硬的树枝和树皮。由于不断磨碎食物，大象的臼齿磨损非常快，需要频繁更换臼齿。当这些臼齿被磨损后，一般更换6次，轮流生出，每一批只生出4枚，另一批"候补者"在后面半隐半现，等前一批磨损消耗得不能再用时才逐渐发育出来。所以在同一时间里，每侧上、下颌只能有1个完整的或者2个不完整的臼齿在起作用。最后一颗臼齿（第六臼齿）约在40岁时长出，一直使用到老死。所以大象一生有26个牙齿，其中包括两颗长牙（上门齿）和24颗臼齿。亚洲象只有雄象才有突出的长牙，雌象的门齿较短，不突出于口外。

（6）象鼻

象的鼻子是最引人注目的器官，是鼻子和上唇的延长体。象的嗅觉十分灵敏，如果顺风，它可以闻到几十米甚至一千米以外的异常气味。象鼻还能代替嘴唇、舌头尝味道，因而它又是味觉器官。象鼻子由4万条肌肉组成，能起"手"的作用。象可以把鼻子伸到树上摘树叶、果实，从地上卷起青草、芦苇，送进嘴巴里。象鼻子粗壮发达，力大无穷，轻轻一卷，就能把一棵大树连根拔起。象鼻子可以说是"刚柔相济"，它的尖端的指状突起感觉非常灵敏，可以从地上拾起一分钱的硬币，或者一根绣花针。象鼻子又是象的探测器和武器，象常把鼻子当拐杖探路。象鼻还是防卫武器，碰到"敌人"，一甩鼻子能打断对方的几根肋骨，甚至用长鼻子卷起"敌人"甩出去，再用脚踩死对手。象鼻子又是象的"吸水管"和"喷水管"。夏天，象常常用鼻子吸足了水，喷在身上痛痛快快地洗个澡。洗完了澡，它还会用鼻子吸些沙土喷在身上，以防止蚊、虻螫咬。

（7）脚和脚趾

象粗壮有力的四肢支撑其庞大沉重的身躯，但行走时很安静，这与象脚特殊的构造有关。象脚是向上跷起来的，后跟有一块厚重的脂肪肉垫，起到很好的缓冲作用，可以把身体的重量均匀地分散到10个脚趾和富有弹性的胼胝上，以减少行走时的震动，所以大象是跷着脚尖行走的,厚厚的脂肪垫使大象能够悄无声息地走动。大象的脚尖还长有趾甲,帮助大象刨土或者攀爬湿滑的土坡。大象趾甲因种而有差异;亚洲象前脚有5个趾甲,后脚有4个趾甲。大象脚底的角质层有很多裂纹,行走时可以防滑。

2.2.3.2 行为和习性

(1) 繁殖行为

象是典型的K-选择(K-strategist)者。一般认为,雄象在10~17岁时达到性成熟,而雌象在9~12岁之间。也有人认为亚洲象的青春期开始于7~10岁,但发情一般始于30岁,因为30岁左右其体形才长定,具有繁殖后代的能力(Nowak等,1983)。亚洲象一年发情一次,每次持续2~3个月,无固定繁殖季节。母象发情后吸引公象前来交配;交配完成后,公象就会离开象群。亚洲象交配存在择偶现象,母象尽可能选择最好的公象与其交配,以保证后代获得优良的遗传基因。亚洲象孕期大约为600~640天(20~22个月),每胎产1仔。幼象刚出生时约重90~100公斤,需要母象精心哺育,由母乳喂养3~4年,期间母象不会再繁殖。理论上母象两次生育时间间隔4~5年,但由于在野生状态下,受各种因素的影响,亚洲象平均每8年才繁殖1胎(陈明勇等,2006)。母象有很强的生殖能力,亚洲象平均寿命为50~70岁,一头母象一生可以养育8~10头小象。出生后的小象在漫长的发育期也会得到象群中其他成员的照顾。

(2) 社群结构

亚洲象喜群居生活,每群数头或数十头不等。象群由"女家长"——年长的雌象带领,成员包括母象及其姐妹和未成年象。所以一个象群是由一些有着血缘关系的个体组成的。象群的行止、饮食和休息都由"女家长"决策;它负责象群的安全,决定何时进攻,何时退却。"女家长"一直统治到死,然后由一头年老的母象顶替它的位置。如果象群中一头象生病或受伤,会得到家庭其他成员的照顾和帮助。这样的有组织的社群活动,有利于象群相互协作、协同采食、共同防御。雄象性成熟后会离开象群自己独处,只有交配季节才加入象群。

(3) 生境选择

亚洲象栖息于亚洲南部热带雨林、季雨林的林间沟谷、山坡、稀树草原、竹林及宽阔地带。在中国,亚洲象多生活于海拔1300m以下的气温较高、空气湿润、靠近水源、植被生长茂密的热带森林中,在海拔100m以下的热带雨林、季雨林林间的沟谷、荒坡、竹林及宽阔地带最为常见(陈明勇等,2006)。在人类干扰比较严重、原生林被大面积开垦和砍伐后形成的农林交错区,大部分森林不能给亚洲象提供充足的食物,亚洲象便选择人工植被作为栖息和食源地(张立等,2003)。

李芝喜等(1996)把亚洲象的生境分为4种质量等级,其主要特征是:①优等地。人为活动很弱,海拔在1000~1300m之间,坡度20~30度,阴坡,在山坡中下部,一般在100m之内有水源,植被类型为竹林。这类地块是亚洲象的最佳栖息环境,多位于自然保护区的核心地带。②良好地。人为活动较弱,阴坡或半阴半阳坡,距水源大多小于500m,多为常绿阔叶林或竹林。③中等地。人为活动一般,坡向多为半阴半阳坡,离水源较远,灌木较多,也有常绿阔叶林。④劣等地。人为活动较多,多为阳坡,离水源远,多为灌木草地、农地或坡位很高的裸地,属于亚洲象极不利的生境,多位于保护区非核心区。

(4) 采食行为

亚洲象是草食性动物,它们的消化系统效率不高,只有40%的食物可以被吸收,60%

被排泄出去，胃里也没有可以消化纤维的细菌。为维持其庞大的身躯所需的巨大能量，它们的日食量很大，每头成年象一天可以吃进160~240kg食物，所以平均每头亚洲象需占据数十平方公里的生境面积，每天要走3~6km，花16个小时去觅食。亚洲象的食性很广杂，取食植物种类丰富，以植物的嫩枝、树叶、茎秆为主要食物，包括芭蕉科（Musaceae）、禾本科（Gramineae）、棕榈科（Palmae）、桑科（Moraceae）、蝶形花科（Papilionaceae）、五加科（Araliaceae）、葡萄科（Ampelidaceae）、夹竹桃科（Apocynaceae）、姜科（Zingiberaceae）、紫金牛科（Myrsinaceae）、蔷薇科（Rosaceae）、大戟科（Euphorbiaceae）、榆科（Ulmaceae）和含羞草科（Mimosaceae）等十几个科的100余种植物（陈明勇等，2006）。亚洲象还取食农作物，对农作物有一定依赖性，这种依赖的程度随着农田周围森林中野生食物丰富程度的增加而降低（张立等，2003）。象每次都要把吃进嘴里的食物仔细咀嚼后，才吞进胃里。亚洲象每天需要饮水数次，一天消耗的水量大约为60kg左右。因此，象喜欢在距离水源较近的区域活动，表现出对水源强烈的选择和依赖性（陈明勇等，2006）。和其他动物一样，亚洲象也需要盐分来维持生命，但从食物中得到的盐分远远不能满足其对无机盐的需要，因而，它们常到富含无机盐的小水塘（俗称"硝塘"）中吸食含有无机盐分的水。

（5）迁移漫游行为

由于亚洲象每天要消耗大量的食物，如果停留在某个地方不动，它们周边的食物很快就会被吃个精光。为了得到充足的食物，使环境能够获得可持续的利用，亚洲象采取了不断迁移的策略，习惯在一个地方吃一点，然后迁移到另一个地方吃。亚洲象生活的地方往往雨量充沛，湿热条件好，植物生长迅速。当亚洲象重新回到采食过的地方时，这里的植物又郁郁葱葱、枝繁叶茂，又能供亚洲象采食了。寻找水源和硝塘也需要亚洲象不停地迁移。亚洲象的活动也存在一定季节性节律。

亚洲象小跑时，总是同时提起同一侧的前后肢，而不是像其他哺乳动物那样在对角线上的两肢同时离开地面，这种步法被称为"溜蹄"，并使其产生一种奇特的摇摆动作。

（6）防御行为

防御行为指外部环境对象群机体可能产生伤害时，象群的自我保护行为。为了自身安全，亚洲象在采食或行进中，都要观察周围环境是否安全。通常的方法是上举象鼻，向各个方向探测，对周围空气的异味、温度、湿度等进行探察，对可能存在的危险进行预测。若遇到危险，一般会采取静默对峙、喷气雾、回避、鸣叫警告、跺脚警告等行为。大象对破坏其生存环境、伤害其同类及冒犯其尊严的挑衅行为都会自卫、报复。

另一类防御行为是躲避炎热或降低体温。亚洲象生活在热带湿热的环境中，为了躲避炎热，它们在早、晚及夜间外出觅食，白天躲在森林中休息（这也可能是对人类干扰的一种适应）。为了降低体温，除了以上提到的扇动布满血管的耳朵外，还有喷水、沐浴、泥浴等行为。亚洲象找到水源后，除了饮用以外，还用鼻子吸水喷洒在身上降温、清洗，甚至把整个身体泡在水中沐浴，以降低体温。亚洲象还喜欢泥浴。泥浴有两种，一种是在稀泥塘中打滚，将身体用泥浆包裹起来；另一种是用鼻子卷起地面的浮土，喷洒在身上。泥浴也是亚洲象降低体温和自我保洁的行为，有避免太阳直接照射皮肤、去除身上的寄生虫、防止蚊虫和虻蝇叮咬的作用。

（7）通讯行为

亚洲象在丛林中过群体生活，象群内部和不同象群之间彼此需要交流。研究结果表明，亚洲象的通讯行为方式很多，包括听觉通讯、嗅觉和味觉通讯、形体通讯和震动感应通讯等。

听觉通讯可分为可听闻声波通讯和低频声波通讯。在野外，人们常常能听到大象的叫声，像火车、轮船鸣笛的声音一样，亚洲象常用这种吼叫发出的可听闻声波进行通讯联络。美国康奈尔大学的研究人员发现，大象可以发出人类听不见的更低沉、更有力的低频声波，频率在 12～24Hz，能在茂密的森林中传播数十公里，可以呼唤走散的同伴以及与其他象群沟通。

亚洲象还通过嗅觉和味觉进行通讯，用鼻子表达爱抚、亲近、友好等复杂的情感，以增进某个象群的凝聚力。亚洲象常用鼻子嗅闻粪便和尿液，通过自身的皮肤腺向外释放气味物质，再通过自身的尿、粪便、唾液和皮肤表面等传布到自然界，使象群的成员能相互了解健康、生理等信息。

形体语言在象的交流中也起着重要作用，如大象抬头、竖耳、扬鼻、抛土、跺脚等都有特定的含义。跺脚同时使地面产生震动波，其他象可以用鼻子或脚来感知震动波和震动波源的方位（震动感应通讯）。

2.3 中国亚洲象及保护现状

2.3.1 亚洲象的分布历史

在历史上亚洲象的分布区很广，从叙利亚、伊朗的底格里斯河和幼发拉底河流域一直延伸到中国黄河以东和印度尼西亚南部，其中包括底格里斯河和幼发拉底河流域、波斯、印度次大陆、东南亚（含斯里兰卡、爪哇、苏门答腊、婆罗洲等岛屿）、中国长江和黄河流域等广阔地域。现在亚洲象已从西亚、波斯、爪哇和中国的绝大部分地区完全消失。目前的分布区域呈断裂状态，亚洲象仅分布于南亚次大陆—中印半岛—苏门答腊一线，紧沿亚洲热带雨林、季雨林栖息，数量以印度最多，其次为缅甸、泰国、斯里兰卡、马来西亚等国（详见图 2-3）。

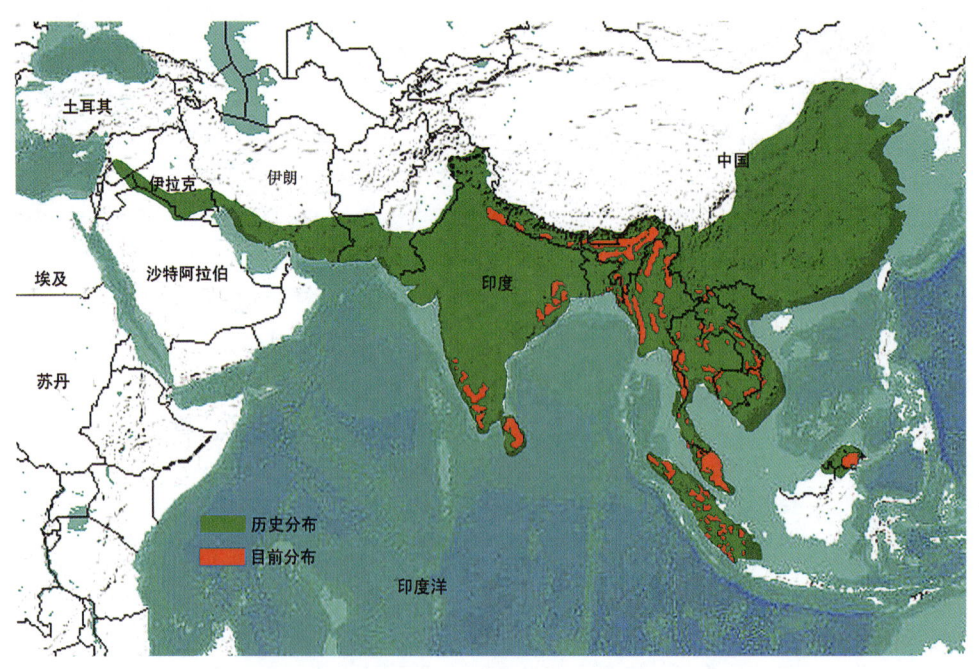

图 2-3 亚洲象历史分布与目前分布地区示意图

中国历史上曾是一个亚洲象资源非常丰富的国家，有近一半国土上曾经有亚洲象的踪迹。历史上中国境内亚洲象的分布，学术界已有较准确的认识：中国亚洲象的分布曾北起河北阳原盆地，南达雷州半岛南端，西至云贵高原盈江县西的中缅国境线。可见，亚洲象曾在华北、华东、华中、华南、西南的广阔地区栖息繁衍。自周代之初开始，亚洲象由黄河流域南迁，亚洲象生境南移的速度为平均每百年0.5个纬度，每年0.5km。到12~13世纪，闽南亚洲象绝灭；17世纪岭南、广西的亚洲象绝灭（孙刚，1998）。文焕然（2006）、文榕生（2009）将亚洲象分布北界变迁的历史过程划分为八个阶段，张洁（2008）认为应该增加第九阶段（见表2-3，图2-4）。

表2-3 中国历史上亚洲象分布北界分阶段变迁表（文焕然，2006；文榕生，2009；张洁，2008）

阶段	年代区间	经历时间	分布界线（地点）
第一阶段	公元前2000年—公元前1000年	约1000年	黄河中下游以北毗连地带的阳原丁家堡水库及化稍营大渡口村附近，向东推断到北京、天津，向西推断到（山西）晋中盆地及今西安稍北为北界。以阳原盆地及黄河下游等地为野象分布最北地区
第二阶段	公元前900多年—公元前700多年	200年	以淮河、秦岭为北界。以江流域为最北地区
第三阶段	公元前700多年—公元前200多年	500年	以淮河下游干流近海一带以北、秦岭为北界。以淮河下游干流近海南北地区为最北地区
第四阶段	公元前200多年—公元580多年	780年	以秦岭、淮河为北界。又以长江流域为最北地区
第五阶段	公元580多年—公元1050年	470年	以杭州湾、钱塘江下游干流北岸，经湖口，转北到淮河上游，再转西接秦岭一小段，到今浙川稍西，又转南经今宜昌，至今澄县稍西，再转西到长江干流南岸为北界。以长江上、中游及浙江中南部、福建中北部山地丘陵为最北地区
第六阶段	公元1050年—公元1450年左右	400年	以南岭（阳山、南朝宋始兴郡伊水口、始兴北界）、武平、上杭等地稍北为北界。以闽南、岭南大陆部分为最北地区
第七阶段	公元1450年左右—公元1830多年稍后	380年	此阶段又可分为东、西两部分。东部：以雷州府（包括今雷州半岛）、博白、横州（今横县）的北境、十万大山一线为一条北界。以雷、博、横、廉、钦地区为最北地区之一。西部：以广南府（今广南县一带）、元江府（今元江哈尼族彝族傣族自治县一带）、景东府（今景东县一带）、顺宁府（今凤庆县一带）、盈江县的北境为另一北界。以云南高原南部为另一最北地区

续 表

阶　　段	年代区间	经历时间	分布界线（地点）
第八阶段	公元1830多年稍后—1980年左右	150年	北界逐渐南移到滇南的勐腊县、景洪市、西盟佤族自治县、沧源佤族自治县和盈江县5地的北境
第九阶段	1980年左右—现在	30年	亚洲象分布北界继续南移到云南省南部的西双版纳（景洪市、勐腊县）、普洱市（思茅市、澜沧县、江城县）和西南部临沧市（沧源县南滚河）

历史上，云南是亚洲象的主要活动区域，沿广南到元江、景东、凤庆、腾冲一线以南分布，其中滇西南德宏和滇南西双版纳一直是亚洲象最主要的分布地区（陈明勇等，2006）。在20世纪50年代，中国的亚洲象分布于云南边境的西双版纳、普洱、德宏、临沧四州市，20世纪60~70年代的20年里野象逐渐从德宏、普洱消失。直到今天，德宏还未重新发现野象，普洱的野象在消失了近20年之后，1993年才被发现重新回到该地。目前，亚洲象主要分布在西双版纳景洪市、勐腊县境内的勐养、勐腊、尚勇3个片区以及临沧市沧源县境内的南滚河流域。

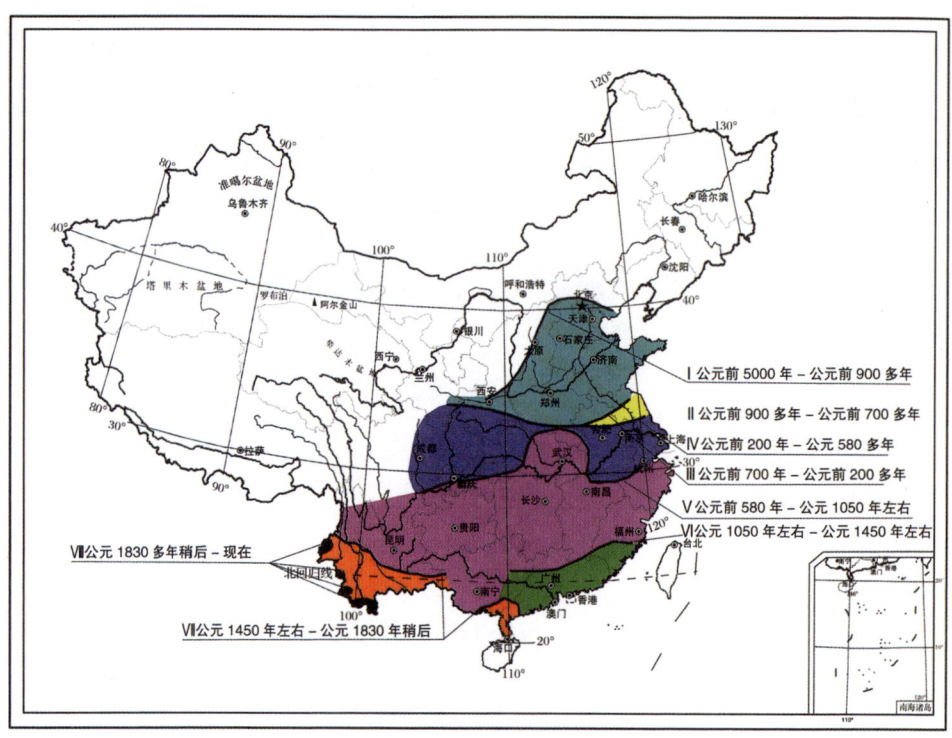

图2-4　中国历史上亚洲象分布北界分阶段变迁图

2.3.2　亚洲象的数量现状

研究结果表明，亚洲象曾经在亚洲的大多数森林和稀树草原地区都有分布，估计大约有

10万头。野生亚洲象种群数量从19世纪早期至今已经下降了97%,而且还在一直呈下降趋势,现在仅存有39463~47427头。具体分布情况见表2-4。

表2-4 野生亚洲象的数量统计表

单位:头

国家(Country)	最小值(Min)	最大值(Max)	平均数(Average)
孟加拉国(Bangladesh)	300	350	325
不丹(Bhutan)	60	150	105
柬埔寨(Cambodia)	250	600	425
中国(China)	178	193	186
印度(India)	26000	28000	27000
印度尼西亚(Indonesia)	2400	2800	2600
老挝(Laos)	600	800	700
马来西亚(Malaysia)	2423	5347	3885
缅甸(Myanmar)	1181	2056	1619
尼泊尔(Nepal)	109	142	126
斯里兰卡(Sri Lanka)	5879	5879	5879
泰国(Thailand)	NA	1000	1000
越南(Vietnam)	83	110	97
合计(Total)	39463	47427	43947

全球大约有25%的亚洲象被圈养,Sukumar(2006)估计圈养数量有25000头,自然与自然资源保护联合会/SSC亚洲象专家小组估计圈养亚洲象多于20000头(详见表2-5)。

表2-5 圈养大象数量统计

地区 Areas	数量 Numbers(头)
非洲(Africa)	7
澳大利亚(Australia)	26
欧洲(Europe)	425
北美洲(North America)	293
南美洲(South America)	33
亚洲(Asia)	+20 000

张立等(2006,2011)认为:目前中国野生亚洲象种群总数量估计在200~250头之间。我国对亚洲象种群的数量已有过多次调查,从20世纪70年代开始的每次野外调查,对亚洲象个体数目的估计值都有很大波动。这种波动不可能是亚洲象种群本身的数量变动造成的,而很可能是受到每次调查方法和调查时间的限制造成的,另外也可能是由于亚洲象在此期间

不断迁移造成的,包括国内各栖息地之间的迁移,以及在老挝、缅甸等邻国之间的迁移。各个分布区域的亚洲象数量分年度统计情况,详见表2-6。

表2-6 中国亚洲象主要分布区的种群数量估计(张立等,2006,2011)

单位:头

分布区/年度	1976	1983	1997	2003	2005	2011
勐腊	37	23	0	14~17	12~24	25~32
勐养	26	130	115~137	80~100	80~100	76~108
尚勇	38	60	50~60	90~100	40~80	60~68
思茅	7	0	18	5~8	11~21	34
临沧	22	12	18	18	18~23	18~23
盈江	16	0	0	0	0	0
总计	146	225	201~253	207~253	161~266	213~256

冯利明(2005)对中国现存亚洲象的分布、活动区域、生境状况进行了研究,结果见表2-7。

表2-7 中国现存亚洲象分布及其生境状况(冯利明,2005)

分布区	种群数量(头)	活动区域	活动区域面积(km^2)	密度(头/km^2)
西双版纳勐养	100~150	国内	1780	0.056~0.048
西双版纳尚勇	40~80	跨国(中国+老挝)	500	0.081~0.160
西双版纳勐腊	12~42	跨国(中国+老挝)	570	0.021~0.074
西双版纳勐腊曼班东	4	国内	20	0.020
普洱思茅	4	国内	86	0.047
普洱澜沧糯扎渡	7	国内	150	0.047
普洱江城牛倮河	不清	跨国(中国+老挝)	110	未知
普洱江城曲水	不清	跨国(中国+老挝)	130	未知
临沧沧源南滚河	18~20	国内	35	0.514~0.571
总计	185~307		3381	0.055~0.091

中国曾经是圈养和利用亚洲象的国家之一,以傣族等少数民族为多,亚洲象主要用于乘骑、耕田、战争(陈明勇,2006)。目前,中国很少有亚洲象被饲养。过去的50年,来自印度、斯里兰卡和泰国的大象,被作为礼物送给中国,都被留在了动物园。北京、福州和山东的一些动物园已经成功繁殖了亚洲象。自20世纪90年代以来,中国已建立了超过20个野生动物园,圈养大象的需求急剧增加。这些被圈养的大象大多从泰国和缅甸合法或非法进入中国。目前大约有50头大象被圈养在中国,它们大多数生活在国有和民营动物园中,也

有三头获救的野生大象被饲养在实施国家圈养繁殖计划的西双版纳繁殖中心（张立，2011）。

2.3.3 中国亚洲象濒危的原因

很多研究者对亚洲象的濒危原因进行过研究分析，归纳起来无外乎两个，即自然因素和人为干扰。

2.3.3.1 自然因素

（1）亚洲象自身局限

亚洲象的生物学特性的局限性。由于亚洲象身体形态高度特化，形成了它繁殖率低、对生境的要求严格等特点，不利于种群的迅速扩大，因而种群脆弱，很容易濒危。亚洲象身体庞大，所需要的活动领域很大，容易受到生境丧失的影响。身体庞大，也需要有更多的能量来维持其生存，容易最先受到环境改变的影响。亚洲象为草食性动物，食量大，容易受食物短缺的影响。亚洲象幼仔数少、个体生长率低、成熟期长、怀孕期长、繁殖间隔期长等特点也影响种群数量的增长。

亚洲象对生境要求严格。在历史上亚洲象的分布范围虽然广阔，但对生境的要求比较严格。亚洲象活动范围的逐渐南迁与其对生境选择的要求很高有直接的关系。亚洲象有漫游迁移的特点，循环利用食源地，因而需要很大的生活空间，每头亚洲象占据的生境面积可达数十平方公里，以便取食足够的食物和完成其生命活动（陈明勇，2006）。虽然亚洲象畏寒喜暖，皮肤也较厚，但也不喜欢在烈日下暴晒，需要很好的隐蔽条件，因而优先选择在季风常绿阔叶林、半常绿季雨林植被类型中生活。由于亚洲象身体庞大和特化，上、下坡困难，所以需要选择相对平缓的坡面活动。总之，亚洲象必须选择海拔和纬度较低、自然植被完好而且食物丰富的平缓区域栖息。由于人为的干扰，亚洲象适宜的生境越来越少，导致了分布范围的狭窄，成为濒危的物种。

（2）气候变化

亚洲象畏寒，对栖息地的温度要求极高，躯体体温高于人体体温，可达39.9℃，受气候的影响较大（姚宝猷，1935；竺可桢，1973；何兆雄，1978；高耀亭，1981；孙刚等，1998；文焕然等，2006）。亚洲象在中国的南移，与中国近8000年来气候阶段性的由暖变冷有关（文焕然，1979）。

2.3.3.2 人类干扰

人类需求。许再富（2000）的研究结果表明，向天朝上贡这一特殊的人文因素是亚洲象在滇南濒危和灭绝的重要原因之一。侯甬坚等（2007）也认为亚洲象濒危的主要原因在于逐利以满足社会需求的人类杀戮行为。以象牙等物为主要获利目的的屠戮行为，由于存在着民间、官府各方面的实际需要，非但不能禁止，反而得到了事实上的默许和支持。所以，中国自地质时期遗留下来的亚洲象资源，实际上更多地是消失在猎取人花样翻新的捕获技术和越来越先进的屠杀手段之中。

至于驯象之类的活动，也对象资源造成了极大的破坏。据 Robert Delort（1990）报道，被捕获的象就算受了伤，但依然记忆力惊人，对自由生活始终念念不忘。据估计，有 50% 被捕的象不思饮食、不耐跋涉、容易生病，饱受背井离乡之苦，在被捕的最初几个星期就因精神紧张或"心碎绝望"而死。且在饲养过程中，由于管理人员素质不高等原因，对象的管理不善，也会导致象的死亡。有人做过这样的计算：若是要捉回一头健壮的象，把它送进竞技场（这只象最终也要死在那里），至少要伴随着9头象的死亡。

人口压力。孙刚等（1998）根据不同历史时期亚洲象种群在中国分布的北界，确定了北界南移的时间和速度，并结合人口压力进行了分析，得出了野生亚洲象（Elephasm aximus）地域性消退的时空规律和原因。研究表明，人口对野象的压力不断增大是造成野象种群迅速向南退缩的首要原因。

生境丧失和片段化。人类对土地的侵占导致亚洲象栖息地的丧失，成为亚洲象生存的最大威胁。据Md. Anwarul Islam（2011）报道，栖息地的丧失和分离严重影响孟加拉国的野生大象数量。1920年以后孟加拉国森林植被减少了超过50%，森林面积大大减少的原因是薪柴采集、木材采伐和林地转换成农田。P. Leimgruber等（2003）研究了大面积、未片段化、经济欠发达地区的自然荒野与大象保护的关系，结果也表明，栖息地丧失和破碎化是亚洲象数量下降的主要原因。

人象冲突。只要有亚洲象分布的国家或地区，都不同程度地存在人和象的冲突，冲突中的受害者（通常是农民）会认为象是有害动物而捕杀亚洲象。在孟加拉国，大象掠夺作物的数量不断增加，人也遭到象的袭击而受伤或死亡。仅1997年，就有21人死亡，两头大象被猎杀；在发生的30起事件中，被大象践踏和采食作物所造成的经济损失折合大约102000美元。在2000年，有17人被大象攻击而死亡，15人受伤；3头大象被当地人在2001年9—11月猎杀。在2006年—2011年间，报纸报道有7头大象被人猎杀，47人因大象而死。孟加拉国林业部门的记录显示，2008年—2010年期间，有37头大象被猎杀；2003年—2011年间，有73人因大象而死（Md. Anwarul Islam，2011）。

性别失调。亚洲象现在正成为偷猎者猎杀的目标。由于亚洲象只有公象才有象牙，这使得一些亚洲国家的公象数目大幅减少。这种偷猎活动在印度南部、柬埔寨和越南等地特别严重。在印度南部的一个亚洲象自然保护区，生活着400头雌象，但是只有4头雄象参与繁殖。如此一来，这个种群的后代完全是这4头雄象的后代。由于长期近亲繁殖，亚洲象遗传基因的多样性不断丧失，很容易产生一大批极为脆弱，甚至不具备繁殖能力的后代。这让亚洲象种群变得越来越脆弱。缺乏基因多样性的种群，对环境的突然改变或是特定的疾病都格外脆弱，稍有意外就可能造成种群的大规模死亡。而最初被选择的强壮雄性动物的基因，在繁殖几代之后，往往会丧失其优越性，达不到提高后代素质的目的。

自然界中有2%~5%的雄性亚洲象是天生没有象牙的。如果完全按照自然进化的规律，有象牙的雄象和象牙越大的雄象将自己的基因保留遗传下去的可能性越大，没有象牙的雄象势必遭到淘汰。但是，现在亚洲象种群中无牙雄象的比例大大超过了正常范围，无牙基因在雄象种群中传播开来，这违背了正常的自然选择结果（张立，2005）。

第二篇 南滚河流域亚洲象的生物学特性

3 亚洲象的（生物学）栖息环境

动物栖息地（habitat），又称生境、栖地，是指一个或多个物种种群（或多个动物种类）栖息（生活和生长）的自然环境。这一概念是由美国的 Grinnell（1917）首先提出的，其定义是生物出现的环境空间范围，一般指生物居住的地方，或是生物生活的生态地理环境。有不同的栖息地就会有不同的动物；反过来，不同的动物选择的栖息地也不同。自然环境是一切生命赖以生存的物质基础，它包括有机环境和无机环境两大部分，栖息地也可分为非生物资源和生物资源两大类型。

云南南部的南滚河流域是我国野生亚洲象分布的主要地区之一。南滚河流域自然资源的研究始于20世纪60年代，1960年昆明动物所、云南大学、北京大学曾组织专家对班洪、班老一带的动物区系等进行了考察，拉开了对南滚河流域及周边地区自然资源进行科学研究的序幕。1964年中科院云南生物资源综合考察队高跃亭、陆长坤等深入南滚河流域，开展了动物区系综合考察。之后，云南大学生物系朱维明、昆明植物研究所刘伦辉、西双版纳热带植物研究所冯耀宗等老一代研究者进行了零星采集和研究。1995年西南林学院、云南省林业厅、临沧市林业局等单位联合对扩建前的南滚河自然保护区进行了综合科学考察，并根据多次考察资料整理出版了《中国南滚河国家级自然保护区》（杨宇明、杜凡主编，2004）一书，对南滚河流域的自然特征进行了详细的研究。

3.1 亚洲象的非生物环境

地球的每个角落均生活着形形色色的哺乳动物，但哺乳动物与外界环境的关系是极其错综复杂的，许多种哺乳动物只适应于一定的环境范围。环境一般包括生物因子和非生物因子两大类。生物因子又被称为有机环境，主要指植物、动物、微生物等因素。动物间的关系又包括种内关系和种间关系等。非生物因子又被称为理化因子，主要指气候、基底和水等自然因子。基底指动物生命活动过程中栖息、隐蔽、活动和觅食的环境，如土壤、岩石、树林等均是陆生哺乳动物的基底。基底的类型与结构对哺乳动物的分布有着重要的影响。水分、气候、光、温度、湿度等因素，都是哺乳动物生活和生存的重要限制因子。不同种类哺乳动物的形态结构、生活习性等方面均表现了对各种环境的适应。亚洲象是中国大陆现存体型最大的哺乳动物，栖息地的非生物环境对亚洲象的重要性也不例外。

3.1.1 地质构造

南滚河流域亚洲象的栖息地（理论适生区）范围不大，岩石、地层及地质构造都不复杂，保护区内则更简单。但是，若从滇西南临沧地区的地层与构造看，其又是云南省内比较复杂与特殊的地区。对照附近外围地区的大地质环境，可以更清楚地认识自然保护区所在地域的特殊条件与环境。

3.1.1.1 岩石与地层

临沧市的出露地层比较多，岩石种类也很复杂。理论适生区属这复杂体系中的一小部分，相对而言比较简单。就岩石而论，仅有部分浅变质的片岩，千枚岩和碎屑岩类中的砂、页岩。从地层情况看，仅包括有前奥陶纪的变质岩系和中生代三迭侏罗纪的红色岩系两部分。新生界的沉积物为松散河流物堆积物，未胶结成岩。

（1）变质岩系

在理论适生区出露的变质岩为临沧西部变质岩的一部分，包括有云母片岩、绢云母千枚岩、绢云母石英片岩、绿泥石片岩、千枚岩及少量石英岩，有些以石英岩脉型式穿插于片岩或千枚岩之中。这组地层主要分布在理论适生区东部的芒库山以东及南滚河谷东岸，在保护区西部的班老一带也有出露。从构造形态上分析，本区基底部分的岩层也为变质岩系组成。理论适生区内的变质岩系地层，呈北北东—南南西向分布。

（2）三迭－侏罗纪红层

在理论适生区内有该地层出露，主要分布在南滚河的中西部。它范围不大，呈北北东—南南西向展布，两侧均被变质岩系所包围。由于沉积环境的差异，理论适生区各地红层厚度不同，大体是北部与东部较薄，中部与南部较厚；由于岩层倾角小、近于水平，该组地层受河流深切后，呈现出陡崖峭壁与方顶山地的奇特景观。该组岩石以碎屑岩为主，有紫红色砂岩、砾岩、泥质砂岩、灰黄色砂岩和土黄色砂岩等。

（3）第四纪沉积物

本区缺少新生界第三纪地层，第四纪近代的沉积物较多但很分散。残积物、坡积物与重力堆积物广泛分布在山地上，洪积物与流水堆积物质集中在南滚河的干流与众多的支流上。在南滚河上有规模不大的浅滩与雏型河漫滩。支流上多浅滩，堆积物粗大分选性差，中间还混合有重力堆积物的大型砾石。由于第三纪初在本区产生过古夷平面，在当时的气候更为湿热，所以在高层的夷平面上或高阶地面上有古风化壳存在。

3.1.1.2 地质构造

理论适生区的地质构造比较简单清楚。从大地构造体系来看，根据目前较通用的板块学说，它分别处于青、藏、滇次板块内的昌都—保山小板块的西南端。该小板块位于怒江缝合线与澜沧江缝合线之间，其构造线的主体方向为东北—西南走向，向东到澜沧江缝合线后走向渐变成南北方向。两缝合线内的次板块，在古生代前沉积了大量沉积物质，受两大巨板块的移动、碰撞、挤压后，发生变质现象。在中生代时局部地区下陷，接受了一定数量的陆相沉积，目前还保存有上古生代石炭二迭纪地层。

从理论适生区的微构造来看则比较简单。东部为班洪脊斜，其中一部分伸入保护区内。西部为湖广脊斜，保护区西部边缘属这一微型构造的一部分。相邻两个微型构造的构造线方向均略呈南北方向，其北部伸入南腊乡境内，南部延伸至缅甸东部。

3.1.2 地形地貌

理论适生区的地质构造大体上属南北向的一列中、深起伏，褶皱较紧密的山地。从绝对高程和相对高程标准来看，其属中山和低山，浅切割、中切割和深切割的山地地貌。芒库山、新寨山、木料山组成了整个保护区的地貌骨架。理论适生区降水丰富，集中于夏半年，降水强度较大，有时出现强降水。现代地貌发育外营力中，流水侵蚀作用强烈，河流水量充沛，侵蚀力强，河床深切，大都为峡谷形态。保护区南板河、芒库河，以及两者在中部交汇以后的南滚河控制着保护区的地文格局，因此保护区地貌主要是陡峻的山地和较深切的峡谷。

理论适生区的地貌形态，是以连绵陡峻的山地和深切峡谷为主体。若从规模较小的微地貌来看，它可以分解成以下几种类型：

3.1.2.1　流水侵蚀中山

侵蚀中山为海拔1000米以上的山地，也就是习惯上称为中山的山地形态，在本区是最高的一级山地，在理论适生区内它们主要分布在北部边缘地带，理论适生区外围的山地均属此类型。这类山地经河流及流水的深切，除了顶部较平坦外，边缘陡峭，相对高度较大。近河谷部分，有些地方还出现陡崖。这类山地在理论适生区范围内的高峰有木料山（海拔1747米）、让碧山（海拔1770米）、班武山（海拔1604米）。在保护区的南部、西南部的山地，也属中山山地类型，但它们的高度在1500米以下，常把它们与其他中山相区分，称为低中山。低中山地貌绝对高度较低，属于这亚类的山峰有芒库山（海拔1360米）、芒冷山（海拔1242米）、新寨山（海拔1326米）、母空山（海拔1226米）。根据组成的岩石不同，理论适生区的侵蚀中山又可分成变质岩侵蚀中山和红色碎屑岩侵蚀中山两种类型。

3.1.2.2　流水侵蚀低山

低山为海拔1000米以下的山地。它主要分布在理论适生区的西南部与南部，理论适生区以南到国境线间的帕浪、班稿一带的山地也属此类型。这类山地面积不大，有些为中山山地的延伸部分，只是因切割较破碎，相对孤立，而被划入低山范畴。在近河谷底部的阶地分割成的低丘，或在近国境一带的侵蚀低丘，以及海拔在500米以下的高丘丘陵，由于数量不多，面积更小，也把它们合并在低山山地之中，有些也被称为峡谷的一部分。这类山地中的高峰有帕货山（海拔965米）、南格郎山（海拔749米）、南班稿山（海拔949米）、龙头山（海拔898米）等。

3.1.2.3　峡　谷

在保护区及附近地区，峡谷地貌是次于各类山地外的重要地貌类型。因为保护区内的峡谷均为山地型"V"型深切谷地，谷地狭窄，所占面积不大，但对理论适生区各类地貌，尤其是山地地貌的形成演化作用较大。

虽然保护区内的谷地都属山地型深切的"V"型谷，但主支流的谷地由于发育时间与侵蚀强度等方面的差异，两者也存在着一定区别。南滚河干流虽然总体看也是深切"V"型峡谷，但由于切割时间较久，水量又丰富，谷地形成过程中，受地壳不等量抬升和间歇性上升特性的影响，使得河流下切与侧蚀交互出现，也就把河谷塑造得比较完整。谷内有雏形河漫滩、浅滩、心滩，谷坡上有3~4级阶地，上部还有剥夷面。这种谷地属于成形谷地。支流谷地，流路短、落差大，谷地塑造时间短，所以谷地为典型山地型幼年期河谷，谷底狭窄，无雏形河漫滩，部分河段有狭小的浅滩，沉积物粗大，河谷内急流险滩多，谷坡上阶地与剥夷面无主干河谷那样完整,在下切强、地层条件比较理想的河段,河流深切成嶂谷状谷地,在与干流交汇口附近,或与二级支流交汇处,发育有小型河滩或冲积扇。这种地貌形态,是亚洲象喜好的环境,也是人类主要开发利用的区域。

3.1.3 水系、硝塘、稀泥塘

3.1.3.1 水　系

河流是亚洲象生存的必要条件。南滚河系怒江下段在云南省境内仅次于南汀河、勐波罗河的第三大支流,傣语意为沙洲之水。南滚河发源于国境线附近的范俄山西坡,流经勐董镇、班洪乡、班老乡,上游称芒库河,在保护区范围呈现北西向发育,支流南板河呈现北东向发育,在石头寨附近与南板河交汇后始称南滚河。南滚河呈"Y"字形水系,与南卡河、南衣河相汇经班老乡歹笼出境,全长70km,主河长48.45km,径流面积530.06km^2,平均坡降15.56‰,年产水6.68亿m^3。芒库河与新牙河汇合后,水量陡增,河床拓宽。从红卫桥至帕浪的下游河段,地势低平,河床落差小,河流旁蚀作用明显,形成宣泄不畅的热带性河流。南滚河在云南境内有26条主要支流。

3.1.3.2 硝　塘

硝塘是亚洲象补充矿物质的重要场所。对南滚河流域的硝塘分布进行的调查表明,处于理论适生区边缘地带的硝塘由于人类的土地开发已经消失。目前尚存的硝塘主要分布在南滚河自然保护区内,硝塘的分布见图3-1。

图3-1　南滚河流域主要硝塘分布图

在亚洲象经常吸食的硝塘中采集水样，进行成分分析，结果见表3-1。

表3-1 南滚河流域亚洲象喜喝硝水主要元素成分

(单位：ug/ml)

硝塘号	测定序号	Fe	Sr	Mn	P	B	K	Na
1	1	67.81	0.16	45.28	0.17	0.17	0	6.05
	2	68.39	0.16	45.24	0.13	0.17	0	5.44
	平均值	68.10	0.16	45.26	0.15	0.17	0	5.74
2	1	30.27	0.18	2.11	0.17	0.15	0	226.80
	2	29.98	0.17	2.05	0.13	0.16	0	229.40
	平均值	30.13	0.18	2.08	0.15	0.16	0	228.10
3	1	19.54	0.18	2.15	0.30	0.15	2.34	7.79
	2	19.61	0.17	2.13	0.22	0.15	0	6.97
	平均值	19.58	0.17	2.14	0.26	0.15	1.17	7.38
4	1	6.61	0.22	1.07	0.37	0.27	1.57	26.56
	2	6.91	0.22	1.07	0.31	0.27	0	28.20
	平均值	6.86	0.22	1.07	0.34	0.27	0.79	27.38
5	1	0.60	1.45	0.82	2.40	0.90	0	113.90
	2	0.57	1.45	0.81	2.24	0.89	5.00	111.80
	平均值	0.58	1.45	0.81	2.32	0.89	2.50	112.90
总平均值		25.05	0.44	10.27	0.64	0.33	0.89	76.30

3.1.3.3 稀泥塘

泥塘也是亚洲象生活中必须的。稀泥浴可以帮助亚洲象防止皮肤被太阳灼晒和被虻蝇等寄生虫叮咬，还可以治疗常见皮肤病。与当地老年人的访谈结果表明，在过去亚洲象活动的区域，有很多亚洲象经常造访的稀泥塘。由于水田开发，泥塘逐渐消失。对南滚河流域亚洲象经常造访的稀泥塘分布进行调查，发现亚洲象经常造访的稀泥塘不多，主要分布在南滚河两岸的保护区内，见图3-2。

图 3-2　南滚河流域主要稀泥塘分布图

3.1.4　气　候

3.1.4.1　气候类型

理论适生区处于西部型季风季候区，地处北回归线以南，属北热带湿润气候。冬半年（11月至翌年4月），主要受西风带天气系统控制，来源于南亚次大陆北部的热带干暖气团南支西风急流东进到达本区，使冬季日照充足，天气晴朗，干暖少雨，形成明显干季。5月南支西风消失，本区为来自印度洋孟加拉湾的西南暖湿气流所控制，使夏半年（5至10月）为雨季。理论适生区全年热量丰富，干湿季分明。

3.1.4.2　气　温

理论适生区海拔1000m以下地区年平均气温20.4℃，最冷月（1月）气温13.5℃，最热月（6月）气温24.5℃，≥10℃的积温7440℃，年降水量1750mm。海拔1000~1400m的地区，平均气温18.3℃，最冷月气温12℃，最热月气温22.1℃，≥10℃的积温6700℃，年降水量2175mm。海拔1400~1700m的地区，年均温16.6℃，最冷月气温11.2℃，最热月气温18.5℃，≥10℃的积温6000℃，年降水量2466mm，日照时数1100~1900小时之间，平均为1514小时，日照百分率为25%~43%。理论适生区不同海拔地区四季的平均气温见表3-2，各季节极端气温情况见表3-3。

表3-2　不同海拔地区四季的平均气温统计表（数据来源：《中国南滚河国家级自然保护区》）

（单位：℃）

海拔（m）	季节	春 3~5月	夏 6~8月	秋 9~11月	冬 12~2月
1700		17.3	19.1	16.2	10.7

续　表

季　节 海拔（m）	春 3~5月	夏 6~8月	秋 9~11月	冬 12~2月
1600	17.8	19.4	16.8	11.1
1400	18.8	20.8	17.8	11.8
1000	20.7	23.0	19.8	13.3
500	23.1	25.3	22.3	15.3
平均	19.5	21.5	18.6	12.4

表3－3　各季极端气温情况（数据来源：《中国南滚河国家级自然保护区》）

（单位：℃）

季　节	极端最高气温	极端最低气温	平均最高气温	平均最低气温
春	28.5~34.4	0.5~0.4	26.6~27.5	8.1~11.5
夏	26.5~34.0	13.0~14.7	25.7~26.0	14.8~18.8
秋	28.4~30.7	1.5~5.0	24.8	10.4~14.3
冬	22.1~27.4	-4.3~3.0	19.4~21.3	3.9~4.8

3.1.4.3　降　水

水是一切生命活动的基础，是植物体的重要组成部分，是光合作用的原料和植物吸收养分的媒介。自然降水是植物水分的主要来源。降水量、干燥度或湿润度、相对湿度等说明了一个地区的水分状况。

沧源佤族自治县为云南省的多雨区之一，降水资源十分丰富。该县的西部地区，由于西南气流入侵，又处于西南季风的向风坡，因而形成大量降水，且随海拔的升高而增加（海拔1000m以下降水量为1500mm至2000mm，海拔1000m至1400m降水量为2100mm至2300mm），为该县最多雨区。

理论适生区降水量夏季最多，占全年的64%；冬季雨量最少，占全年的3%。夏季降水相对变率为12%，发生洪涝灾害的机率相对较小；春季和冬季降水的相对变率分别为30%和50%，冬春较易出现旱相。

理论适生区湿润度很大，年平均相对湿度80%以上。年内各日湿润程度不同，1月至3月为半干旱，4月为半湿润，其中月6至8月特别湿润，降水量远大于蒸发量。保护区各月平均降水量见表3－4。

表3－4　保护区各月平均降水量表（数据来源：《中国南滚河国家级自然保护区》）

月　份	一	二	三	四	五	六	七	八	九	十	十一	十二	合　计
雨量（mm）	11.6	30.8	17.7	55.6	191.0	435.9	479.3	463.3	211.6	132.6	90.2	28.5	2148.1

3.1.4.4 风

理论适生区风速较小,静风频率高(年平均静风频率达 50% 以上)。

3.1.5 土　壤

3.1.5.1 土壤类型

理论适生区的土壤有河漫滩冲积土;砖红壤,包括砖红壤、暗色砖红壤、黄包砖红壤三个亚类;红壤,包括黄红壤、山地红壤两个亚类。此外还有水稻土,属淹育土亚类。

(1) 河漫滩冲积土。分布于南滚河两岸,海拔 540~600m,为第四纪地层上形成的现代土壤。土壤现状接近于母质,发育程度较浅,剖面发育不明显。

(2) 砖红壤。为热带北缘的地带性土壤,在理论适生区分布于海拔 900m 以下,但在沟谷雨林中可到海拔 1000m。成土母质以千枚岩、片岩为主,其形成发育的两个主要特点为强烈的生物循环和富铝化过程。土壤中的盐基和硅酸淋失严重,土壤呈现酸性,PH 值在 4.5~5.5 之间,剖面中未出现铁子、铁盘、铁锰结核等新主体。

(3) 赤红壤。分布于保护区海拔 1000~1500m 的季风常绿阔叶林带,是保护区分布面积最大的土壤类型。土体中铁的游离度较高,呈现浊橙至橙色,磷钾含量低,土壤呈现酸性。

(4) 红壤。分布在海拔 1500m 以上,成土过程以中度富铝化作用为主,粘粒矿物主要是高岭土。

(5) 河冲漫积滩土。分布于南滚河两岸,为海拔 540~600m 第四纪地层上形成的现代土壤。生长着大戟科水杨柳、木贼科节节草、蓼科辣蓼等植物,土壤性状接近于母质,发育程度较浅,剖面发育不明显。

(6) 水稻土。分布于 1958 年后开垦的水田中,土壤有红壤性、紫色性、冲积性水稻土。土种有山沙泥田、泥田、紫沙泥田以及河沙田四种。

3.1.5.2 土壤分布规律

(1) 垂直地带性

理论适生区高差较大,地势的增高引起了生物气候差异,土壤类型分布也形成了明显的垂直地带性。垂直带的形成决定于保护区的山地小气候及相应的自然条件、植被类型。

(2) 水平地带性

由于保护区面积不大,土壤分布的水平地带性因此也不明显。砖红壤是理论适生区的地带性土壤。

3.2 亚洲象的生物环境

3.2.1 物种多样性

物种多样性是亚洲象赖以生存的基础。亚洲象理论适生区的物种多样性丰富,在南滚河保护区得以体现。

3.2.1.1 植物多样性

（1）物种组成

保护区种子植物计有177科、921属、1885种（含亚种、变种）。其中，裸子植物4科、4属、5种，被子植物173科、917属、1880种。在全部种子植物177科中，包含最多属的为禾本科，有60属，其余依次为菊科（47属）、兰科（38属）、蝶形花科（37属）、茜草科（34属）、唇形花科（31属）、大戟科（26属）、爵床科（26属）、夹竹桃科（23属）。这9个科，是保护区的大科，都在20属以上，合计有322属，占保护区属总数的35.1%。它们有的本来就是世界特大科，有的是亚洲热带地区十分繁盛的科。保护区相对繁荣的重要科还有萝藦科（17属）、荨麻科（16属）、莎草科（14属）、苦苣苔科（14属）、番荔枝科（14属）、天南星科（14属）、葫芦科（14属）、防己科（13属）、玄参科（13属）、樟科（13属）、芸香科（13属）、姜科（13属）、旋花科（11属）、蔷薇科（11属）、百合科（11属）、马鞭草科（10属）、楝科（10属）、漆树科（10属）。含10属以上的共有27科，合计有553属，占保护区属总数的60.2%。在这些重要科中，凡是国内分布于热带、亚热带的属，保护区绝大部分都有。

（2）区系特点

统计结果表明，保护区种子植物属的分布类型中属于世界分布的有52属，热带分布的有728属，温带分布的有135属。不计世界广布属，保护区热带成分占83.8%，温带成分占15.5%。区系是植物界在一定自然地理条件下，特别是自然历史条件下综合作用、发展、演化的结果。这个统计确立了保护区植物区系的热带起源及热带性质。

该区域科属种的繁盛反映了热带地域特征与热带区系性质。含1~4种的属的比例高，说明许多热带科属常常只有个别和少数种类分布在该区，典型热带区系种一级分类群成分的相对贫乏反映了该区域热带植物区系的边缘性质。同样，一些温带成分也只有个别属或一些属的少数种向南延伸到该区，这也说明保护区已地处热带北缘，具有热带山地向亚热带山地区系的过渡特征。

该区域按Udevardy（1975，1984）全球生物地理区划系统，把理论适生区所在地域归入印度—马来亚界泰国季风林单元。按中国植物区系区划系统，保护区属古热带区、马来西亚森林植物亚区、滇缅泰植物地区。

（3）特有和珍稀成分

保护区分布有中国特有属3属，即藤枣属、巴豆藤属、鸡仔木属，但无地区特有属。有保护区地区特有种16种，滇南特有种99种，云南省特有种48种，中国特有种65种。

理论适生区有国家保护植物20种，占国家保护植物总数的1.1%。其中一级保护植物1种，二级保护植物19种。

3.2.1.2 动物多样性

南滚河流域亚洲象理论适生区是滇南热带山地的一部分，热量富集，降雨充沛，热带植被发育较好，动物栖息的外部环境优越。除了亚洲象以外，还有众多的亚洲象伴生动物。它们与亚洲象一起，构成了这一区域复杂的动物群落。根据我国动物区划，理论适生区属东洋界、中印亚界、华南区、滇南山地亚区。理论适生区特殊的地理位置，是多种动物区系地理成分东西交汇、南北过渡的荟萃地。

(1) 哺乳动物

A. 物种组成

根据多次考察,国内外学者已经在南滚河流域及邻近地区记录了哺乳动物 98 种,隶属于 10 目、30 科、75 属,占中国哺乳类种数(607 种)的 16.14%,云南省哺乳类种数(304 种)的 32.23%。平均不到 100hm^2,就有 1.4 种哺乳类动物。如此高的物种丰富度,为国内少见。

B. 分布型

从科的分布型看,在南滚河流域一带现生哺乳动物 30 个科种,其中典型热带性的科有狐蝠科、长臂猿科、懒猴科和象科 4 个科,占本地区科总数的 13.33%;热带、亚热带的科有 7 个,占本地区科总数的 23.33%;热带、亚热带至温带的科有 6 个,占本地区科总数的 20.00%;热带、亚热带、温带至寒带的科有 11 个,占本地区科总数的 36.67%。从属的分布型看,在这一区域分布的 75 个属中,仍有不少为洲际分布型的属(25 个),占该区域哺乳动物属数的 33.33%;其余 50 个属均为亚洲分布型的属,占该区域哺乳动物属数的 66.67%。从种的分布型看,该区域分布的 98 种哺乳动物中,有旧大陆分布型 3 种,热带亚洲、中亚至北亚分布型 1 种,欧洲和亚洲分布型 4 种,亚洲(热带、亚热带、温带)分布型 14 种,亚洲(热带、亚热带)分布型 28 种,亚洲、非洲(热带)分布型 1 种,亚洲(热带)分布型 37 种,尼泊尔东部 - 横断山 - 南中国特有分布型 11 种。

C. 区系特征

南滚河流域分布的 98 种哺乳动物中,旧大陆(欧、亚、非)(热带、亚热带、温带)广布种仅有 3 种,占该区域哺乳动物种数的 3.06%;古北界、东洋界(北非、欧洲和亚洲)共有的广泛种有 19 种,占该区域哺乳动物种数的 19.39%;其余 76 种全是分布于典型热带或热带起源的热带性种,占该区域哺乳动物种数的 77.60%。

D. 珍稀保护物种

在该区域分布的 98 种哺乳动物中,属于国家重点保护野生动物的有 28 种,其中国家一级重点保护动物 10 种,重要种类有亚洲象、印支虎(*Panthera tigris corbetti*)、豚鹿(*Axis porcinus*)、白掌长臂猿(*Hylobates lar*)等;国家二级重点保护动物 18 种,如猕猴(*Macaca mulatta*)、穿山甲(*Manis pentadactyla*)、黑熊(*Selenactos thibetanus*)、金猫(*Profelis temmincki*)、巨松鼠(*Ratufa dicolor*)等;云南省省级保护动物 1 种,即毛冠鹿(*Eluphodus cephalophus*)。

(2) 鸟类

A. 物种组成及居留情况

据资料,理论适生区有鸟类 144 种和亚种,隶属 13 目、36 科(另 4 个亚科),约占云南省鸟类种数(793 种)的 18.2%。其中留鸟有 119 个种和亚种,占所录鸟类的 82.6%;夏候鸟有 12 个种和亚种,占 8.3%;冬候鸟有 9 个种和亚种,占 6.3%;旅鸟有 4 个种,占 2.8%。

B. 区系特征

在该区域记录的 144 种鸟类中,繁殖鸟(包括留鸟和夏候鸟)计 131 个种和亚种,占所录鸟类总数的 90%。其中,繁殖区域广布于两大界的广布种有 19 种,占 13.1%;繁殖区域在东洋界的鸟类有 112 种,占 85.5%。说明该地区的鸟类中东洋界占主要成分。

C. 珍稀保护鸟类

在该区域分布的 144 种鸟类中，有国家一级重点保护鸟类 1 种，即绿孔雀（*Pavo muticus*）；国家二级重点保护鸟类 17 种，如普通鵟（*Buteo buteo*）、原鸡（*Gallus gallus*）、绯胸鹦鹉（*Psittacula alexandri*）、双角犀鸟（*Buceros bicornis*）等。

(3) 两栖类

A. 物种组成

已发现在理论适生区有两栖类动物 2 目、7 科、27 种。

B. 区系特点

记录的 27 种两栖类动物全部为东南界种类，其中西南区成分有 11 种，占 42.3%；华南区成分有 7 种，占 23.1%；华中区与华南区共有种 9 种，占 34.6%。

C. 珍稀保护物种

该区域分布的两栖类动物中，有国家二级重点保护动物 1 种，即虎纹蛙（*Rana tigrina*）。

(4) 爬行类

A. 物种组成

在理论适生区记录有爬行类 2 目、12 科、40 种。

B. 区系特点

记录的 40 种爬行类动物全部为东南界种类，其中西南区成分有 10 种，占 25%；华南区成分有 26 种，占 65%；华中区与华南区共有种 4 种，占 10%。

C. 该区域分布的爬行类动物中，列入国家一级重点保护动物的有 2 种，即巨蜥（*Varanus salvator*）和蟒蛇（*Python molurus*）；列入国家二级重点保护动物的有 3 种，即大壁虎（*Gekko gecko*）、凹甲陆龟（*Testudo impressa*）、山瑞鳖（*Trionyx steidachneri*）。

(5) 鱼类

理论适生区内有鱼类 27 种（含亚种），隶属于 5 目、8 科、18 属，其中鲤形目鲤科有 3 亚科、7 属、8 种；鳅科有 2 亚科、3 属、5 种；鲇形目有 2 科、4 属、4 种；鲈形目有 2 科、2 属、2 种；余下鳗鲡目、合鳃鱼目各有 1 科、1 属 1、种。以鲤形目的种数最多，共有 13 种，占本区总种数的 61.9%；其次为鲇形目，共 4 种，占总种数的 19.0%。鲤形目中又以鲤科的种类为最多，计有 8 种，占总数的 38.1%；鳅科其次，有 5 种，占总数的 23.8%；鳗鲡科、胡子鲇科、合鳃鱼科、鳢科、刺鳅科各 1 种，各占总数的 4.8%。

3.2.2 栖息地多样性

下面用植被亚型来表述亚洲象的主要栖息地类型。

3.2.2.1 植被分类依据和分类单位

植被分类系统，以《中国植被》和《云南植被》的分类原则为依据，研究区的植被类型划分为 9 个植被类型及 13 个植被亚型。其中，人工植被又分为经济林、水田和旱地 3 个类型。外加村落，也就是居民地。（见表 3-5）

表3-5 栖息地类型分类系统表

植被型	栖息地类型（植被亚型）
雨林	季节雨林
	山地雨林
季雨林	半常绿季雨林
常绿阔叶林	季风常绿阔叶林
暖性针叶林	暖热性针叶林
竹林	暖热性竹林
稀树灌木草丛	热性稀树灌木草丛
灌丛	热性灌丛
	河漫滩灌丛
湿地	水体（河流）
人工植被	经济林
	旱地
	水田
村落（不属植被型）	居民地（村落用地：建筑用地、道路、园地等）

3.2.2.2 各栖息地类型简述

（1）季节雨林

理论适生区的雨林可分为季节雨林、山地雨林两种植被亚型。季节雨林主要分布在海拔1000m以下的南滚河及其主要支流两侧，残存下来的面积不大。但理论适生区内大约2/3的植物种类是分布在这个范围内的，它是理论适生区生物多样性最丰富的区域，也是理论适生区最具价值的区域。季节雨林包括三个群系：①绒毛番龙眼、千果榄仁林（Form. *Pometia tomentosa*，*Terminalia myriocarpa*）；②绒毛番龙眼、班洪大风子林（Form. *Pometia tomentosa*，*Hydnocarpus banhongensis*）；③四棱蒲桃、绒毛番龙眼林（Form. *Syzygium tetragonum*，*Pometia tomentosa*）。

季节雨林层次复杂，因而分层结构不十分明显；外貌浓密，有时有高大的大树伸出林冠之上。乔木树种主要有绒毛番龙眼、千果榄仁、葱臭木、窄叶半枫荷、顶果木、滇琼楠、长果桑、白颜树、常绿臭椿、毛麻楝、长柄油丹、班洪大风子、华南紫树、钝叶樟、四棱蒲桃、光叶老挝天料木等。灌木层多为上层乔木的幼树，还有大花哥纳香、尖叶厚壳桂、大果酒饼簕、木桔、滇紫金牛、长梗美登木、尾尖叶柃、以假海桐、无苞鸡屎树、云南柃木、波缘大参、光泽锥花、大苞火筒树、短柄萍婆、漂冠草、毛杜茎山、邪叶榕、滇南九节、尾叶山柑、阔叶蒲桃、异色假卫矛、鱼尾葵、竹节树等。林下阴暗湿润，草本植物丰富，有冬叶、山姜、海芋、野芭蕉、穿鞘花、长尾实蕨、毛果珍珠莎、野胡椒、白接骨、薄叶卷柏、大柱球子草、异叶冷水花、大沿阶草、大吊兰、褐鞘沿阶草等。大型藤本及附生植物很发达，它们可一直上伸到林冠的上层，充分表现出浓厚的雨林特色。季节雨林是亚洲象采食、掩蔽的主要场所之一。

（2）山地雨林

理论适生区由于山林海拔高差相对较小，山地雨林不完全发育，只有在北部迎风坡面某些水湿条件较好的地段形成面积较小的山地雨林。它只有一个类型，即南洋木荷、普文楠林（Form. *Schima noronhae*, *Phoebe puwenensis*）。

山地雨林乔木层的树种以南洋木荷、普文楠、粗穗石栎、假含笑、钝叶樟、糖胶树、纤花蒲桃、聚果榕、桃叶杜英、滇南蒲桃、肉实树、大果山香园、波缘大参、密花红光树、粗丝木等种类为主。灌木层以喜湿耐阴种类为主，如白桫椤、伞形紫金牛、梗花鸡屎树、齿叶黄皮、蛛毛水冬哥、三亚苦、围延树、可爱花等。草本层有云南莲座蕨、野芭蕉、聚花金足草、滇南凤尾蕨、毛果珍珠莎、黑鞘沿阶草、穿鞘花、四角果、蛇根草、大叶仙茅等。山地雨林也是亚洲象采食、掩蔽的主要场所之一。

（3）半常绿季雨林

半常绿季雨林主要分布在海拔 1000m 以下宽广的河谷盆地中央或宽谷口，只有两个面积不大的群落类型，即四数木、常绿榆、厚皮树林（Form. *Tetrameles nudiflora*, *Ulmus lanceaefolia*, *Lannea coromandelica*）和大叶蒲葵林（Form. *Livistana saribus*）。

四数木、常绿榆、厚皮树林的种类组成与同地的季节雨林和山地雨林相比已明显下降。乔木树种由四数木、常绿榆、千果榄仁等组成，它们之中，除常绿榆外，其他三种都是旱季落叶种类。此外还有云南石梓、木棉、火烧花、槟榔青、西南猫尾木、厚皮树、翅果麻、一担柴、山胡椒、木姜叶暗罗、银叶巴豆、毛银柴、革叶算盘子、毛果桐等。灌木种类不多，主要由黄牛木、粗糠柴、窄叶半枫荷、银叶巴豆、一担柴、朴叶扁担杆、余甘子、椴叶山麻杆等阳性耐旱和旱季落叶的种类构成。草本层种类的突出特点是耐旱的禾草比例较高，如蔓生莠竹、类芦、蔗茅等，禾草以外尚常见魁蒿、石筋草、喜花草等，它们也主要是一些喜阳耐旱的种类。

大叶蒲葵林位于保护区南部、帕浪桥西南面木空山和小木空山一带海拔 700m 以上的石质山地。乔木层以大叶蒲葵为主，此外还有老挝天料木、山韶子、长柄油丹、红木荷、刺栲、蒲桃、黄棉木、红果葱臭木、林生芒果、帽蕊木、乔木紫株、火烧花、猫尾木、红椿及黄牛木、密花树、大叶鼠刺、山香圆等。灌木层具有较多的中小型竹类——泡竹，除乔木层树种的中幼树外，还常见老虎楝、红花木犀榄、杜茎山、楠木、木奶果、假苹婆、鸡血树、百日青，落叶成分有越北巴豆、思茅黄檀、臭黄皮等。草本层种类有楼梯草、莎草、沿阶草、薄叶卷柏、白接骨、穿鞘花、边缘鳞盖蕨、大叶仙茅、竹叶草、赤车等。

（4）季风常绿阔叶林

理论适生区内，季风常绿阔叶林的分布可以从海拔850m到1700m，它们可进一步划分为5个群系：①粗穗石栎、红花木犀榄林（Form. *Lithocarpus elegans*, *Olea rosea*）；②杯状栲、假挂钩樟林（Form. *Castanopsis calatiformis*, *Lindera tokinensis*）；③三棱栎、杯状栲林（Form. *Trigonobalonus doichangensis*, *Castanopsis calatiformis*）；④三棱栎、毛枝青冈林（Form. *Trigonobalonus doichangensis*, *Cyclobalanopsis helferiana*）；⑤多穗石栎、红木荷林（Form. *Lithocarpus polystachyus*, *Schima wallichii*）。

季风常绿阔叶林乔木层种类有多穗石栎、粗穗石栎、三棱栎、杯状栲、红木荷、毛枝青冈、假桂钓樟、密脉石栎、合果木、白花树、刺栲、龙陵栲、云南蒲桃、滇南木姜子、木莲、普文楠、小花楠、思茅黄肉楠、润楠、云南石梓、野龙竹、大叶蒲葵、桃叶杜英、思茅黄肉楠、伞花冬青、母猪果、大叶落瓣油茶、红皮水锦树、披针叶楠、降真香、滇南山矾等。灌木层种类除上层乔木的一些幼树外，常见红花木犀榄、三亚苦、围延树、滇紫金牛、大叶斑鸠菊、假黄皮、长冠越桔、金珠柳、密花树、指叶榕、岗柃、裂果金花、短裂玉叶金花、大叶落瓣油茶、云南银柴、茶梨、毛果算盘子等。草本层种类有复序苔草、稀羽复叶耳蕨、脉耳草、蛇根叶、狗脊蕨、边缘鳞盖蕨、白花柳叶箬、糙叶斑鸠菊、山菅兰、蕨叶天冬、红冠姜、黑鳞珍珠茅、无齿兔耳兰、马陆草、狭鳞鳞毛蕨等。

（5）暖性针叶林

理论适生区内的暖性针叶林只有暖热性针叶林，针叶树种只有思茅松、翠柏和百日青三种，它们各自在三个狭小的范围内形成面积很小的三种林分。思茅松、翠柏分布于海拔 1500m 以上，百日青分布于海拔 500～1500m 之间。主要有三种群系：①思茅松、红木荷林（Form. *Pinus kesiya* var. *langbianensis*, *Schima wallichii*）；②翠柏林（Form. *Calocedrus macrolepis*）；③百日青、大叶蒲葵林（Form. *Podocarpus neriifius*, *Livistana saribus*）。

（6）竹林

理论适生区内的竹林虽面积不大，但仍有一定面积的成片分布，均归属热性竹林植被亚型。竹林主要以热带性质的大中型丛生竹类组成，可分为四个群系：①沙罗竹林（Form. *Schizostachyum fanghomii*）；②黄竹林（Form. *Dendrocalamus membranceus*）；③野龙竹林（Form. *Dendrocalamus semiscandens*）；④巨龙竹林（Form. *Dendrocalamus sinicus*）。竹林是亚洲象的主要食源地。

沙罗竹林主要分布于帕贺山以南海拔 800m 以下的中低山下部近沟谷地带及河谷两侧，在南滚河及其支流如格龙四伦河等大小河流两侧均可看到成片的沙罗竹单优群落分布；在一些阴深沟谷地段也有不少条块状竹林出现，还有不少疏散分布的沙罗竹竹丛混生于本区的热带季节雨林中，形成竹—木混交类型。沙罗竹林主要以单优群落形式出现，其群落由大小不等的许多竹丛组成，群落外貌浓绿色，竹冠呈微波起伏，相对较为整齐。大竹丛每丛秆数可达 100 秆左右，小丛秆数仅 5～10 秆，平均每丛有 25～40 秆，平均每公顷竹丛度为 200～270 丛，立竹度 8000～10000 秆。

黄竹林主要分布于红卫桥以南海拔 800m 以下的中低山坡面和河谷两侧、排水较好之地段，以南滚河、格龙四伦河及其支流沿岸分布较集中，多呈小片状或条带状分布，在一些山坡中下部或较陡的地段亦有许多呈疏散分布的竹丛出现。黄竹林多是由原始的热带雨林、季雨林经反复破坏后形成的一种次生植被，由于黄竹无性繁殖能力很强，又有不定期开花结实的习性，既能营养繁殖又可行种子繁殖，同时有秆密集丛生、竹箨发达等生态结构特点，对不良生境的适应性很强，特别能忍受干旱贫瘠的土壤，能在陡坡上很好地生长，故在原有热带森林被破坏之后，很易形成一种极稳定的次生群落。其他植物虽可侵入，但很难取代黄竹而形成优势。黄竹群落以占优势的黄竹丛组成，平均每丛有 20～30 秆，大丛可达 80 秆以上，平均丛径 2～3m，丛幅 3～5m，丛间距 7～10m，平均每公顷竹丛度 250～350 丛，立竹度 2500～5000 秆。

理论适生区野龙竹分布较广，主要呈小片状或条带状零星分布于海拔 900m 以下的中低山坡脚或沟谷地带。但野龙竹林所形成的群落面积不大，均为生长较好的竹丛，平均每丛有 10～15 秆，丛径 1.5～3.0m，丛幅 3～5m，各丛之间相互斜依，竹秆交叉，上部主枝相互攀援，形成藤蔓状。平均每公顷竹丛度在 220～300 丛，立竹度 3000～3800 秆。

巨龙竹林在理论适生区及周边广泛分布。巨龙竹常以数丛至数十丛形成疏散分布的半天然群落。巨龙竹秆形巨大、通直，竹秆分枝高，秆间排列紧密，分丛明显，群落结构较为整齐。竹丛大小差异不大，一般 5~10 秆为小丛，10~15 秆为中等丛，15 秆以上为大丛，丛径平均 2~3m，丛幅 3~6m。竹丛冠相互间很少交叉或接触，平均每公顷竹丛度在 150~200 丛，立竹度 1500~2000 秆。

(7) 热性灌丛

热性灌丛是热带雨林、季雨林等热带森林经反复砍烧后形成的一种不稳定的次生植被。在当地气候条件下，一旦停止人为烧、垦、砍、牧等活动，较易于恢复成林。理论适生区的热性灌丛分布于海拔 1100m 以下的热带地区，主要有 5 个群系：①中平树（Form. *Macaranga denticulata*）单优群落；②山黄麻（Form. *Ttrema orientalis*）单优群落；③黄中木（Form. *Cratoxylon cochin-chinensis*）、木棉树（Form. *Wendlandia spp.*）群落；④白楸（Form. *Mmallotus paniculatus*）、羊蹄甲（Form. *Bauhinia variegata*）群落；⑤栎类杂灌群落（Form. *Fagaceae spp.*）。

(8) 热性河滩灌丛

在理论适生区的各河流两岸河漫滩地段主要分布有水杨柳灌丛（Form. *Homonoia riparia*）。群落以水杨柳为绝对优势，占群落组成 85% 以上。一般近水边者，浸水机会多，分布稀疏，种类单调，多较低矮，常见还有柳叶木姜子、柳叶蒲桃、河边千斤拔、梨果榕等。河漫滩灌丛主要分布于河流两侧河漫滩地及其上延至河岸阶地的过渡地带，对于河谷地区的防洪、护岸、保持水土有着重要作用。

(9) 稀树灌木草丛

稀树灌木草丛在理论适生区山体中上部的阳坡，生境较干旱的地段分布有一定面积的禾草草丛，主要是由热性旱中生的禾本科中高草为主组成的禾草草丛；在海拔 900~1400m 范围的山体中上部分布有一定面积的紫茎泽兰草丛；在海拔 1000m 以下的山体中下部分布有小面积的飞机草丛。在这些草丛中常混有一定数量的灌木种类，在一些群落中还散生有零星残存的孤立乔木，均为本区热带雨林、季雨林和季风常绿阔叶林经反复烧垦破坏后形成的较稳定的次生植被。根据草丛结构特征和优势种的不同共划分了 5 个群系：①蔓生莠竹、心叶稷草丛；②棕叶芦、马陆草草丛；③白茅草丛；④紫茎泽兰草丛；⑤飞机草草丛。

由于稀树灌木草丛中分布有亚洲象的食物，因此是亚洲象经常造访的区域。

(10) 水体

理论适生区的水体主要是河流。

(11) 经济林

理论适生区经济林主要有乔木经济林（以橡胶林为主）和灌木经济林（咖啡、茶叶等），林下灌木和草丛经常被铲除，林内生物多样性匮乏，偶尔作为亚洲象的通道。

(12) 旱地

主要种植玉米、豆类等，近年大面积种植木薯。旱地内的草本植物经常被清理，有小蓬草、牛膝菊、藿香蓟等外来物种入侵。偶尔有亚洲象觅食。

(13) 水田

理论适生区的水田只分布在南滚河与支流交汇地带，主要种植水稻，一年一季，耕作粗放。稻谷成熟季节，亚洲象经常到水田觅食。

(14) 居民地

居民地是指各村落用地，包括民居建筑用地、道路用地以及园地等，本不属植被类型，但为在研究植被变化中面积统计的方便，特纳入植被类型范围。

3.3 1974年—2005年亚洲象栖息地的变迁

3.3.1 1974年—2005年亚洲象栖息地各时期植被类型图

亚洲象栖息地的变化最主要反映在植被类型的变化上。为此，我们对亚洲象理论适生区不同历史时期的植被类型及其组成进行了对比分析，以反映亚洲象分布区域的栖息地变迁。由于没有1974年以前的卫星遥感影像资料，我们仅以1974年MSS影像（图3-3）、1988年TM影像（图3-5）、2002年ETM+影像（图3-7）、2005年Aster影像（图3-9）共4期遥感影像作数据源，研究近30年来区域的植被类型变化。各时期影像解译的植被类型图如图3-4、图3-6、图3-8所示。

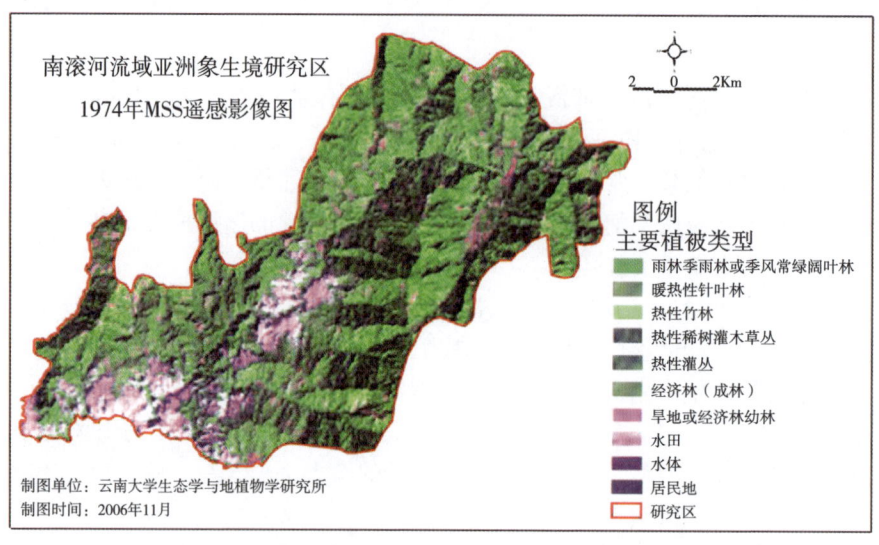

图3-3 南滚河流域亚洲象理论适生区1974年MSS遥感影像图

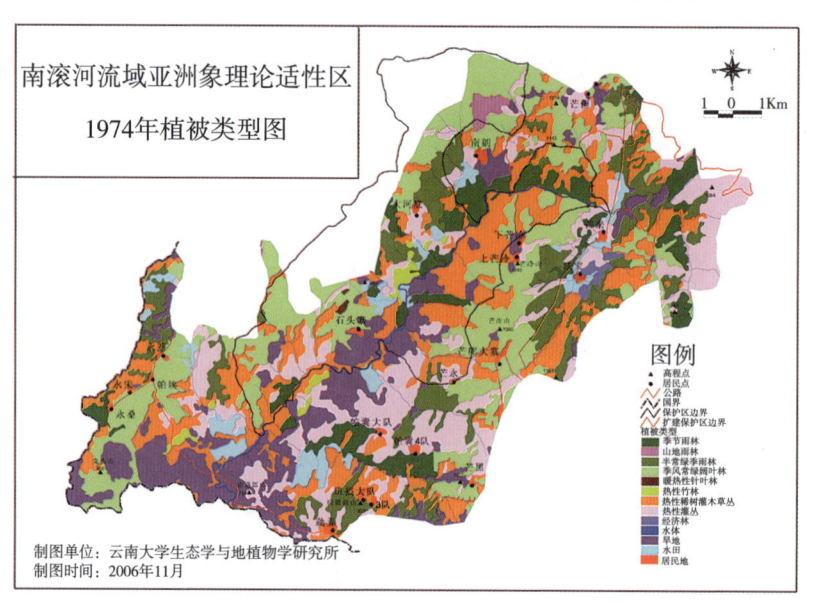

图3-4 南滚河流域亚洲象理论适生区1974年植被类型图

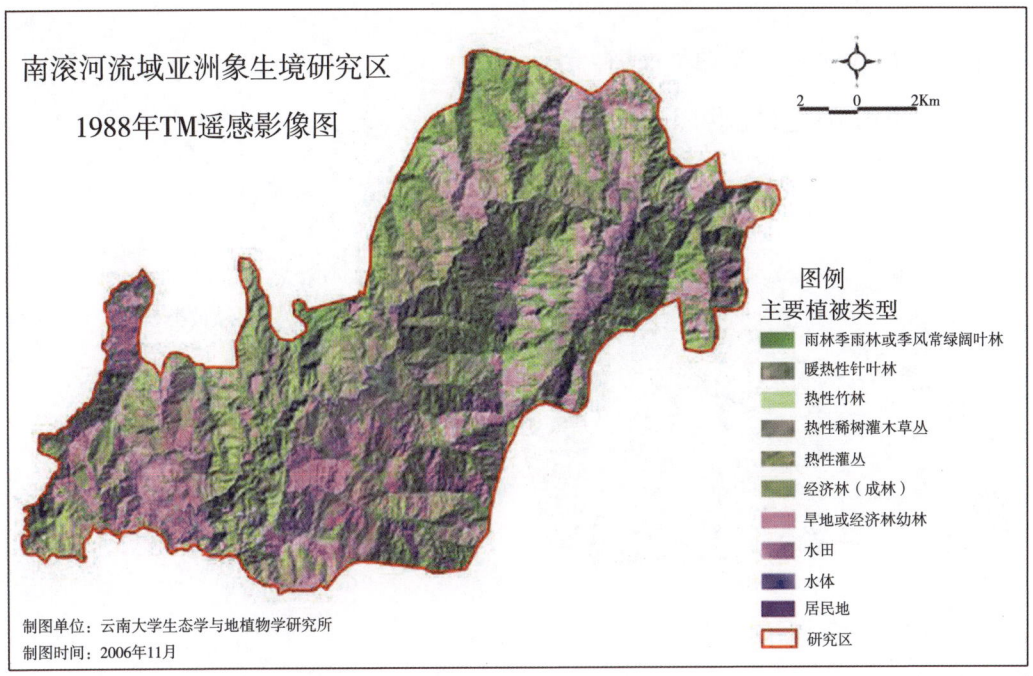

图3-5 南滚河流域亚洲象理论适生区1988年TM遥感影像图

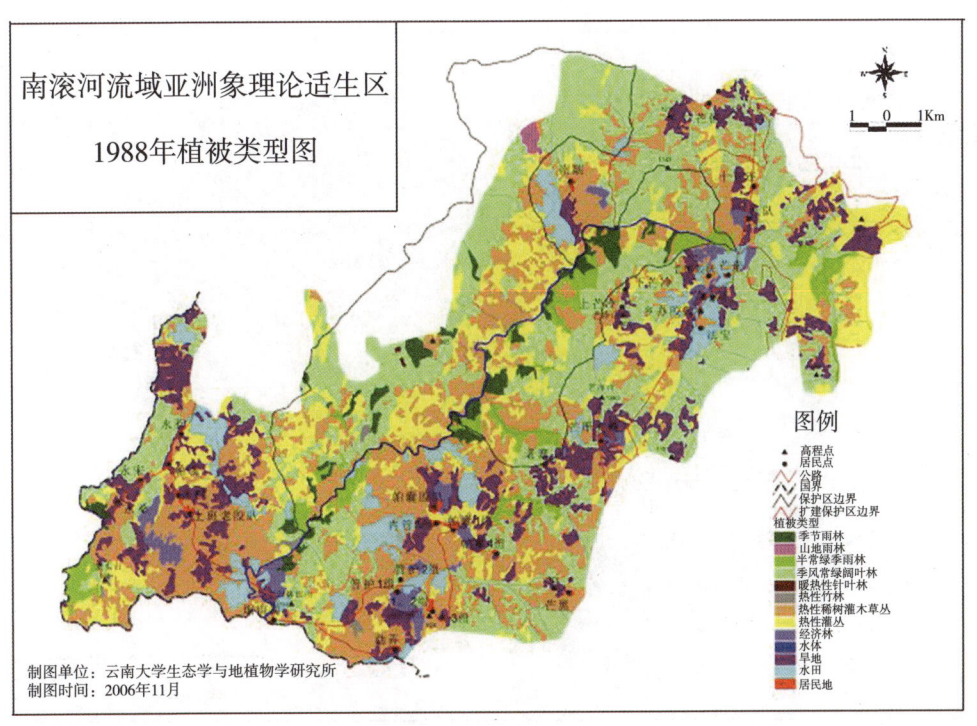

图3-6 南滚河流域亚洲象理论适生区1988年植被类型图

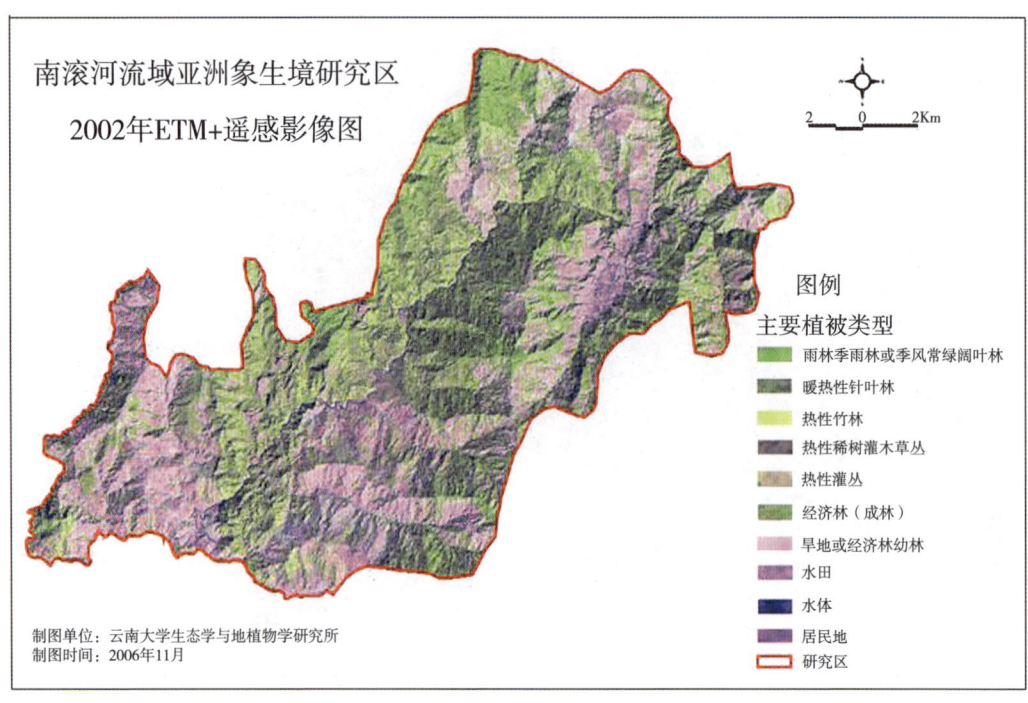

图 3-7　南滚河流域亚洲象理论适生区 2002 年 ETM + 遥感影像图

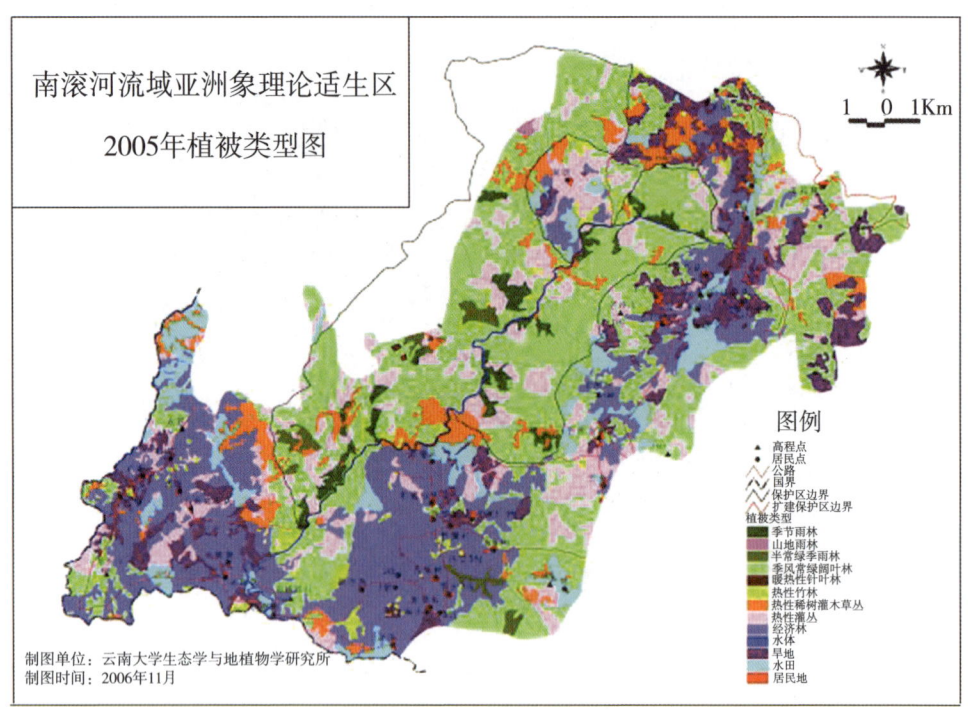

图 3-8　南滚河流域亚洲象理论适生区 2005 年植被类型图

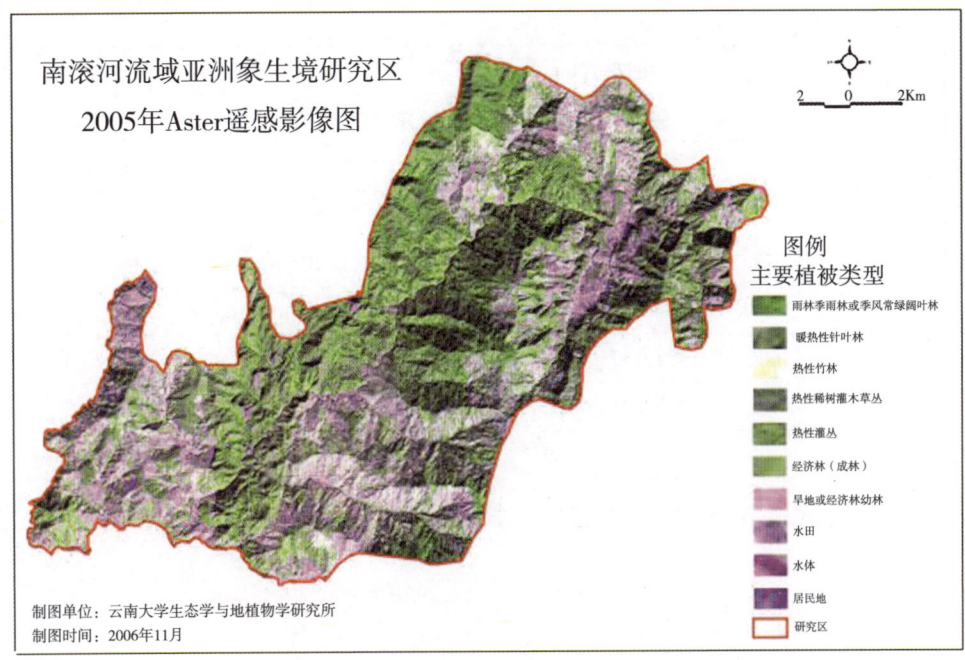

图 3-9 南滚河流域亚洲象生境研究区 2005 年 Aster 遥感影像图

3.3.2 1974 年以来研究区各阶段植被类型面积

理论适生区作为亚洲象曾经生活过的地区，这一区域近 30 年的植被类型的变化说明了人类活动对这一地区的干扰程度。从理论适生区各时期植被类型面积统计表（表 3-6）和理论适生区各年植被类型面积统计图（图 3-10）可以看出：从 1974 年到 2005 年，季风常绿阔叶林和经济林明显增加，分别由 1974 年的 22.30% 和 0.40% 增加到 2005 年的 36.45% 和 21.93%，增长幅度分别为 14.15% 和 21.53%，经济林的增长幅度最大。另外，水田面积也有所增加，从 1974 年的 3.43% 增加到 2005 年的 5.23%。季节雨林从 7.31% 减少到 2.11%，山地雨林从 0.52% 减少到 0.07%，热性灌丛从 17.62% 减少到 13.92%，热性稀树灌木草丛从 1974 年的 21.54% 减少到 2005 年的 6.12%，旱地从 13.47% 减少到 9.22%。其他植被类型变化较小，详见表 3-6。

表 3-6 理论适生区各年植被类型面积统计表

植被类型	面积（hm²）				面积占比例（%）			
	1974 年	1988 年	2002 年	2005 年	1974 年	1988 年	2002 年	2005 年
半常绿季雨林	2152.55	648.46	137.92	213.12	11.07	3.34	0.71	1.10
季风常绿阔叶林	4335.89	5907.31	7661.61	7087.35	22.30	30.38	39.40	36.45
季节雨林	1421.88	423.84	511.89	411.05	7.31	2.18	2.63	2.11
山地雨林	101.88	32.29	13.12	13.12	0.52	0.17	0.07	0.07
暖热性针叶林	13.93	4.84	4.49	7.36	0.07	0.02	0.02	0.04
热性灌丛	3425.27	3307.67	1909.76	2706.22	17.62	17.10	9.82	13.92

续 表

植被类型	面积（hm²）				面积占比例（%）			
	1974年	1988年	2002年	2005年	1974年	1988年	2002年	2005年
热性稀树灌木草丛	4188.51	5441.87	2962.80	1189.49	21.54	27.99	15.24	6.12
热性竹林	162.59	39.21	773.89	408.92	0.84	0.20	3.98	2.10
经济林	78.22	374.78	2677.80	4263.28	0.40	1.93	13.77	21.93
旱地	2619.89	2098.07	1402.75	1793.04	13.47	10.79	7.21	9.22
水田	666.95	912.11	1124.56	1016.20	3.43	4.69	5.78	5.23
水体	173.30	173.45	173.37	173.34	0.89	0.89	0.89	0.89
居民地	102.88	79.39	89.32	160.81	0.53	0.41	0.46	0.83
合计	19443.3	19443.3	19443.3	19443.3	100	100	100	100

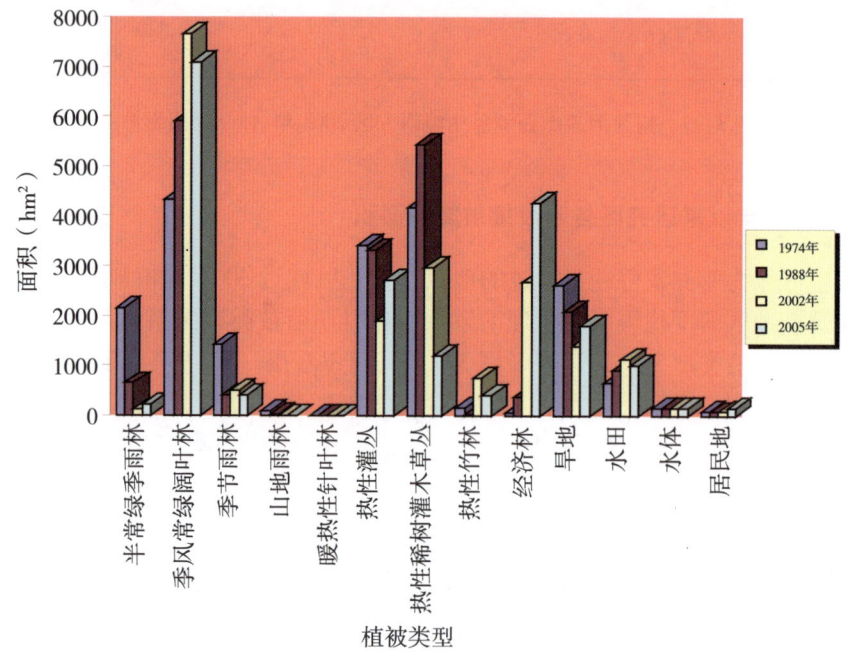

图3-10 理论适生区各时段植被类型面积图

3.3.3 1974年—1988年植被类型变化

从表3-7和图3-11可以看出：1974年到1988年间，面积减少最多的植被类型为热性竹林、季节雨林、半常绿季雨林、山地雨林、暖热性针叶林，分别减少了75.88%、70.19%、69.87%、68.31%、65.25%。增加最多的为经济林，增加了379.14%，其次为水田、季风常绿阔叶林、热性稀树灌木草丛，分别增加了36.76%、36.24%、29.92%。说明大面积的热性竹林、季节雨林、半常绿季雨林、山地雨林、暖热性针叶林被开发为水田和经济林。季风常绿阔叶林增加的原因是由于保护区的建立，部分植被得以恢复。热性稀树灌木草丛增加的原因是推行固耕技术后，对土地经营管理不善，肥力下降，不得不弃耕，转化为荒地（热性稀树灌木草丛）。居民地的减少主要是由于保护区的建立，一些原在保护区的村寨（主要是大河底、石头寨）迁出，有的（石头寨）被打散并入原有村寨，有的迁出理论适生区（大河底）。水田的增加主要是20世纪80年代初，农村联产承包责任制后激发了农民的积极性，开挖了大量的水田。

表3-7 理论适生区1974年—1988年各植被类型变化表

植被类型	面积（hm²）		面积变化率（%）	
	1974年（a）	1788年（b）	变化（hm²）(c=b-a)	变化率（%）(c/a*100)
半常绿季雨林	2152.55	648.46	-1504.09	-69.87
季风常绿阔叶林	4335.89	5907.31	1571.42	36.24
季节雨林	1421.88	423.84	-998.04	-70.19
山地雨林	101.88	32.29	-69.59	-68.31
暖热性针叶林	13.93	4.84	-9.09	-65.25
热性灌丛	3425.27	3307.67	-117.60	-3.43
热性稀树灌木草丛	4188.51	5441.87	1253.36	29.92
热性竹林	162.59	39.21	-123.38	-75.88
经济林	78.22	374.78	296.56	379.14
旱地	2619.89	2098.07	-521.82	-19.92
水田	666.95	912.11	245.16	36.76
水体	173.30	173.45	0.15	0.09
居民地	102.88	79.39	-23.49	-22.83
合计	19443.3	19443.3		

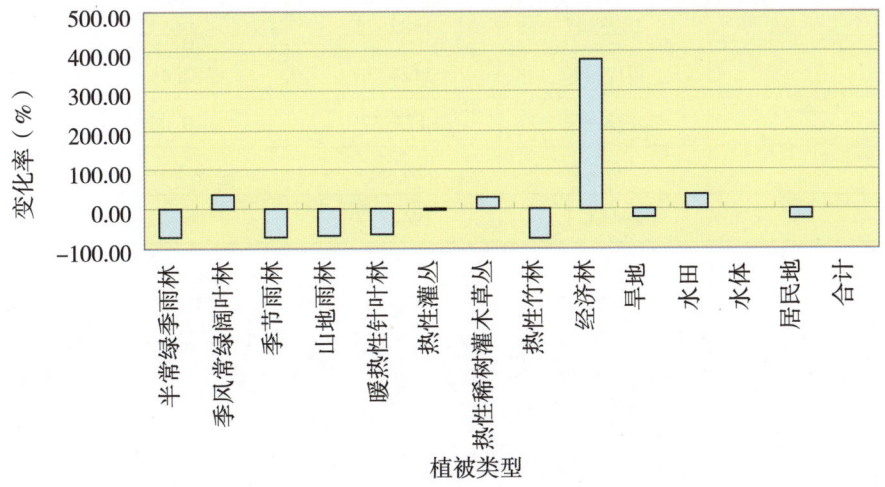

图3-11 理论适生区1974年—1988年各植被类型变化率图

3.3.4 1988年—2002年植被类型变化

从表3-8和图3-12可以看出，在1988年到2002年间，面积减少最多的植被类型为半常绿季雨林、山地雨林、热性稀树灌木草丛、热性灌丛，分别减少了78.73%、59.37%、45.56%、42.26%；增加最多的为热性竹林、经济林，分别增加了1873.71%、614.50%；季风常绿阔叶林、水田、季节雨林、居民地也有增加，分别增加了20.77%、23.29%、29.70%、12.51%。这说明大面积的半常绿季雨林、山地雨林继续被开发利用，季风常绿阔叶林、季节雨林的增加进一步说明保护区的建立使植被得到恢复。热性稀树灌木草丛、热性灌丛减少一方面是部分被转化为经济林和水田，另一方面是长期丢荒后，热性竹林蔓延，转化为竹林的面积增加。居民地的增加主要是引进了一些经济林管理户建立了新的村落，以及原有村落的扩大。

表3-8 理论适生区1988年—2002年各植被类型变化表

植被类型	面积（hm²）		面积变化	
	1988年（a）	2002年（b）	变化（hm²）(c=b-a)	变化率（%）(c/a*100)
半常绿季雨林	648.46	137.92	-510.54	-78.73
季风常绿阔叶林	5907.31	7661.61	1754.30	29.70
季节雨林	423.84	511.89	88.05	20.77
山地雨林	32.29	13.12	-19.17	-59.37
暖热性针叶林	4.84	4.49	-0.35	-7.23
热性灌丛	3307.67	1909.76	-1397.91	-42.26
热性稀树灌木草丛	5441.87	2962.80	-2479.07	-45.56
热性竹林	39.21	773.89	734.68	1873.71
经济林	374.78	2677.80	2303.02	614.50
旱地	2098.07	1402.75	-695.32	-33.14
水田	912.11	1124.56	212.45	23.29
水体	173.45	173.37	-0.08	-0.05
居民地	79.39	89.32	9.93	12.51
合计	19443.3	19443.3		

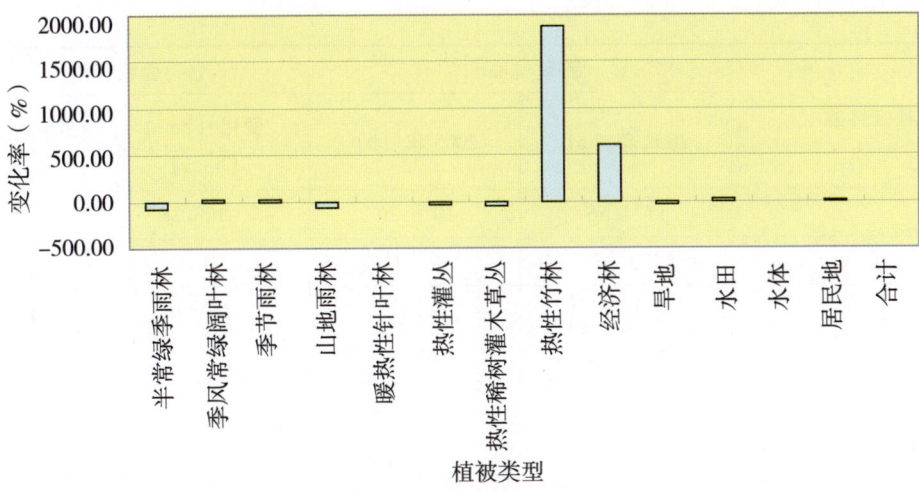

图3-12 理论适生区1988年—2002年各植被类型变化率图

3.3.5 2002年—2005年植被类型变化

从表3-9和图3-13可以看出：在2002年到2005年间，面积减少最多的植被类型为热性稀树灌木草丛、热性竹林、季节雨林，分别减少了59.85%、47.16%、19.70%，增加最多的为居民地、暖热性针叶林、经济林、半常绿季雨林，分别增加了80.04%、63.92%、59.21%、54.52%。说明热性稀树灌木草丛、热性竹林、季节雨林继续被开发。部分水田改为旱地或经济林地，略有减少。半常绿季雨林、暖热性针叶林得到一定程度的恢复，但由于基数小，扩大范围不大。经济林持续增加，得益于木薯的引入。热性稀树灌木草丛转化为旱地，使旱地面积增加。居民地的增加一方面由于仍有人口迁入，另一方面由于橡胶林管护的需要。

表3-9 理论适生区2002年—2005年各植被类型变化表

植被类型	面积（hm^2）		面积变化	
	2002年（a）	2005年（b）	变化（hm^2）(b-a)	变化率（%）(c/a*100)
半常绿季雨林	137.92	213.12	75.20	54.52
季风常绿阔叶林	7661.61	7087.35	-574.26	-7.50
季节雨林	511.89	411.05	-100.84	-19.70
山地雨林	13.12	13.12	0	0
暖热性针叶林	4.49	7.36	2.87	63.92
热性灌丛	1909.76	2706.22	796.46	41.70
热性稀树灌木草丛	2962.80	1189.49	-1773.31	-59.85
热性竹林	773.89	408.92	-364.97	-47.16
经济林	2677.80	4263.28	1585.48	59.21
旱地	1402.75	1793.04	390.29	27.82

续 表

植被类型	面积（hm²）		面积变化	
	2002 年（a）	2005 年（b）	变化（hm²）(b - a)	变化率（%）(c/a*100)
水田	1124.56	1016.20	-108.36	-9.64
水体	173.37	173.34	-0.03	-0.02
居民地	89.32	160.81	71.49	80.04
合计	19443.3	19443.3		

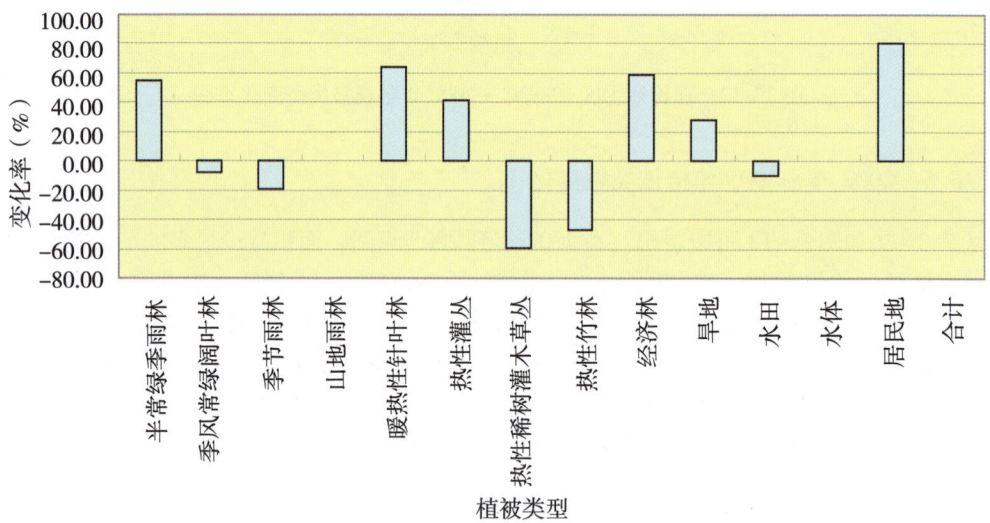

图 3-13 理论适生区 2002 年—2005 年各植被类型变化率图

3.3.6 1974 年—2005 年植被类型变化

研究 1974 年—2005 年 30 多年亚洲象理论适生区的植被变化后发现，面积减少最多的植被类型为半常绿季雨林、山地雨林、热性稀树灌木草丛、季节雨林、暖热性针叶林、旱地，分别减少了 90.10%、87.12%、71.60%、71.09%、47.16%、31.56%。增加最多的为经济林，增加 5350.37%；其次为热性竹林、季风常绿阔叶林、居民地、水田，分别增加了 151.50%、63.46%、56.31%、52.37%。说明 30 多年来，大面积的半常绿季雨林、山地雨林、热性稀树灌木草丛、季节雨林、暖热性针叶林被开发利用。旱地被转化为水田和经济林。经济林的增加速度惊人，达到 1974 年的 5350 倍。热性竹林和季风常绿阔叶林的增加是由于自然保护区的建立，两种植被得以恢复和发展。居民地增加一方面是由于原有村落的扩大和分寨，另一方面是由于橡胶的大面积种植带来新的管护村落的建立和管理人员的引入。水田的增加是落实农村联产承包责任制和改善农业基础设施的结果。详见表 3-10、图 3-14。

表 3-10 理论适生区 1974 年—2005 年各植被类型变化表

植被类型	面积（hm²）		面积变化	
	1974 年（a）	2005 年（b）	变化（hm²）(c=b-a)	变化率（%）(c/a*100)
半常绿季雨林	2152.55	213.12	-1939.43	-90.10
季风常绿阔叶林	4335.89	7087.35	2751.46	63.46
季节雨林	1421.88	411.05	-1010.83	-71.09
山地雨林	101.88	13.12	-88.76	-87.12
暖热性针叶林	13.93	7.36	-6.57	-47.16
热性灌丛	3425.27	2706.22	-719.05	-20.99
热性稀树灌木草丛	4188.51	1189.49	-2999.02	-71.60
热性竹林	162.59	408.92	246.33	151.50
经济林	78.22	4263.28	4185.06	5350.37
旱地	2619.89	1793.04	-826.85	-31.56
水田	666.95	1016.20	349.25	52.37
水体	173.30	173.34	0.04	0.02
居民地	102.88	160.81	57.93	56.31
合计	19443.3	19443.3		

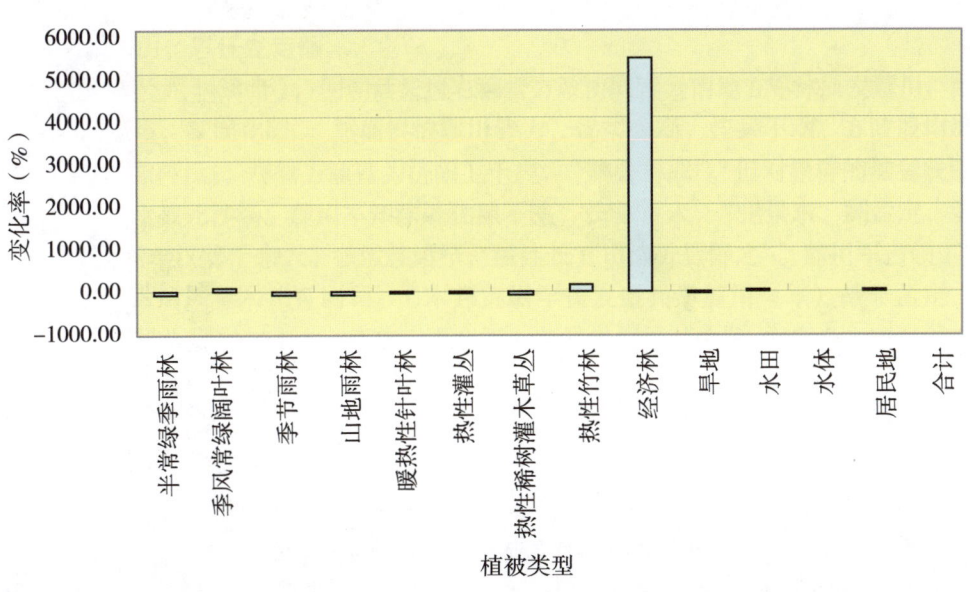

图 3-14 理论适生区 1974 年—2005 年各植被类型变化率图

3.3.7 2005 年以后的植被类型变化

2005 年以后，能种植橡胶的土地开发殆尽，大面积的开发活动停止。与保护区紧密相连的南柯河边和公赛亮山部分零星的非公益林被继续开发种植橡胶,保护区和周边形成了明显的分界线。保护区和部分公益林区植被保存完好,树木林立,但保护区外和非公益林区被橡胶林取代。这些地方很多是亚洲象曾经的家园。亚洲象只是故地重游,却给人类带来损害,人象冲突愈演愈烈。

3.4 亚洲象栖息地现状分析

3.4.1 2005年亚洲象栖息地各植被类型面积构成

分析2005年Aster影像生成的2005年亚洲象实际分布区植被图(图3-15),并对各种植被类型面积及百分比进行统计,得出的结果如表3-11所示。

从表3-11的统计结果可以看出:在2005年亚洲象实际分布区的植被中,季风常绿阔叶林、热性稀树灌木草丛和热性灌丛的百分比分别为54.39%、8.24%和15.40%,合计为78.03%。由于季风常绿阔叶林中缺乏食物,亚洲象只能将其作为掩蔽场所和通道使用,其比例过大。富含食物的热性稀树灌木草丛和热性灌丛的比例比较小,使亚洲象面临食物短缺的问题,以致于到理论适生区周边地区大量采食农作物,加剧了人象之间的矛盾。

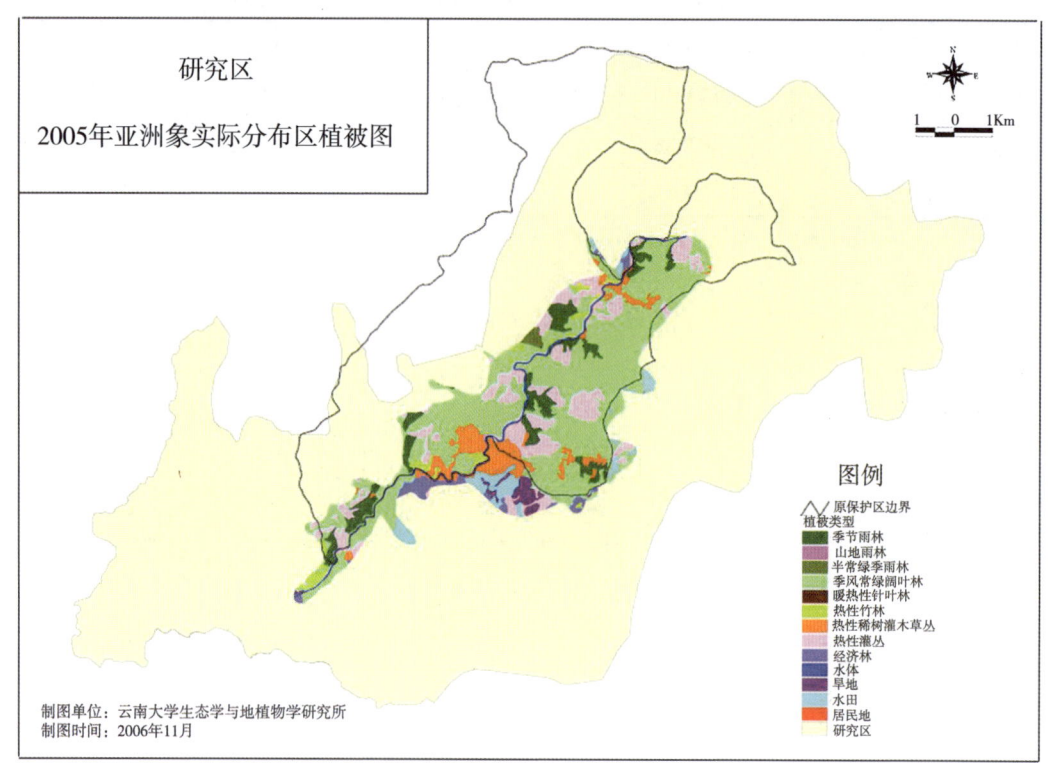

图3-15 2005年亚洲象实际分布区植被图

表3-11 2005年亚洲象栖息地植被组成

植被类型	面积(hm²)	百分比%
季节雨林	291.14	8.73

续 表

植被类型	面积（hm²）	百分比%
半常绿季雨林	19.82	0.59
季风常绿阔叶林	1813.90	54.39
热性灌丛	513.75	15.40
热性稀树灌木草丛	274.66	8.24
热性竹林	76.42	2.29
经济林	84.99	2.55
水体	75.83	2.27
旱地	57.51	1.72
水田	127.00	3.81
合计	3335.11	100.00

3.4.2 亚洲象栖息地各植被类型的受保护现状

3.4.2.1 2005年亚洲象栖息地各植被类型面积与受保护关系

进一步研究2005年亚洲象实际分布区各植被类型受保护面积后发现：2005年亚洲象实际分布区面积为3335.11hm²，其中有2612.34hm²在保护区内，受到严格保护，占总面积的78.33%；其余722.68hm²在保护区外，未受到严格保护，占总面积的21.67%（有很小的区域已划为生态公益林而受到一般保护，本研究没有统计）。亚洲象有21.67%的活动面积是在理论适生区外的旱地、水田、经济林及其他植被类型中（详见表3-12）。

表3-12 2005年亚洲象实际分布区域植被类型面积与受保护关系表

（单位：hm²）

植被类型	总面积	受保护面积	未受保护面积	未受保护面积%
半常绿季雨林	19.82	19.82	0	0
旱地	57.51	0	57.51	100.00
季风常绿阔叶林	1813.90	1561.24	252.66	13.93
季节雨林	291.14	289.08	2.06	0.71
经济林	84.99	0	84.99	100.00
热性灌丛	513.75	439.63	74.12	14.43
热性稀树灌木草丛	274.66	196.90	77.76	28.31
热性竹林	76.42	53.71	22.71	29.72
水体	75.83	51.96	23.87	31.48
水田	127.00	0	127.00	100.00
合计	3335.11	2612.34	722.68	21.67

根据对活动区植被组成及被亚洲象主要取食的植被类型进行分析，我们发现提供取食的植被类型面积不足，未能提供充足的食物，使得亚洲象到自然理论适生区周边采食农作物，这加剧了亚洲象与理论适生区周边居民之间的矛盾。同时，也说明了目前南滚河流域亚洲象栖息地状况并不乐观。

3.4.2.2 受保护区域和未受保护区域各植被类型面积变化的比较

我们对整个理论适生区及理论适生区内未受保护区域的植被类型进行了研究，并对各植被类型的面积进行了统计分析。从理论适生区净变化以及未受保护区净变化与理论适生区净变化的比例可以看出，季风常绿阔叶林的增加主要发生在受保护区域，占了增长总数的63.04%（未受保护区占37.96%），即保护区的建立是季风常绿阔叶林增多的主要原因。经济林的增加主要发生在未受保护区域，理论适生区经济林在1974年—2005年间总计增加4185.06hm²，处于未受保护区的面积占了增长总数的98.71%，为4131.14hm²。居民地增长的面积中，处于未受保护区的占了80.63%；热性竹林增长的面积中，处于未受保护区的占了90.46%；水田增加的面积中，处于未受保护区的占了84.62%。半常绿季雨林、季节雨林、热性灌丛及热性稀树灌木草丛减少的面积中，处于未受保护区域的分别占了总减少数的90.69%、89.50%、92.13%和63.31%。热性稀树灌木草丛减少的面积中，处于保护区的占了36.69%，由此看出保护区的建立使大量热性稀树灌木草丛演变为了灌丛或季风常绿阔叶林。从以上分析看出，土地利用格局的改变使未受保护区域内大面积的天然植被变成了人工经济林、旱地或者水田。人们的过度开发是造成天然植被大面积减少的根本原因，也是造成亚洲象栖息地面积明显减少的根本原因。

从以上分析可以看出，南滚河自然保护区的建立对亚洲象保护的意义重大。

表3-13 理论适生区1974年—2005年植被类型面积变化情况表

（单位：hm²）

植被类型	1974年	1988年	2002年	2005年	净变化
半常绿季雨林	2152.55	648.46	137.92	213.12	-1939.43
旱地	2619.89	2098.07	1402.75	1793.04	-826.85
季风常绿阔叶林	4335.89	5907.31	7661.61	7087.35	2751.46
季节雨林	1421.88	423.84	511.89	411.05	-1010.83
经济林	78.22	374.78	2677.80	4263.28	4185.06
居民地	102.88	79.39	89.32	160.81	57.93
暖热性针叶林	13.93	4.84	4.49	7.36	-6.57
热性灌丛	3425.27	3307.67	1909.76	2706.22	-719.05
热性稀树灌木草丛	4188.51	5441.87	2962.80	1189.49	-2999.02
热性竹林	162.59	39.21	773.89	408.92	246.33
山地雨林	101.88	32.29	13.12	13.12	-88.76
水体	173.30	173.45	173.37	173.34	0.04
水田	666.95	912.11	1124.56	1016.20	349.25
合计	19444	19443	19443	19443	

表 3-14 研究区 1974 年—2005 年未受保护区域植被类型面积变化情况表

（单位：hm²）

植被类型	1974 年	1988 年	2002 年	2005 年	净变化
半常绿季雨林	1834.02	330.08	189.00	75.20	-1758.82
旱地	2083.49	2087.78	1410.56	1585.10	-498.39
季风常绿阔叶林	2672.80	3680.97	4000.73	3717.15	1044.35
季节雨林	907.41	101.09	103.52	2.70	-904.71
经济林	78.22	370.45	2672.70	4209.36	4131.14
居民地	71.28	85.20	86.62	117.99	46.71
暖热性针叶林	0	0	0	0	0
热性灌丛	2841.86	2136.69	982.98	2179.39	-662.47
热性稀树灌木草丛	2650.35	4065.81	2555.04	751.70	-1898.65
热性竹林	77.48	29.18	665.29	300.31	222.83
山地雨林	17.50	0	0	0	-17.5
水体	110.51	110.62	110.55	110.55	0.04
水田	552.54	899.50	1120.48	848.06	295.52
合计	13897	13897	13897	13897	

表 3-15 研究区 1974 年—2005 年植被类型未受保护区域和研究区净变化表

植被类型	理论适生区净变化（a）（hm²）	未受保护区净变化（b）（hm²）	变化率（b/a*100）（%）
半常绿季雨林	-1939.43	-1758.82	90.69
旱地	-826.85	-498.39	60.28
季风常绿阔叶林	2751.46	1044.35	37.96
季节雨林	-1010.83	-904.71	89.50
经济林	4185.06	4131.14	98.71
居民地	57.93	46.71	80.63
暖热性针叶林	-6.57	0	0
热性灌丛	-719.05	-662.47	92.13
热性稀树灌木草丛	-2999.02	-1898.65	63.31
热性竹林	246.33	222.83	90.46
山地雨林	-88.76	-17.50	19.72
水体	0.04	0.04	100.00
水田	349.25	295.52	84.62

3.5 南滚河流域有害植物入侵及对亚洲象的影响研究

外来有害生物入侵，是指物种从自然分布区通过有意或无意的人类活动引入其他地区，在自然或半自然生态系统中形成自我再生能力，并给当地的生态系统或景观造成明显损害或影响的现象。据保守估计，全国主要外来物种造成的农林业经济损失平均每年达 574 亿元。外来物种的入侵引起了全世界的关注。对于外来物种对生物多样性的破坏和对其他物种的影响以及影响机制，已经有国内外的学者做过很多的研究，也取得了丰硕的成果。关于外来物种入侵对亚洲象的影响，美国的野生动物署曾做过题为《Asian Elephant Conservation Act Summarry Report》的报道。由于外来有害植物（薇甘菊）入侵亚洲象的栖息地，使亚洲象的栖息地退化、食物减少、栖息地的承载量降低（Kari Stromayer，2002）。南滚河流域与缅甸接壤，是外来入侵植物危害的重灾区，位于防范的前沿。本节就南滚河流域外来入侵植物物种及对亚洲象的影响作了初步研究。

3.5.1 外来有害植物

3.5.1.1 种类、特性及危害

见表 3 – 16。

表 3-16 外来有害植物

序号	种 名	科 名	生活型	原产地	文献记载入侵中国时间	侵入研究区时间	危害及程度
1	紫茎泽兰 Ageratina adenophora (Sprengel) R. M. King & H. Robinson	菊科 Compositae	多年生草本或亚灌木	中美洲	19世纪中期	约20世纪40年代	形成单优势群落，排挤本地植物，影响栖息地恢复，对亚洲象危害严重
2	飞机草 Eupatorium odoratum L		丛生型多年生草本或亚灌木	中美洲	1934年发现于云南南部	约20世纪30年代	影响栖息地恢复，对亚洲象危害严重
3	薇甘菊 Mikania micrantha Kunth		多年生草质或稍木质藤本	中美洲	1919年（香港）、1984年（深圳）	2010年	目前还没有造成危害，但有潜在的威胁
4	藿香蓟 Ageratum conyzoides L.		一年生草本	中南美洲	19世纪末在云南南部发现	不详	在抛荒地、山坡草地以优势种成片生长，危害尚不详
5	三叶鬼针草 Bidens pilosa L.		一年生草本	热带美洲	19世纪中期	不详	生长于闲置旱地、水田的杂草，危害尚不明显
6	金腰箭 Synedrella nodiflora (L.) Gaertn		一年生草本	热带南美	20世纪50年代	不详	危害尚不明显
7	野茼蒿 Crassocephalum crepidioides (Benth.) S. Moore		一年生直立草本	热带非洲	20世纪30年代	不详	危害尚不明显
8	小蓬草 Conyza canadensis (L.) Cronq.		一年生草本	北美洲	19世纪中叶	不详	生长在旷野、荒地的杂草，危害尚不明显
9	牛膝菊 Galinsoga parviflora Cav.		一年生草本	南美洲	20世纪初	不详	难以铲除的杂草，危害尚不明显

续表

序号	种名	科名	生活型	原产地	文献记载入侵中国时间	侵入研究区时间	危害及程度
10	假烟叶树 Solanum erianthum D. Don	茄科 Solanaceae	小乔木或灌木	南美洲	19世纪末	不详	影响其他植物生长，使土地贫瘠化，危害尚不明显
11	喀西茄 Solanum aculeatissimum Jacq.		多年生草本或亚灌木	巴西	19世纪末	不详	危害尚不明显
12	洋金花 Datura metel Linn.		一年生草本	美洲	明朝末年后	不详	危害尚不明显
13	水茄 Solanum torvum Swartz		灌木	美洲加勒比地区	19世纪初	不详	危害尚不明显
14	刺芹 Eryngium foetidum L.	伞形科 Umbelliferae	一年生或多年生草本	热带美洲	19世纪末	不详	危害尚不明显
15	含羞草 Mimosa pudica L.	含羞草科 Mimosaceae	亚灌木状草本	热带美洲	明朝末年后	不详	危害尚不明显

3.5.1.2 主要外来危害物种描述

A. 飞机草（*Eupatorium odoratum* L.），又称香泽兰，菊科（Compositae）植物。丛生型多年生草本或亚灌木，原产中美洲，20世纪20年代作为香料植物引种到泰国栽培，逸生为有害生物。佤族叫其"嘎啦草"，"嘎啦"的佤语意思是"高鼻子"，专指"班洪事件"时入侵班老、班洪的英国人。在佤族看来，飞机草是在英军入侵班老、班洪时带进来的（即"班洪事件"后才有飞机草），可见这一带的飞机草要比国内记录的传入时间早得多。据73岁的佤族老人回忆，他小时候（约20世纪30年代）南滚河一带就有该物种，并逐渐向海拔1200m以下的亚洲象活动地区蔓延。特别是实行固耕以来，飞机草的面积越来越大，是对亚洲象危害最大的外来入侵植物。飞机草是滇南低海拔热区普遍分布的外来杂草，特别集中在一些村寨附近的荒山荒地，形成大片的单优群落，是这些地区原有热带森林经反复破坏，烧垦、轮耕、撂荒后形成的次生类型。

飞机草群落在亚洲象分布区海拔1200m以下的低山中下部缓坡地带，特别是大河底、石头寨等村寨遗址及附近的荒地有较大面积的分布。群落外貌比较整齐，营养期呈淡绿色，花期时呈淡蓝色；一阵风来满天飞絮，冠毛带着种子可飞播到较远的地方。其在撂荒地上20~30天就能迅速生长起来，高度可达0.8~1.2m，一年后高2~2.5m；在土壤水分条件较好的地段，草丛高度可达4~5m，呈蔓性藤本状。飞机草为亚灌木状植物，有发达的地上分枝，每丛萌生枝条为其原枝条的3~4倍，每丛枝条5~7枝，多则可达30枝；100m^{2}面积内约有萌丛300~500丛，平均丛间距40~50cm。飞机草的根深平均为20~30cm，主根周围能长出许多不定根，形成较庞大的根系，根冠平均直径约70~90cm。其地上部分生长特别迅速，茎呈半直立蔓生性亚灌木状，其枝条交错形成伞状覆盖层，盖度为95~100%。其他伴生植物种类十分稀少，仅在丛间距较大处可见少数其他草本或灌木。伴生草本常见有蔓生莠竹、棕叶芦、革命草（*Crassocephalum crepidioides*）、飞扬草（*Hedyotis hirta*）、蜜香醉鱼草（*Buddleia candida*）、藿香蓟（*Ageratum conyzoides*）等。灌木成分主要有中平树、山黄麻、白背叶等幼树，其他还有盐肤木、小刺蒴麻（*Triumfetta annua*）、苦丁茶（*Cratoxylon formosum*）、毛叶算盘子、大叶斑鸠菊（*Vernonia volkameriaefolia*）、梵天花（*Urena lobata*）等。灌木一般高度1~2m，盖度不足10%。

B. 紫茎泽兰（*Eupatorium adenophorum* Spreng），俗称解放草、打黑草，为菊科（Compositae）植物。多年生草本或亚灌木，原产中美洲，20世纪40年代由缅甸传入南滚河流域，逐渐在全区蔓延，现在在南滚河流域海拔1200m以上地域内到处可见，在抛荒地中成片分布。1m^{2}内可达6~10丛，有时也侵入海拔1200m以下的区域，对亚洲象造成危害。紫茎泽兰群落外貌十分整齐，营养期为浓绿色，花期呈一片雪白，飞絮满天。紫茎泽兰高1~1.5m，根系分布较浅，一般深度7~15cm，地上茎具丛生性，一般3~5杆形成一丛，群落盖度为90~100%。在轮耕次数不多、耕作时间不长的撂荒地上，及亚洲象栖息地偏湿的地段，紫茎泽兰生长旺盛，盖度密集，群落中只有少量其他草本植物，如头花仙茅、排钱草（*Desmodium pulchellum*）、闭鞘姜、须芒竹叶草（*Oplismenus burmannii*）及海金沙等，不均匀地分布于群落空隙之处。有时在其发生区形成单优势群落，排挤本地植物，影响天然林恢复，影响亚洲象爱取食植物的生长。紫茎泽兰全株有毒，会危害亚洲象健康。

C. 薇甘菊（*Mikania micrantha* Kunth），又叫小花蔓泽兰，菊科（Compositae）植物，多年生草质或稍木质藤本。其茎细长，匍匐或攀援，多分枝，茎上有棱，茎上有白色短毛。芽腋生，两侧都长芽，但一般只有一侧的腋芽长成新枝。叶对生，呈三角状卵形，长 4~13cm，宽 2~9cm，基部心形，偶近戟形，先端渐尖，边缘具数个粗齿或浅波状圆锯齿，两面无毛，基出 3~7 脉，叶柄长 2~8cm。头状花序多数，在枝端常排成复伞房花序状。花序梗纤细，顶部的头状花序花先开放，依次向下逐渐开放。头状花序长 4.5~6mm，含小花 4 朵，全为结实的两性花。总苞片 4 枚，狭长椭圆形，顶端渐尖，部分急尖，绿色，长 2~2.4mm，总苞基部有一线状椭圆形的小苞叶（外苞片），长 1~2mm。花有香气。花冠白色，管状，长 3~3.5mm，檐部钟状，5 齿裂。瘦果长 1.5~2mm 黑色，被毛，具 5 棱，有腺体，冠毛由 32~38 条刺毛组成，白色，长 2~3.5mm。花果期从 8 月至翌年 2 月。

薇甘菊原产于中美洲，现已广泛传播到亚洲热带地区，如印度、马来西亚、泰国、印度尼西亚、尼泊尔、菲律宾，以及巴布亚新几内亚、所罗门、印度洋圣诞岛和太平洋上的一些岛屿，包括斐济、西萨摩亚、澳大利亚北昆士兰地区，成为当今世界热带、亚热带地区危害最严重的杂草之一。大约在 1919 年薇甘菊作为杂草在中国香港出现，1984 年在深圳发现，2008 年来已广泛分布在珠江三角洲地区。该种已被列为世界上最有害的 100 种外来入侵物种之一，也被列为中国首批外来入侵物种。

据报道，薇甘菊在中国主要危害天然次生林、人工林，对当地 6~8m 以下的几乎所有树种，尤其对一些郁闭度小的林分危害最为严重。受危害严重的乔木树种有红树、血桐、紫薇、山牡荆、小叶榕；受危害严重的灌木树种有马缨丹、酸藤果、白花酸藤果、梅叶冬青、盐肤木、叶下珠、红背桂等。受危害较重的乔木树种有龙眼、人心果、刺柏、苦楝、番石榴、朴树、荔枝、九里香、铁冬青、黄樟、樟树、乌桕；危害较重的灌木植物有桃金娘、四季柑、华山矾、地桃花、狗芽花等。

2010 年 10 月 29 日在班老乡帕囊村首次发现疑似薇甘菊的植物，经杜凡教授鉴定确认为薇甘菊。以后逐渐发现薇甘菊分布。截止 2011 年 11 月，共发现薇甘菊 14 个发生点，面积约 15hm^2，分布在南板村委会南朗自然村，芒库村村委会上芒冷、下芒冷、芒永等自然村，帕囊村委会等。薇甘菊主要分布在新种植的橡胶地、木薯地边和村寨附近，发现点很多，但尚未扩散。初步判断其为随着橡胶苗木、木薯苗木从孟定、德宏传入。虽然还未发现明显的危害，但其对亚洲象栖息地的潜在危害是难以估量的。

3.5.2 本土有害植物

研究表明，南滚河流域对亚洲象产生危害的本土有害植物主要是葛藤（*Pueraria* spp.），为蝶形花科（*Papilionaceae*），多年生草质藤本植物。亚洲象栖息地中有 4 种，主要有危害的是野葛藤（*Pueraria lobata*），其块根肥厚，富含淀粉，全株有黄色长硬毛。茎长 10 余米，常铺于地面或缠于它物而向上生长。总状花序腋生，长 20cm。花蓝紫色或紫色。花萼钟状，荚果条形，扁平。种子长椭圆形，红褐色。饲用价值：对多数牲畜的适口性中等，马较为喜吃。舍饲时，用葛叶与其他粗料混合，有增进食欲之效。四川盆地山区，广泛采叶晒干，作为冬季饲料，猪很喜吃。福建曾推荐葛叶作为兔的饲料。葛藤分布于东南亚和澳大利亚，生境为山地疏林中，原产中国、朝鲜、日本，在我国华南、华东、华中、西南、华北、东北等地区广泛分布，而以东南和西南各地最多。

1930 年美国将之作为药材从日本大量引进（又有一说：1930 年，美国为保护土壤减少水土流失，就从中国大量引进葛藤种植），然而其到了美国后大量滋生，对当地生态环境造成重大影响，成为美国危害严重的外来有害生物之一。据估计，在美国东部葛藤每年以 200~300

万 hm^2 的速度蔓延，造成作物减产的经济损失和灭除葛藤的费用每年都达到了 5 亿美元。

在我国，近年来有关葛藤危害的报告或报道越来越多。其主要危害是缠绕树木和竹子，造成树木、竹子生长缓慢，甚至死亡。如葛藤顺着竹杆一直攀爬至竹梢，因为不堪重负，整株竹子被葛藤压弯，倒垂下来，整片竹林被葛藤吞没。又如葛藤爬到松树身上，长得比松树还快，妨碍了其他植物进行光合作用，让别的植物没法生长。研究结果表明，葛藤茎叶抽生非常快，能很快郁蔽裸露土面，长可达 10m 以上，生长速度极快；茎蔓最快生长速度达 15cm/d，1 年就可以长 15～30m。其攀附能力和覆盖能力强盛，在众多攀援植物如爬山虎、五叶地锦、南蛇藤中独占鳌头。国家林业局重大生物灾害防治指挥部曾对此发布了林业有害生物警示通报《警惕本土有害植物——葛藤对林木的危害》。

在南滚河流域的芒永山、嘎嘎田等地带（亚洲象的栖息地），葛藤疯狂生长，种群数量急剧增加，危害加大。葛藤主要通过缠绕和覆盖林木，绞缢枝干，编织成网状覆盖在其他植被上，阻挡阳光，造成树木无法制造和输送养分，严重影响林木的正常生长，甚至导致幼树、大树的死亡。葛藤还通过大面积繁殖生长，与其他植物抢占水分、养分、空间，迅速建立起单优生物群落，造成生物多样性丧失，威胁林木资源和生态安全，破坏亚洲象的栖息地。

在南滚河流域，葛藤是佤族常用的纤维植物，用来制麻纺织或制绳。但随着棉线、布料、塑料纤维等的传入，很少有人再利用葛藤。

3.5.3 有害植物对亚洲象的危害

有害植物主要是通过破坏亚洲象的栖息地而对亚洲象产生危害的。在南滚河流域，由于环境适于有害植物的生长。亚洲象栖息地中的原始植被一旦被破坏，这些有害植物就迅速生长；即使在保护区内，也可以见到大面积的飞机草丛。它们占领了亚洲象的栖息地，限制了亚洲象食源植物和遮蔽植物的生长，使亚洲象的栖息地质量下降。造成有害植物滋生的原因，一是理论适生区外围推广固耕技术，破坏原始植被，限制其他本土植物的生长。耕地丢荒后造成有害植物入侵。有害植物一旦入侵成功，便大面积蔓延开来，占领了亚洲象的栖息地。二是保护区建立时退耕的水田和旱地，由于植被恢复速度缓慢，易被有害植物占领。三是近年来在理论适生区内放牧的水牛增加，水牛对热性灌丛和热性稀树灌木草丛的过度利用和践踏，使这些地区逐渐变为荒地，有害植物乘机入侵。四是近年来发展橡胶和木薯种植，大量苗木从有薇甘菊入侵的德宏、孟定等地调入，导致薇甘菊随之入侵。从调查结果看，亚洲象对有害植物入侵区域的利用率很低，仅偶尔作为通道利用。

4 亚洲象在云南省的分布范围变迁

南滚河流域是我国现存亚洲象为数不多的分布区之一（另外还分布在西双版纳州和普洱市境内），包括周边地区在内的广大区域曾是亚洲象的乐园。通过历史文献研究、地名学研究、历史遗迹研究、参与式调查研究和"3S"技术等方法，我们对南滚河流域及周边地区亚洲象的分布历史和变迁做了研究，并分析了 1958 年以来亚洲象在南滚河流域变迁的主要原因。

4.1 临沧市亚洲象的历史分布

临沧市因为其境内的南滚河流域有亚洲象分布而成为现在我国为数不多的几个还有亚洲象活动的地区之一。历史上临沧市的亚洲象分布历史如何呢？变迁的历史又如何呢？我们通过地名、崖画、化石（遗骸）、古籍研究等方法对该地区亚洲象的分布历史进行了研究。

4.1.1 临沧市有关亚洲象的地名

地名是时代的标志，是历史发展的产物，它记载着不同历史时期人类活动的痕迹，反映一个地区的地理特征、名胜古迹、物产和历史变迁史。由于很多地名引用了自然物作为命名的依据，其中不乏动植物名称，所以地名在一定程度上可以反映该地区生态系统的演变史和动植物的分布史。临沧市境内以动物命名的地名很多，通过对临沧市各县地方志资料的研究和实地调查，我们发现临沧市境内可以见证亚洲象存在的地名有49个（见表4-1）。

从亚洲象相关地名的语种和来源看，主要是汉语、傣语和佤语。汉语地名共16个，来历主要与驯象和捕猎亚洲象有关，少部分与亚洲象活动有关，主要分布在凤庆、镇康县。说明汉族进入该地区时，当地还有亚洲象活动。傣语地名共27个，大部分与野象的分布有关，少部分与驯象有关，说明傣族进入临沧市境内时，亚洲象还有广泛分布。而佤语地名共6个，只与野象的活动有关，说明佤族没有驯象和捕猎亚洲象的历史。佤语地名和傣语地名主要分布在边疆几个县。

表4-1 临沧市与亚洲象有关地名表

序号	县名	乡镇名	地名	语种	来源
1	凤庆	凤山镇	象塘	汉语	由于孟获后人——土酋勐廷瑞所养的象在此饮水而得名
2		鲁史镇	象脚井	汉语	传说过去此地长期干旱缺水，有大象在此经过，留下的脚印出现水迹，挖井出水，故名
3		小湾镇	象庄	汉语	传说有游客牵象路过此地并食宿一夜而名
4		诗礼乡	象庄	汉语	传说昔日常有野象出没此地，故名
5		大寺乡	象庄	汉语	传说村驻地为明时土酋勐氏畜象之所，故名
6		洛党镇	象庄	汉语	曾以村驻地养过象而得名。《徐霞客游记》载："象庄，此为改流时，土酋勐廷瑞畜象之所也。"
7	沧源	班洪乡	公梭木桑	佤语	公：山。梭木：吃。桑：大象。意为大象吃草之山。过去此地曾是大象常来吃草的地方
8			岗掌	傣语	岗：踩踏。掌：大象。意为大象经常踩踏的地方
9		班老乡	永桑	佤语	永：寨子。桑：大象。意为大象寨。据传说，很久以前永来人曾在此打死一只大象，寨以此得名
10			乃宋桑	佤语	乃宋：吃东西。桑：大象。意为大象吃东西的地方。过去大象经常来此取食
11		勐角乡	糯掌	傣语	糯：水塘。掌：大象。意为大象水塘

续 表

序号	县 名	乡镇名	地 名	语 种	来 源
12		芒卡镇	下海牙	佤语	海：领地。牙：象牙。意为象牙领地。该寨地处孟定、班洪交接处，过去双方头人都要向该寨征收钱粮。有一次，他们将一副象牙送给班洪头人，要求归附于他，并以象牙抵钱粮。班洪头人又把象牙送给孟定土司一只。经商议该寨归班洪，并免交钱粮
13		勐董镇	永格龙桑	佤语	永：寨子。格龙桑：老象河。意为老象河寨。寨以河命名。该河边过去曾是大象出没之地
14		亚练乡	章太	傣语	章：大象。太：拱。意为大象拱过之地
15		勐板乡	怕掌	傣语	怕：岩子。掌：大象。意为曾有大象出没的岩子
16	永德	大雪山乡	南掌	傣语	南：水。掌：大象。意为大象喝水的地方
17			南掌河	傣语	南：水。掌：大象。意为大象饮水的地方
18		小勐统镇	象圈坝	汉语	因此地曾设置过捕捉大象的象圈，故名
19	云县	栗树乡	小章景	傣语	章：大象。景：村寨。含义为有象出没的小村寨
20			大章景	傣语	章：大象。景：村寨。含义为有象出没的村寨
21	临翔区	章驮乡	章驮	傣语	章：大象。驮：打架。意为大象打架的地方
22		邦东乡	璋珍	傣语	璋：大象。珍：滚。意为象滚过泥塘的地方
23			章奎	傣语	章：大象。奎：凹。意即有大象的凹地
24			章奎丫口	傣语	章：大象。奎：凹。意即有大象的山丫口
25		勐捧镇	章龙	傣语	章：大象。意为大象到过的地方
26			象脚水	汉语	驻地旁有一水塘是从大象踩踏过的脚印涌出的，故名
27	镇康	南伞镇	象转坝	汉语	传说此地有大象到过，后又折转离开，故名
28			剥象凹	汉语	以猎人曾在此凹地剥过大象皮而得名
29		木场乡	象塘	汉语	因村旁有一泥水塘，据说大象常来饮水打泥，故名
30		勐堆乡	象滚塘	汉语	因大象曾到此山凹地打滚得名
31			象滚塘洼	汉语	因大象曾到此山凹地打滚得名
32	耿马	耿马镇	班掌村	傣语	班：场。掌：大象。班掌即大象场。该村过去为大象休息场地，故得名
33			班掌山	傣语	过去此山中常有大象出没，得名。班：场。掌：大象。班掌即大象场

续 表

序 号	县 名	乡镇名	地 名	语 种	来 源
34		勐永镇	新南掌	傣语	南：水塘。掌：大象。意为大象吃水塘
35			老南掌	傣语	南：水塘。掌：大象。意为大象吃水塘
36		贺派乡	南掌山	傣语	南：水塘。掌：大象。意为大象吃水塘
37			南掌	傣语	南：水塘。掌：大象。意为大象吃水塘
38			掌来弄	傣语	即大象山，今耿马大青山。掌：象。来：山
39			弄掌	傣语	该村边有一个水塘，过去大象常来这个水塘饮水，故名。弄：水塘。掌：大象。意为大象水塘
40			潘掌梁子	傣语	此山过去有大象出没。"潘"与"班"谐音，意为场地。掌：大象。潘掌即大象场地
41		勐撒镇	象塘	汉语	该村有一个水塘，过去大象常到水塘打泥取凉，得名
42		河外乡	老象塘	汉语	该村过去是一片大森林，此地有个水塘，大象常来饮水，得名老象塘，后谐音老相塘
43			大象岩	汉语	过去常有大象在此山岩下出没，故得名
44		孟定镇	南京掌	傣语	传说有个国王骑着一只大象路过此地，大象的脚印引出泉水，故得名。南：水。京掌：大象脚。南京掌即大象脚印出的水
45			恩掌	傣语	很久以前村旁常有大象来吃水打泥，故得名。恩：滚泥塘。掌：大象。恩掌即大象滚泥的地方
46			芒掌	傣语	该村原住地是大森林，大象较多，故得名。芒：寨子。掌：大象。芒掌即大象寨
47			崃掌山	傣语	此山上过去有一只大象，故得名。崃：山。掌：大象。崃掌即大象山
48		四排山乡	芒伞	佤语	该村住地原是森林，因有大象在森林中休息得名。芒：寨子。伞：大象。意为大象寨
49	临翔区		澜沧江	傣语	"澜"是百万，"沧"是大象，其意为"百万大象之河"

4.1.2 化石或遗骸的发现

在临沧市，建筑施工中几处工地挖掘出了亚洲象的遗骸和化石，公众也在野外（主要在南滚河流域）捡到了一些亚洲象臼齿。在双江拉祜族佤族布朗族傣族自治县，修建城关小学时，挖出了雌性亚洲象的头骨，现保存在双江县文化馆。2003年12月初，当时的临沧县凤翔路县中心幼儿园进行施工时，发现了两颗长 21 厘米，宽 7 厘米，高约 27 厘米的象臼齿化石，临沧县文体局请省文物考古所古人类专家高峰教授对两颗化石进行了鉴定。经鉴定，专家认为："这两颗古象化石底部呈菱形状，上端部受磨蚀的部分呈点线排列，中央的一圈呈扁平的长圆形，可判断为一个头骨宽大，顶骨低平的古象，属于古菱齿象属中的淮河象，生活在中国的中晚更新世，距今大约 10 万年，是一种身高在 4 米左右的是巨型古象，外侧门齿长约 4 米。淮河象是亚洲象的祖先，对研究现代的象起源、演化和分布有极其重要的意义。"与在南滚河流域发现的亚洲象臼齿进行实物比较，从两颗臼齿的脊突看，二者无太大差异。该象臼齿埋藏于不太深的红壤中，由于环境不具备长久保存动物牙齿的条件，象牙表面已经风化严重，专家认为应该就是现代亚洲象的臼齿。2 颗象牙现保存于临翔区文物馆。另外，临翔区马台乡一农民，在马台附近的澜沧江边发现一颗亚洲象臼齿化石，现保存在临翔区文物馆。

4.1.3 崖 画

如果说崖画是先民对所见所闻中最有影响的事件的记录，那么，记录作为现存体型最大的陆生野生动物（大象）是理所当然的。在非洲崖画中，也有非洲象的形象。沧源崖画中有几处亚洲象的画面，主要出现于勐省镇的和平村和勐来乡的民良村。按汪宁生先生的划分，主要分布在第一地点 4 区、5 区，第六地点 3 区，第七地点 3 区、6 区。可以说，这是人类对亚洲象的最早的记录。

在沧源崖画中，大象的形象在技法上突出了亚洲象的主要特征——长鼻。有的被画成长鼻高举向上，有的被画成长鼻下垂，有的被画成长鼻前伸正在行进之状，有的被画成两象的鼻子相互缠绕（交鼻，该行为被认为是亚洲象之间一种重要的交流手段）。

沧源崖画中常见的亚洲象画法地点如下。第一地点在勐来乡民良村。在 4 区，画面显示有 5 人，站成一排，都高扬一臂，呈阻挡之状，前面有 3 头象，长鼻向上扬起。在左面，又有几人，有两人双手平伸，双脚岔开；其他人双手叉腰，双腿分开，都站在象的周围。从整体看，像是人们在阻止亚洲象进入自己的领地。在 5 区，一条线条之下，有 2 头倒绘的象，长鼻前伸；线条上的人双手展开，一手持一球状物，应为石块；线条下有人伸展手臂，有一人手持弓箭对准大象。从画面看也应是在驱赶大象。

第六地点在勐省镇。3 区有一图形，一人手持一柱状物站在一动物前面，在阻止该动物前行。动物似幼象，低垂长鼻，作防御状。

第七地点在勐省镇和平村的小黑江边。3 区有一画面，上面绘有 8 人，一些人臂高扬，一些人臂平伸。有一人在高处，手臂伸展。人群一侧绘有两象象鼻勾连图案，图案突出象的头部，两象长鼻相交卷在一起嬉戏（是亚洲象常见的行为）。周围的人似对象的行为不理解，误以为象在争斗，在高声呼喊，试图将两象分开。6 区有一个人群和动物组成的图形，动物高扬长鼻在前面，是亚洲象无疑；后有 3 人，均高举双臂，正作吆喝之状。这是一个典型的人类驱赶亚洲象的图案。

从以上崖画画面可以看出，在远古时代，人与象的冲突就存在。但画面没有出现像对待牛的猎杀场景，只是驱赶大象，使象远离人群。另外从画面中象与人的距离看，也没有像人与牛等动物那样近。从象的形象看，也没有像牛等其他动物那样准确清晰。从画面透视看，人与象的比例没有像其他动物那样合理。所以，可以推断，当时的人们对大象这个庞然大物还有恐惧和戒备心理。

4.1.4 临沧市亚洲象分布历史

利用"3S"技术等手段,将以上地点矢量化并成图分析。从图 4-1 中可以看出,根据亚洲象在临沧市分布的历史痕迹,历史上野生亚洲象主要分布在临沧市境内的澜沧江沿岸和耿马、沧源等南部地区,凤庆等地则与亚洲象的人工驯养有关,见图 4-1。

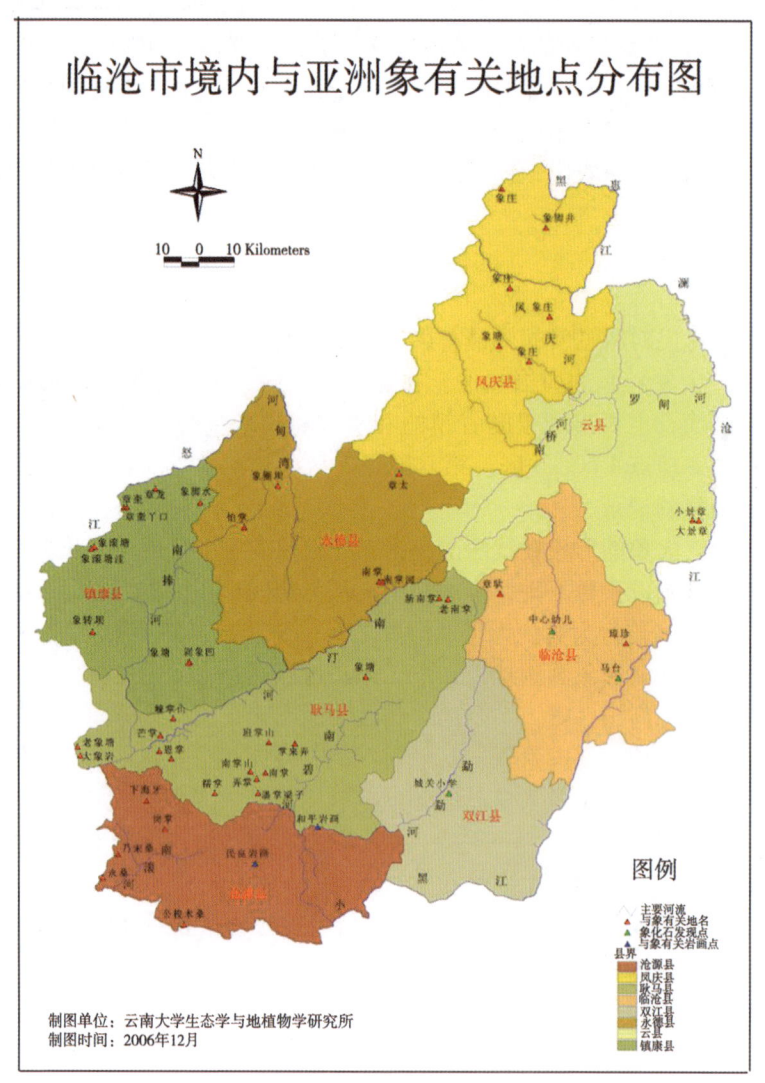

图 4-1 临沧市境内与亚洲象有关地点分布图

4.1.5 临沧市境内关于亚洲象的记载

4.1.5.1 关于象分布的文献记载

西汉常璩《华阳国志·南中志》载:"永昌郡,古哀牢国……土地沃腴,……(有)孔雀、犀、象。"今临沧市应在古哀牢国境内。(唐)杜佑《通典·边防》载:"(濮人地区)

饶犀象。"《百彝传》载："物之珍者：犀、象、孔雀。"樊绰《蛮书》卷四《名类》载："茫蛮部落……孔雀巢人家树上，象大如牛，土俗养象以耕田，仍烧其粪。"同书卷七载："象，开难已南多有象，活捉得，人家多养之。"《元朝混一方舆胜览》卷中载，云南等出行中书省金齿百夷诸路，产"犀、象、孔雀"，按元至元十三年（1276年）改金齿安抚司为金齿宣抚司，所辖境内分为六路，其中镇康路即今临沧市永德、镇康、耿马一带。明徐宏祖《徐霞客游记》卷十四《滇游日记七》，在崇祯十二年（1639年）二月十日日记中称："盖鹤庆以北，多牦牛，顺宁（今凤庆县）以南，多象，南北各一异兽。"说明17世纪30年代凤庆以南还有很多象分布。

民国24年（1935）11月至25年（1936）2月，我国历史学家方国瑜一行4人，因边界政事曾两次到班洪，著有《班洪风土记》，笔录内容多方面，其中载道："南板寨附近……山多鹿族，每岁获数十头虎豹……。总管曰近年已恐行人误触受伤，故附近不许猎虎豹。野象亦时有之，闻三十年前数最多。""班洪寨西南蛮朗山中，有大象七八只。曾过其地者曰：象洞外五里，有石屹立，象过其旁，长鼻摩擦，石已平滑如砥。""曾有人骑而过，遇猛象至，下马登树上避之，马无逃路，为象鼻引而掷之数丈外，亦见其力之大。"

4.1.5.2　临沧市及周边的象战

永乐十一年（公元1413年），麓川宣慰使思任发"狡猾逾于父兄，得肆奸计"，起兵反明割据，乘机侵占孟定。明朝为巩固对边境的统治地位，火速命沐英（镇守云南总兵官）调集近二万名精锐骑士，从昆明星夜出发，直奔定边（今南涧县）前线，用火枪、火铳、火箭智破百余只象群兵阵，思任发的十五万大军兵败麓川。

据雍正《顺宁府志》记载：明正统二年（公元1437年），麓川酋思任发反，正统六年（公元1441年），明朝廷命定西伯魏征南将军，兵部尚书王翼等率兵15万，分三道抵上江，破其象阵于马鞍山，思任发走缅。

正统三年（公元1438年），明朝廷派遣右都督方政协同镇云南地方军沐晟发麓川，由于沐晟"扶夷人有恩惠，袁锦化服"，然而惧怕麓川势力，优柔寡断，按兵不动。方政股均进入上江，被思任发用象阵反；；尽管方政曾为济阳卫千户，"兼勇善战"，但对象群的汹猛践踏无力可破，最后与军士战死沙场。麓川军知沐晟犹豫不决，长驱直入，"犯景东、剽孟定，杀大侯（今云县）知州刀奉汉等千余人。破孟赖诸窄，孟连长官司诸处皆降之"。麓川军占领了孟定，孟定知府刀禄兵败后逃至木邦宣慰司，"木邦宣慰罕盖发遣兵于麓川（军）战于孟定、孟连低，杀部长（诸侯头目）二十人，斩首三万余级，获马象器械甚众"。六年，文官张辅献计朝廷，软化思任发，让其"复还所掠"，否则，配合车里宣慰司（今景洪）、大侯（今云县）土知州武装剿伐。这时思任发表面向明王朝请降，进贡大象马匹金银，暗中却派遣刀令道领兵一万，象八十只，攻打威远土知州（今景谷），扼制大侯州，造船三百艘直逼大理。祁镇皇帝命定西伯蒋贵为将军，都督李安、刘聚为副将，兵部尚书王骥为军务总督，统军十五万官兵分三路征讨麓川。东路以右参将冉保督军，金齿指挥使胡志为先锋，由镇康趋孟定。麓川军"拒守严、铳弩飞石、交下如雨"，"乘风焚其栅、火竟夜不息"。明军力战，破乡镇、夺隘口、袭诸寨、劫其营、斩刀放嘎、擒刀孟项、斩叛军五万余名，缴获虎符金牌、信符、宣尉司印及所掠千户等印鉴三十二枚。思任发兵败，全家逃遁孟养，麓川平定。木邦宣尉司土官罕盖配合有功，总督王骥奏明朝廷，允许罕盖"司孟定之土"。

明朝正统六年（公元1441年），思任发叛麓川，遣刀令道率众三万余，象八十只，侵

（孟定、湾甸、镇康）抵大侯州（今云县）。正统七年，元江同知杜凯等率车里及大侯蛮兵五万随兵部尚书王骥进征，麓川平（《续顺宁府志》）。骥至云南，会败方困大侯。骥遣江冒暑赴援，破之。斩首数百级，获其象马，大军进至金齿。（《被征志滇考》）

嘉靖年间，木邦宣尉司"罕烈据地夺印"，耿马孟定"地之所入，悉归木邦"。万历十一年（公元1583年），明朝参将邓子龙大战耿马三尖山，夺耿马，"平孟定故地，以罕葛之后为知府"。万历十五年，颁孟定府印。崇祯末年，孟定被缅甸入侵，附缅甸（资料来源于二十四史索引百纳本《元史》、《明史》和《云南简史》）。

明万历十一年（公元1583年），缅甸洞吾王莽应扎纠集格鲁酋目，率兵20多万，依仗强大的象马阵容，进犯滇西南边境，侵占大片土地。朝廷派素有征战经验的闽广参将邓子龙赴滇抗缅，配合滇兵10多万人齐心抗敌，连连克敌制胜，收复大片国土。第二年（公元1584年），缅寇退到耿马三尖山，企图依赖三尖山地势险要做垂死顽抗。邓子龙在耿马土司罕荩忠父子的配合下，将缅军引出三尖山，用土炮猛攻敌军的象马阵，击败敌军，收复耿马。至今，耿马县的傣族还信奉着三尖山的武神，每年都至少要开展一次祭祀活动。祭祀活动场面宏大，分大祭和小祭。祭祀过程中除邀请傣族传统信奉的五大神（色勐弄——管耿马土司辖地的大神、色伍弄——管军事的大武神、色来弄——大山神、色南——水神、色芒——管村寨的神）外，还邀请大象神等一道接受供奉。在祭品中有纸剪的象形象或用米面捏成的象形象。在祭词中，有请喜欢骑乘大象的诸神乘坐的内容。

4.1.5.3 关于贡象经过临沧市的记载

《云县志上篇杂俎异文轶事》记载：清光绪年间，夷人贡二象，经云州，露宿大东门校场榕树下。以铁链缚象于树根，饲以树竹枝叶。次日，象奴骑象出东门，沿河北上，进北门，经买糖街、卖花街、江右街、旧街子，至州署，跪谒州官。官赐象酒及糯米饭。出署仍返寄宿地。既至顺宁，前行不果，奴死于顺，象返云，旋复至顺寻奴尸。往来再经云州，因无人看管，颇为农田害。又有以针包食物饲之，象具灵性，能知觉，以鼻承受，远掷人丛中。二象后仍寻原路返回。（《云县志上篇》）

老挝国，好蛮子，服天朝，经万里。昔之日，性则豺狼与虎兕，今也奔走趋慕若膻蚁。贡象来，驯无比。漫云马牛羊犬豕，纷纷观者尽欢喜。君不见，象奴乘象直乘船，短钩运用如棹任行止。王道荡荡无风波，水眷陆栗会归悉如此。咄咄况复听人语，抑抑额额掉其尾。眼细唇尖舌向里，峭然双笃惜牙齿。身则庞然鼻娇然，饮食胜人臂使指。有时俯首类鸣窖，有时屈膝亦长跪。但愿伊人贴耳心咸同此。谁复跳梁讥蠢尔，昂昂达脚踏云程，好供阙庭卤簿骖騄駬（周穆王八骏之一），我忆雍正七年间，此物南夷入贡始。白从车里趋滇疆，西界缅甸东交趾。如何国更南掌称，方言谓掌为象难为水。地以物名非所奇，稽之即古献雉越裳氏，二千余年未闻自来廷，西林相国一书达天子。我朝柔远跨成周，异域方物时逦迤。西南保障今文端，宁惟交缅肃朝礼。元白竞赋蛮子朝，犹惜未赌盛事如今耳。好语叭竜鲊吗大广，竜归报你主，田朝皇帝王国为一家，岁岁命汝来充贡象使（《云县志上篇》《观贡象——杨国翰》）。

4.2 孟定坝亚洲象的分布及变迁

传说、地名、遗迹等都证明，孟定历史上是亚洲象的一个理想栖息地。14世纪，傣族进入孟定时，还有数量庞大的亚洲象种群活动于孟定地区。

从孟定傣族驯象的传说看,这里曾经有大量的亚洲象分布,但不论汉语典籍还是傣族土司的古籍中,都没有有关亚洲象数量的纪录,只是孟定傣族传说中讲述道:召武定曾骑上大象,两边各有五百象群护卫,浩浩荡荡,跨越险山恶水,穿过莽莽丛林,终于到达勐卯国王那里认亲。可想象当时孟定家象的数量之多。我国著名历史学家方国瑜在滇缅边界考察时进入孟定,在他的《班洪风土记》(1936)中有记载:班洪一带"野象亦有之,闻在三十年前,数量多,且至孟定境内。今班洪者已少,而孟定久已无象之踪迹矣。"方先生不仅记录了班洪一带有象,并且迁移到孟定,而且记录了孟定一带当时已没有象分布。根据我们的调查,孟定的亚洲象一直到1940年还出现,只是种群数量已经很少了。

知识链接 4-1:孟定由来的传说

相传在很久很久以前,罕洪寨有一棵硕大无比的攀枝花(木棉)树。树上一个很大的鸟窝中,栖息着一只大鹏鸟。一天,这只大鹏鸟为寻找食物,飞至勐卯(今瑞丽)雷允山城王宫附近,正在天空翱翔,忽然发现已经怀孕的勐卯国王贺罕拉扁的女儿楠娜公主正躺卧在一块红毯上午睡。大鹏鸟误认为是一块鲜肉,猛扑下来,把楠娜叼走,一直把她带回孟定罕洪寨,放在那棵攀枝花树上的窝内。

几天后,一位叫雅谢的修道士路经此地,听到树上传来呜呜咽咽的抽泣声,便解救了公主,把她带回寺院。不久,公主生下一男孩。雅谢每天到山上采摘野谷、野菜和野果,悉心照料楠娜母子。

孩子小时爱哭,雅谢就做了一把十二弦琴取悦于他,并教他弹唱。孩子生性聪明,不到半年即弹得一手好琴,于是雅谢给他取名叫武定(傣族称琴为"定")。武定聪明伶俐,会唱歌、会弹琴,琴声能把鸟兽引来。长大后,雅谢把他领到芒掌,上树教给他拨弄琴弦指挥大象的绝技:拨一弦,群象聚来朝贺;又拨一弦,群象起舞;再拨一弦,群象退出隐蔽。武定很快掌握了操琴驯象的技能。

武定16岁时,公主就向他讲述了自己的身世,并让他到勐卯国王那里认亲。武定骑上大象,两边各有五百象群护卫,他带着国王送给母亲的一只镶金宝石戒指作为证物,浩浩荡荡向故土进发,跨越险山恶水,穿过莽莽丛林,终于到达勐卯,并找到了雷允山城的王宫。爷孙欢聚,欣喜至极。为了庆祝这个大喜事,国王接连几天在王宫里举行盛大的宴会,王宫里灯火辉煌,鼓乐喧天。武定在雷允山上弹奏起十二弦琴,抒发亲人分离合聚的万般情感。优美的琴声引来了百鸟朝贺。国王看到这种前所未有的壮观场面,非常兴奋,当即封武定为勐卯王。后来人们都称武定为"召武定",即会弹琴的王,并把武定学会弹琴的地方称为"孟定",即会弹琴的坝子。武定想念母亲,留恋养育他的那方水土。国王在他成了婚以后,就让他带着妻子和由数千名青年男女组成的队伍,骑着大象,浩浩荡荡回到了孟定。先到四方井,再到景允、罕洪,最后在南京掌、上下城建寨,开荒种地。

随着人类对孟定坝的开发和对亚洲象的影响,亚洲象在孟定的活动范围越来越小。但到20世纪30年代末,孟定坝仍有亚洲象活动,只是种群数量已经很少。到1940年,最后一批亚洲象离开孟定,进入小黑河流域,从此不再返回,孟定也从此没有亚洲象分布(图4-2)。

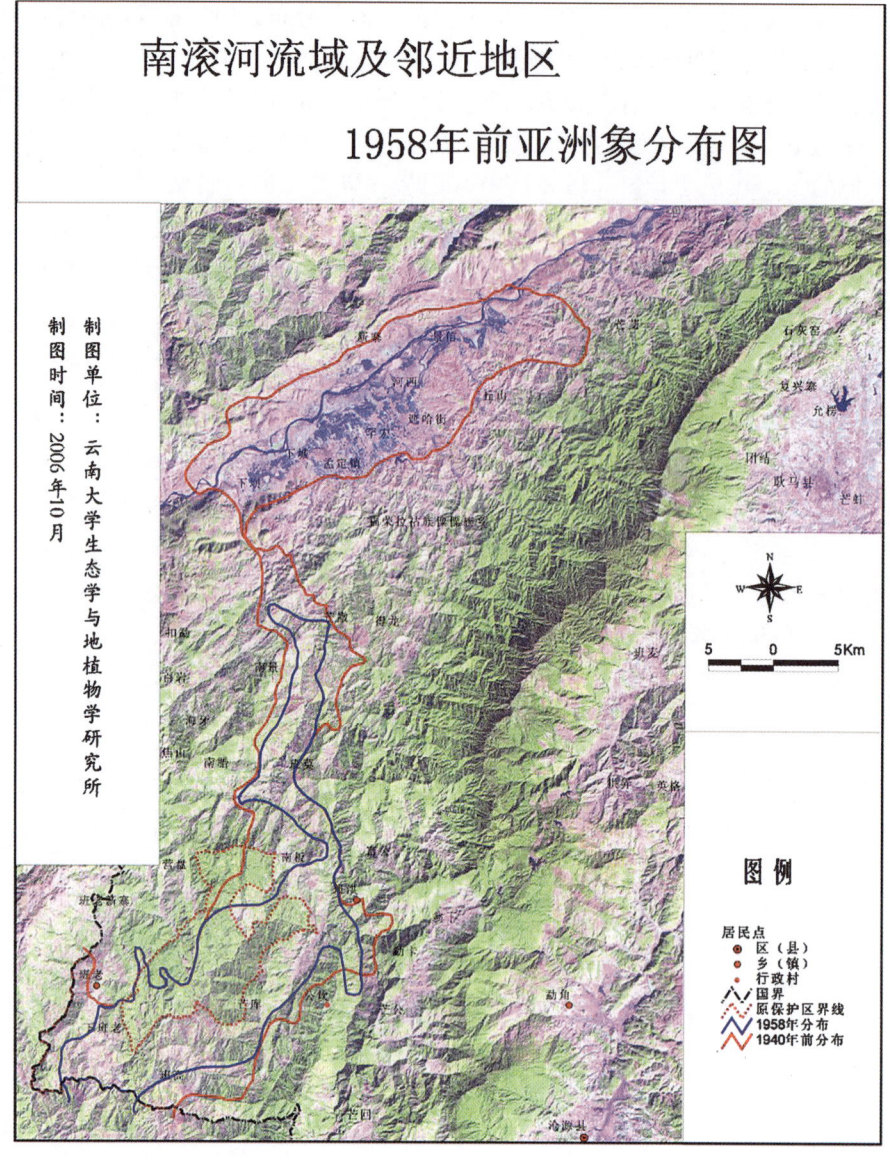

图4-2　南滚河流域及邻近地区（孟定）1958年前亚洲象分布图

4.3　南滚河流域亚洲象的分布及变迁

南滚河流域历史上就有亚洲象分布，方国瑜在他的《班洪风土记》（1936）"蛮朗象"一节中记载："班洪寨西南蛮朗山中，有象七八只。曾过其地者曰：象洞外五里，有石屹立，象过其旁，长鼻摩擦，石已平滑如砥。凡象所行经，丛棘开成路线，或不治而走象路，遇之则无处可逸也。"这是有关南滚河流域亚洲象的最早文字记载。

研究表明，历史上南滚河流域只是亚洲象在孟定坝和滚弄江（缅甸，南滚河下游）之间迁移的中转站（通道）。亚洲象从孟定坝出发，经小黑河、章略河，翻过章略丫口，进入南滚河流域，再经南滚河到达南滚河下游的滚弄江，实现种群的生存和交流，中国境内活动面积约45000hm^2（图4-2）。随着佤族迁居到南滚河流域，大面积的原始森林被开发为火耕地，改造后的开阔生境更适于亚洲象的生存。之后，南滚河流域逐渐成为了亚洲象的理想栖息地，亚洲象的活动几乎遍布整个南滚河流域地区。

1940年，亚洲象沿小黑河退出孟定坝进入章略河，在南滚河与章略河之间活动，活动面积约18000hm²。1958年，一头亚洲象翻越章略丫口，定居在南滚河流域，南滚河流域成了这一地区亚洲象活动的北界。亚洲象沿着南滚河在中国和缅甸间迁移。随着国内的开发，亚洲象的栖息场所越来越狭窄。1989年，亚洲象最后一次出境到缅甸，不久返回，从此南滚河流域中国段成了这些亚洲象的唯一分布区。

经调查和计算，得到了20世纪以来南滚河流域亚洲象历年分布和活动范围面积变迁的数据（图4-3、图4-4、表4-2、图4-5、图4-6）。

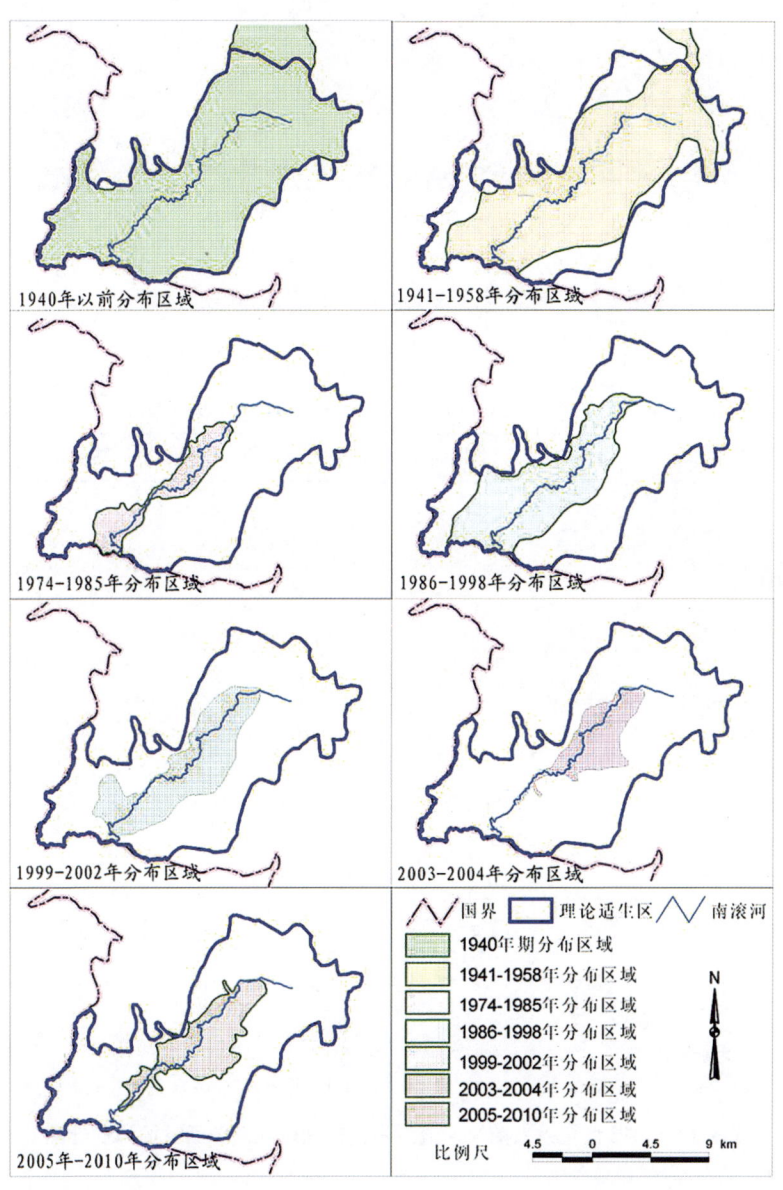

图4-3 南滚河流域亚洲象分布分阶段变迁图

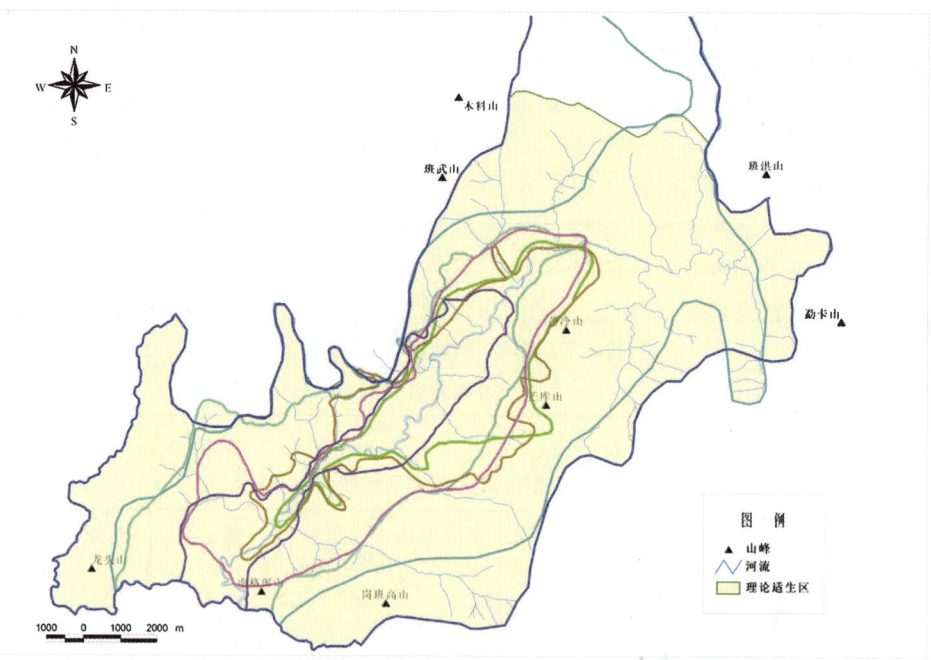

图 4-4 南滚河流域亚洲象分布变迁各阶段叠加图

表 4-2 南滚河流域亚洲象历年分布面积统计表

时间段（年）	1940 前	1941—1958	1959—1985	1986—1998	1999—2002	2003—2004	2005—2010
面积（hm²）	19042.67	13677.63	3018.66	6572.46	5079.27	2998.39	3335.11

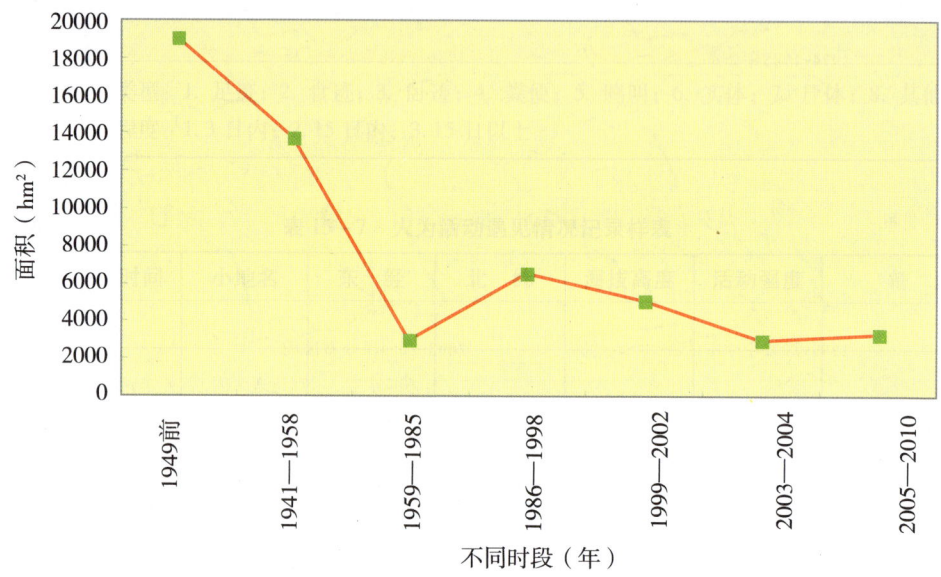

图 4-5 20世纪以来南滚河流域不同时间段亚洲象活动面积变迁图

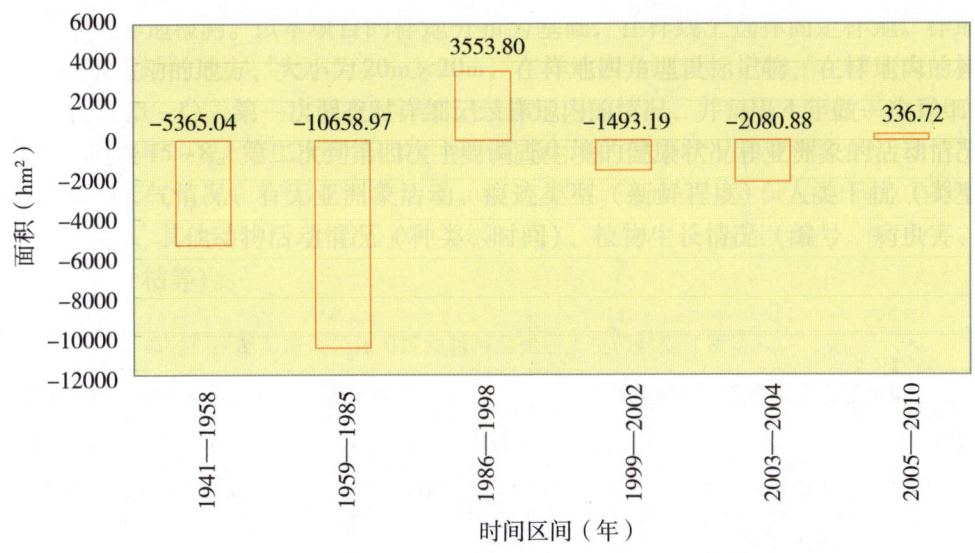

图 4-6 20 世纪以来南滚河流域不同时段亚洲象栖息地面积变化图

统计结果表明，从总体看，1940年以来亚洲象在南滚河流域的栖息地总的趋势是逐渐缩小的，分布区域面积不断减小。分阶段看，1940年前，亚洲象在南滚河流域的分布面积为19042.67hm^2（理论适生区）。至1958年，栖息地面积13677.63hm^2，比1940年减少5365.04hm^2。至1985年栖息地面积3018.66hm^2，比1958年减少10658.97hm^2。至1998年栖息地面积到6572.46hm^2，比1985年增加3553.80hm^2。至2002年栖息地面积到5079.27hm^2，比1998年减少1493.19hm^2。至2010年栖息地面积到3335.11hm^2，比2004年增加336.72hm^2。目前（2005年—2010年）亚洲象的栖息地的分布面积仅存3335.11hm^2，只是1940年以前的17.51%。

从其中可看出，南滚河流域的亚洲象的分布范围有4个明显的减少时期：第一次就是1941年至1958年，第二次是1959年至1985年，第三次是1999年至2002年。有一个明显增加的时期，即1985年至1998年。

5 亚洲象种群数量变迁

南滚河流域亚洲象数量调查，始于20世纪60年代。调查分别采取了多种方法，但有的方法存在着缺陷，得出的结论精确度差。本次调查对过去的历次调查进行了回顾，在总结过去调查的基础上，对方法进行了一些改进，提出了特定的（南滚河流域）亚洲象种群数量调查方法，得出了相对准确的数量。

5.1 历史上南滚河流域亚洲象种群数量和结构研究

5.1.1 南滚河流域历史上亚洲象数量变迁的参与式调查

在人类定居前，南滚河流域只是亚洲象来往于滚弄江（缅甸）和孟定坝的通道或中转站，亚洲象数量是动态的。人类定居后，实行"刀耕火种"的轮歇农业，给亚洲象提供了适宜的环境。直到20世纪50年代，亚洲象在南滚河流域具有流动性，其数量仍然是动态的。

有专家认为,在班洪、班老中缅边境一带,历史上象群出没头数曾多达 200 头(杨宇明,2004)。20 世纪 50 年代后,南滚河流域亚洲象的栖息环境不断缩小,亚洲象的活动范围固定在南滚河流域中缅边界附近,种群数量也便于统计。到 20 世纪 60 年初期,活动在南滚河流域的亚洲象在 50 头左右(杨宇明)。

本次调查针对南滚河流域历史上亚洲象的数量,对佤族老人进行参与式访谈,结果见表 5-1。

表 5-1 南滚河流域历史上亚洲象种群数量佤族公众访谈结果统计表

见过最大象群中亚洲象的数量			南滚河流域历史上最多亚洲象种群数量		
每群数量	年　代	执此观点人数	年　代	数　量	执此观点人数
9~10 头/群	1940 年—1960 年	4	1940 年前	90~120 头	9
20 头/群	1945 年、1954 年	2	1950 年—1960 年	40~60 头	8
20~30 头/群	1950 年	1	1961 年—1975 年	10~20 头	10
18 头/群	1950 年	2			
14~16 头/群	1950 年—1960 年	3			
60 头/(多)群	1956 年	1			
11~12 头/群	1960 年—1970 年	3			
7~8 头/群	1970 年前后	5			
5~6/群	1970 年前后	5			
2~3 头/群	1975 年前后	2			

访谈结果表明,历史上活动在南滚河流域的亚洲象数量 1940 年前最多,在 120 头以内。到 1960 年,南滚河流域仍然有约 60 头亚洲象在活动。到 1975 年,仅存 20 头以下。从象群个体数量看,有人见到过由 30 头左右的个体组成的象群,一般象群则都在 20 头以下。有时能见到 2~3 头象组成的母子象群。芒库村 75 岁的佤族老人王老二于 1956 年在一块撂荒的旱谷地上,看到多个象群聚在一起采食的情景。由于象群在疏林地中,容易辨认,他数了数,足足有 60 头。这是他一生见到的最多的亚洲象。

5.1.2 南滚河流域亚洲象种群数量的研究历史及结果

南滚河流域亚洲象种群数量的研究始于 20 世纪 60 年代。此后开展了多次数量调查研究,采取了多种的调查方法,并对结果进行了报道或报告,详见表 5-2。

表 5-2 南滚河流域亚洲象种群数量历次调查情况表

研究时间	研究内容及目的	参加单位	参加主要人员	研究方法	结果报道文献或文本报告	结论	遇见实体情况
1960 年 4 月~1967 年 9 月	动物区系综合考察	云南省动物研究所第一研究室兽类组等	潘清华等	直接观察计数，结合群众访问进行数量统计	《云南野象的分布和自然保护》（《动物学杂志》，1967，2：38-39）	22 头。其中：独象 3 头，母子象 3 头，群象 17 头	
1980 年	南滚河自然保护区资源调查	云南师范大学生物系	杨宇明、王耿民、张枝生、王重力等	跟踪守间观察直接计数、粪便和足迹等痕迹分析、访问群众	《南滚河保护区的野象群》（杨宇明等）	14 头。独象 1 头，母子象 4 头，群象 9 头	4 头 1 群（2 头母象，2 头幼象）
1981 年	南滚河自然保护区资源调查与规划设计	云南省森林资源勘察四大队	王建皓等		《我国的野象群》（吕培炎等）	12 头。分 2 个小象群和 1 头独象	
1981 年	南滚河自然保护区资源调查与规划设计	云南省森林资源勘察四大队、中科院昆明动物研究所、上海自然博物馆	彭鸿绶、余家骥、孙龙宝等	访问调查、实地观察计数	《南滚河自然保护区大象的考察报告》（余家骥，内部资料）《南滚河自然保护区珍稀动物的初步调查》（内部资料）	14~16 头。独象 1 头，群象 4 头，群象 10 头	10 头。其中成年雄象 1 头，幼象 2 头，母象 7 头（其中一头似有孕）
1984 年	云南猕猴等大中型兽类数量调查	云南省林业厅、中国实验动物灵长类中心、南滚河自然保护区管理所等	杨德华、张家银、李宝纯、郭宝用等	访问调查和野外核实	《云南野象考察情况及保护意见》（郭宝用）《云南林业》1989 年，4：11）《云南野象考察数量》（《野生动物》，1987 年，8（1）：16-17）	22 头。其中独象 1 头，群象 7 头，群象 5 头，群象 9 头；24~25 头。共有 4 群，最大 1 群有 12 头	

续表

研究时间	研究内容及目的	参加单位	参加主要人员	研究方法	结果报告文献或文本报告	结　论	遇见实体情况
1987年12月21日—27日	南滚河保护区亚洲象专题调查	临沧行署林业局、沧源县南滚河自然保护区管理所	郭宝用、郭光、王志胜等20人	参考非洲象的调查方法——粪便数量调查法。计算公式：$D=P/S$　$D'=\dfrac{D}{16\times40}$　$N=D'\times S'$　其中，D为野象粪便密度；P为野象粪堆数；S为调查面积，N为亚洲象每天排泄次数；40为非洲象粪便分解率；S'为亚洲象活动范围面积	《南滚河野象考察情况及保护意见》（郭宝用，《云南林业》1989年，4：11）	调查路线长58.528km；S=0.58528km²；P=198堆；D'=0.5285头/km²；S'=24km²；通过计算N=12头	2群亚洲象，其中1群5头，1群2头。另外还有2头独象。共遇见9头
					《南滚河国家级自然保护区》（杨宇明等主编，云南科技出版社）《南滚河亚洲象初步考察报告》（郭宝用等，内部资料）	调查路线长53.44km；S=0.5344km²；P=98堆；D'=183.383堆/km²；D'=0.2865头/km²；S'=46.56km²；通过计算N=13~14头	遇见5头象群（其中1头小象）和2头象（雌雄各一）
1992年7月—11月，	保护区野生动物资源调查	南滚河自然保护区管理所	郭宝用、王志胜、兰道英等	样线（带）调查，计算方法：$D=\dfrac{1}{m}\times\dfrac{\sum_{i=1}^{m}d_i}{D\times S}$　$N=D\times S$　D为平均密度值；d_i为条样带上的密度；m为样带数，S为适生面积（实际应为调查区域总面积）	《南滚河保护区野生动物资源现状》（《野生动物》，1999年，20(4)：46—47）	D=0.012776头/hm²；S=1611hm²（适生面积）或=7000hm²（调查范围面积）。按活动面积计算结果为20头，按保护区面积计算为89头。综合分析有象群2群10头左右，另有几头独象	2群各5头

续表

研究时间	研究内容及目的	参加单位	参加主要人员	研究方法	结果报道文献或文本报告	结论	遇见实体情况
1995 年	南滚河自然保护区综合考察	西南林学院、云南省林业厅、临沧地区行署林业局等	杨宇明、王应祥等	资料分析、实地观察及访问调查	《南滚河国家级自然保护区》（杨宇明等主编，云南科技出版社）	尚有亚洲象 15~16 头，其中独象 2 头，5~6 头群象 2 群，3 头群象 1 群。成年象 9~10 头，幼象 5~7 头	
2001 年 11 月—2003 年 2 月	南滚河自然保护区亚洲象专项调查	南滚河自然保护区管理局	王志胜、陈苹、周兵、李胜、熊友民、李春华、李明军等等	社会调查、布点观察、样线（带）调查。样线调查计算方法：$D = \frac{1}{m} \times \sum_{i=1}^{m} d_i$ $N = D \times S$ D 为平均密度值；d_i 为条样带上的密度值；m 为样带数；S 为适生面积	《中国亚洲象研究》（陈明勇等，科学出版社，2006 年）	共有亚洲象 6 群，约 18 头。其中 A 群 8 头（雄象 1 头，雌象 3 头，亚成年象 1 头，幼象 3 头），B 群 4 头（雄象 1 头，亚成年象 1 头，雌象 1 头，幼象 1 头），C 群 2 头（雄象 1 头，亚成年象 1 头），D 群 3 头（雄象 1 头，雌象 1 头，亚成年象 1 头），E 群独象（雄性老象），F 群独象（成年雄象）	5 头

续 表

研究时间	研究内容及目的	参加单位	参加主要人员	研究方法	结果报道文献或文本报告	结　论	遇见实体情况
					《云南沧源南滚河国家级自然保护区亚洲象资源调查报告》（王志胜，内部资料）	样线调查结果： $D = 0.007752899$ 头/hm²； $m = 20$ 条； $S = 2650 \text{hm}^2$； $N = 20.5$ 头。 对社会调查和布点观察进行综合分析，结果，南滚河流域现有野生亚洲象 20~21 头。其中，南柯河有 1 群 2 头（1 母 1 儿）；大河底有 1 群 8 头（小象 1 头、母象 3 头、亚洲成年象 3 头、公象 1 头）；石头寨有 1 群 5~6 头（母象 2 头、亚洲成年象 1 头、公象 1 头）；公节掌有 1 群 3 头（母象 1 头、小象 1 头、公象 1 头）。另有 2 头独象。种群数量由建立自然保护区初期（1981 年）16 头增长到现 20~21 头，年增量为 4~5 头，增长率为 0.217 头	

续表

研究时间	研究内容及目的	参加单位	参加主要人员	研究方法	结果报道文献或文本报告	结　论	遇见实体情况
2004年	南滚河自然保护区象群的种群结构和遗传格局	北京师范大学生命科学院	马利超等	应用微卫星标记技术，以非损伤性取样为手段，利用线粒体控制区序列、性别决定区方法、微卫星标记方法，通过辨识不同个体在多个微卫星位点上的基因差异，达到个体识别的目的	《用保护遗传学方法研究亚洲象（*Elephas maximus*）社群的结构》（马利超，硕士学位论文）	在南滚河象群中，检测到21个基因型，其中5个基因分型数据不完整，推测该地区的亚洲象体数目为16~21头，雌雄性比为2:1。亲缘分析结果，南滚河的象群的亲缘结构：象群存在4个世代的个体，其中9个雌性个体在该地区有后代。由构建的谱系推导出象群的大致年龄结构，按照每个世代的年龄差异为15年计算，南滚河流域的象群中，有2头老年象，9头可生育的雌象以及至少3头幼象	
2006年	陷阱照相机在南滚河自然保护区野生动物调查中的运用	北京师范大学生命科学院	冯利民等	在野生动物经常出没区域安设红外线照相机，通过照相机自动拍照，得到照片动物（亚洲象）的个体特征，建立个体和群体特征，统计种群数量		拍到象群一个，可以区分出象群的个体特征。有新生幼象	

续 表

研究时间	研究内容及目的	参加单位	参加主要人员	研究方法	结果报道文献或文本报告	结 论	遇见实体情况
2007年	云南南滚河自然保护区亚洲象种群数量、种群结构、食性、栖息地选择和人象冲突研究	西北大学生命科学学院	秦岭等	亚洲象种群数量调查根据在野外调查样线上获取的亚洲象足迹和粪便的直接证据，分别定量化地测量足迹的长和宽以及粪便的平均直径，用所得的数据，依照Jaehmann&Bell（1979，1954）、Westem（1983）、Lee&Most（1995）及Reilly（2002）的方法，经过计算从而推测出南滚河自然保护区亚洲象的种群数量	《云南南滚河自然保护区亚洲象（Elephas maximus）对栖息地的选择》（秦岭，硕士学位论文）	南滚河自然保护区亚洲象种群数量最少为14头，其中青年象4头，亚成年象最少4头。种群以亚成年和成年象为主	

5.2 关于南滚河流域亚洲象种群数量研究方法的探讨

5.2.1 对历次调查研究方法的讨论

从历次调查研究的内部资料和公开发表的文献资料看出,历次调查主要采用了访问调查、实地考察、定点守候观察、样线调查以及痕迹分析、保护遗传学(分子生物学)方法、陷阱照相机等方法。本次研究中,我们也曾试图用痕迹(足迹、粪便)测量来推断亚洲象的种群数量。

在20世纪60年代至80年代的研究中,采取的多是访问调查和实地考察的方法,所获得的结果是可信的,因为该时段亚洲象的活动区域内人在进行刀耕火种的耕作方式,有多处大面积撂荒形成的热性稀树灌木草丛和热性灌丛,加之南滚河流域亚洲象的活动范围不算太大,容易观察到亚洲象实体。另外,当时没有建立自然保护区或刚建立自然保护区,周边佤族群众特别是猎人对亚洲象的现状比较了解,容易在访问调查中得到准确的信息。但随着保护区的建立,亚洲象栖息地内植被恢复快,很难直接观察到亚洲象实体。

1988年,世界自然基金会(WWF)的安德鲁博士在西双版纳举办"云南省自然保护区管理人员培训班",介绍了在非洲对非洲象的一种调查方法——粪便数量调查法。安德鲁博士在非洲从事十年的大象研究,得出的结论是,非洲象每头每天排粪便16次(每次一堆),粪便能保持40天。根据这些数据,通过调查可得出调查区域内的象群数量。南滚河自然保护区的管理人员参加了这次培训。回保护区后,在没有亚洲象排粪规律和粪便保存时间数据的情况下,完全按照安德鲁博士提供的方法和非洲象的数据,对南滚河的亚洲象进行了调查,并对调查结果进行了报道。从报道的结果看,调查者认为数据与平时通过其他方法掌握的数据基本吻合。但仔细对照公开发表的研究结果发现,同一次调查,所得到的数据出入很大。从样线上的粪便数量看,《南滚河野象考察情况及保护意见》(郭宝用,1989)报道198堆,《中国南滚河国家级自然保护区》(杨宇明等,2004)报道98堆。从活动范围面积看,《南滚河野象考察情况及保护意见》报道24 km^2,《南滚河国家级自然保护区》(杨宇明等,2004)报道46.56 km^2,相差近一半。从调查结果看,《南滚河野象考察情况及保护意见》报道12头,《中国南滚河国家级自然保护区》报道13~14头。据分析和访问当事人,主要的数据根据需要做过修正,活动范围在确定种群数量的前提下有反推得出的嫌疑。因为我们根据保护区提供的调查报告中的活动范围图进行测量,面积为35.31 km^2。根据本次调查,1988年南滚河流域亚洲象的活动范围应为65.72 km^2。笔者认为南滚河流域与非洲草原的自然环境千差万别,粪便的分解速度等参数二者间应该有很大的差异,在没有事先调查亚洲象粪便相关数据的情况下,完全参照非洲象的数据,肯定不能得到准确的数据。

1992年7月~11月,南滚河自然保护区管理所组织调查队,对保护区野生动物资源进行调查,方法为样线(带)调查。实地考察了24条样线。样线铺设遍及整个保护区,宽度50m(两边各25m),总长度172215m,样带面积861 hm^2。结果以《南滚河保护区野生动物资源现状》发表在《野生动物》1999年第4期上。在两条相连的样带上各发现5头亚洲象实体,由此计算出亚洲象的密度为0.01278头/ hm^2。文章用两个面积分别计算出了相对应的种群数量,用适生面积1611 hm^2 计算出20头,用调查范围面积7000 hm^2 计算出种群数量89头。因为这次调查是针对所有野生动物的调查,所以样线分布遍及整个自然保护区,远远大于象的活动区域;得出的种群密度是按整个调查区域推算的,所得的亚洲象种群数量应按实际调查面积计算，即实际面积与密度值的乘积。结果为89头，显然不符合实际。另外，从调查方法和路线分布图看，发现5头象的两条样线相连（16、17号样线），调查人员1天1条调查样带，所以，所看到的应该是同一群象。

2001年11月—2003年2月，南滚河自然保护区管理局再次组织人员开展了南滚河自然保护区亚洲象专项调查，调查采取了社会调查、布点观察、样线（带）调查相结合的方法。实地调查样线20条，总长1287870m，宽度50m（两边各25m），样带面积645hm^2。在样带范围内观察到亚洲象实体5头，推算出亚洲象密度为0.007753头/hm^2，亚洲象活动面积为2650hm^2，计算出南滚河流域有亚洲象20.5头。综合其他方法调查结果，此次调查认为南滚河现有亚洲象20~21头，从而得出比1981年增加4~5头的结论。从我们的这次调查看，2002年南滚河流域的亚洲象活动面积为5082hm^2，所以我们认为结论种群数量数据有根据这一结论反推出活动面积的嫌疑。根据笔者的经验，在事先设定的50m宽的样带上看到亚洲象实体的可能性非常小，样线（带）调查法在南滚河流域亚洲象的调查中不适用。

利用陷阱照相机进行亚洲象调查是一个很值得推广的方法。特别在南滚河自然保护区，因为亚洲象种群数量少，活动范围固定，迁移路线有一定规律，容易暗设陷阱照相机，也容易得到准确的信息，以建立每个象群和个体的特征，来判断种群数量和种群结构。由于2006年北京师范大学生命科学学院的调查，主要调查对象不是亚洲象，所以得到的数据还不够全面。

运用保护遗传学方法研究亚洲象社群的结构，是一种新技术，具有一定的科学性。但从2004年北京师范大学生命科学学院对南滚河流域亚洲象的研究结果看，我们认为此方法值得商榷，因为采样的时间仅2天，只是在一个地点（芒黑老田附近）采到样本。根据我们的研究，南滚河流域没有一群10头以上的象群，两个象群不可能在短时间内在同一个地点出现，所以得出的亚洲象种群数量值得商榷。

西北大学生命科学学院也根据国外对亚洲象足迹和粪便研究的成果，对南滚河流域亚洲象的调查方法进行了探索，试图通过量取足迹的最大纵径和横径以及粪便直径，进行聚类分析，得出亚洲象的种群数量。但在对一头已经确定的雄性亚洲象（独象）的研究中发现，南滚河流域地形复杂，表层土壤含水分变化大，不仅前后足迹间有差异，就是上坡、下坡和在不同基质上留下的足迹都有很大的差别。粪便也会由于掉落的基质不同而发生不同的变形。加之不是所有的地方和时间都能留下完整的足迹，所以得出的结论不准确。

5.2.2 本次调查的方法

由于南滚河流域特殊的地形地貌特征和亚洲象的特化行为，要掌握亚洲象的准确数量，目前采用的一些野生动物调查方法不太适用。上述历次对南滚河流域亚洲象调查方法的分析也证明了这一点。为此，在这次调查中，我们对方法作了一些改进，采用了同时用多种手段、最后对结果进行综合分析的方法，立足于对象群特征和个体特征、数量的调查，在调查中侧重判断所发现的实体和痕迹是哪个象群或个体留下的，根据象群不能在较短时间间隔内同时出现在同一区域的特点，分析南滚河保护区存在的象群数量，再根据每群象的个体数量得出种群数量和种群结构。具体结论为：

（1）对近年来历次调查资料进行分析，判断南滚河保护区存在的象群数和个体数。

（2）根据亚洲象死亡情况的分析，得出每群象可能的消减情况。

（3）根据象群的活动规律，在象群必经又易于观察的地点守候观察，当象群经过时记录种群数量、结构和特征。

（4）用摄影陷阱拍摄的照片判断象群的结构和特征。

（5）根据近年保护区管理人员巡护检测和调查中发现的象群实体情况，确定每群亚洲象的数量和结构。

（6）根据访问调查，从周边社区群众中获得的遇见亚洲象的情况，作为判断数量和结构的补充依据。

（7）由各保护区站职工在巡山护林的同时，检测辖区范围内亚洲象的活动情况。若遇见实体，进行跟踪，尽量准确记录象群的相关信息。若遇见痕迹，记录痕迹类型，通过新鲜程度判断象群活动时间，通过痕迹数量和活动面积等判断象群的大小，通过足迹、粪便的大小判断可能的种群结构。

（8）在对亚洲象造成的人身财产损害调查中，记录亚洲象的相关信息，如时间、数量、可能的种群结构等。

通过以上信息，综合分析南滚河流域的亚洲象数量和种群结果。

5.3　种群结构的研究历史及结果

种群结构涉及野生动物群体的个体成员，包括种群性别比、年龄构成等。野生动物的种群结构对于种群未来的动态趋势和稳定十分重要。野生亚洲象的年龄不易准确判断，一般按年龄段来划分。Sukumar（1992）对年龄段进行了定义：<1岁的为幼象，1~5岁为青少年象，5~15岁为亚成年象，>15岁的为成年象。在本研究中，我们按年龄段分为：≤5岁为幼象，6~15岁为亚成年象，>15岁为成年象。

5.3.1　文献分析

亚洲象的种群结构，有人认为是一雄多雌结构。公象称头象，担任领路、警戒、护卫象群的任务，哺幼则全赖母象（杨宇明，2004）。在一群野象中，成年公象只能有一头，它是这群象的最高统治者，由它带领着一个象群活动。在这个群中，可以容许有未成年的公象仔随群活动，但达到成年时，就要产生争斗了，胜者留下，败者主动离群，沦为独象。当然，如果这个群中的某一头母象愿意与沦为独象者另行组合时，那也算是"合法"，无可非议（吕培炎　王建浩，1983）。但普遍认为亚洲象系群居，象群往往是以一雌象为首领，由首领的姐妹、成年的女儿和未成年的儿孙组成。成年后的雄象（15岁后，也有人认为7~8岁）离开象群，单独生活，人称"独象"。云南省动物研究所（今中科院昆明动物研究所）第一研究室兽类组的研究（1976）表明，象的种群可分为三种类型，即独象、母子象、群象。独象一般是成年的大公象，在非繁殖期公象极喜独栖。母子象一般为2~3头，其中以3头者最为常见，主要是上胎生的半成体和当年生的幼象组成。群象一般为4~40头不等，是雌雄幼体的混合群，带头活动的都是雌成年象。

南滚河流域的历次亚洲象研究结果表明，大多数调查中的亚洲象种群结构与云南省动物研究所第一研究室兽类组的研究结果相吻合，有独象、母子组成的小群象群和由多个成年母象和幼象混合组成的群象。

5.3.2　参与式调查

用参与式方式，采取半结构式访谈等工具，对南滚河流域佤族进行访谈，被访谈对象主要是对亚洲象比较了解的佤族老人。对访谈结果进行归纳统计，结果如表5-3。

表5-3 亚洲象种群结构参与式社会调查结果统计表

调查内容	调查结果	执此观点人数（人）
象群中有无成年雄象	象群中偶有成年雄象，主要是交配前期	8
	没有见过成年雄象在象群中	17
	交配期间，发情母象与雄象单独在一起	10
独象	都是雄象	21
幼象或青少年象	往往在象群的中间	30
成年雄象是否结群	都以独象形式生活，不结群	22
领头象	母象	18
	雄象	5
雄象位置	在象群后面，紧跟象群	9
	不固定，到处游荡	1
象群中有无亚成年雄象	有	3

参与式访谈结果也表明，南滚河流域的亚洲象象群中一般没有成年雄象，象群中若有母象发情，雄象会进入象群，然后带发情母象离开。象的种群结构有独象、母子象、群象三种形式。以下的研究也证明这一点。

5.4 亚洲象的种群数量现状

5.4.1 对历次调查结果及死亡事件的分析

对历次调查公开发表和内部发布的报告进行的分析表明，进入20世纪80年代，南滚河流域仅存有两个象群和几头独象，总数量在16头以下。两个象群中，有一群比较大，在10头左右；另一群比较小，在3~4头左右。虽然在1984年云南省林业厅、中国实验动物云南灵长类中心、南滚河自然保护区管理所等单位联合对南滚河自然保护区猕猴等大中型兽类数量进行的调查中，报道有亚洲象22头，分别在芒永山（9头）、班搞垌南海（7头）、芒库河（5头），但由于芒永山和垌南海相隔不远，象群可以几个小时之内通过佤族的轮歇地完成两地之间的迁移，发现的个体数量又相近，可能是一个象群，所以当时的亚洲象数量估计只有15头左右。用粪便调查和样线调查法所作的3次调查，因所报道数据有疑点，不宜作为分析依据。随着保护区的建立，亚洲象及其栖息地得到保护，种群数量增加，至1989年中央电视台在南滚河保护区拍摄亚洲象专题节目时，拍到了12头的象群。随后，发生了几次非法猎杀、意外死亡（触高压电）和自然死亡事件，有两头独象被猎杀，1头意外死亡。其中，小的象群遭到比较严重的破坏，1头母象被猎杀（1988年），1头幼象自然死亡（1996年），只剩2头母子象。1996年在西能河一带发现该象群活动的痕迹，从脚印看母象所带的幼象已趋于成熟。2001年我们对亚洲象进行的一次调查中，又发现了该象群实体，象群已经发展到3头，母象带领1头即将成熟的雌象和1头幼象在石头寨一带活动。2010年该象群又有1头小象诞生,变为4头象组成的象群(以下研究中定义为B群)。大的象群中,1头幼象自然死亡(1988年),剩下12头左右的象群,于1989年7月出走缅甸,10天后有8头亚洲象回归,其余4头再没有回来。后来,1头母象被猎杀(1998年),1头幼象自然死亡(2003年),象群仅剩6头。2004年保护区管理人员发现了1个亚洲象留下的胎衣,不久发现了象群中又有1头幼象,所以该象群现有个体数为7头。2004年,《中国警务报道》电视专栏摄制组在南滚河流域拍摄亚洲象,协助拍摄的保护区管理人员拍摄到8头的亚洲象群,其中有1头成年雄象在象群里,象群里还有1头年迈的母象。在2006年至2010年间,在象群中又发现1头幼象,象群数量增至8头。2011年3月,西南林业大学在拍摄影像资料过程中,在翁崩河与南滚河交汇口附近发现1头幼象尸体,有6~7岁,雄性。至此,该象群仅存7头(以下被定义为A群)。

5.4.2 近年来观察到的亚洲象实体分析

5.4.2.1 南滚河流域几个亚洲象群的结构和特征

近年来,保护区管理人员(本项目成员)利用遇见亚洲象实体的机会,记录亚洲象群和个体的特征值。在历次记录的数据中,5次遇见8头的象群,观察到的种群结构一致,判断为同一个象群。8头象群的结构为:4头成年母象,2头亚成年象(接近成熟)和2头幼象;2011年初发现其中1头幼象死亡,变为7头的象群(A群)。另外,保护区管理人员和周边社区群众还经常遇见一个母子象群活动,含1头母象和2头子象,共3头;2010年发现该象群新添了1头幼象,变为4头的象群(B群)。另外还经常遇见2头独象。两头象有明显的区别特征:一头独象的长牙不在一个平面上,右边长牙低于左边长牙,佤语称"达果然";右牙明显有松动,走动时会发出声响。至2010年8月,该象右牙脱落,成为独牙象(D群)。另一头长牙长得比较规整,佤语称"达惹然"(C群)。二者的年龄差别不大。

从以上记录的象群的结构和特征可以看出,南滚河流域现存亚洲象约4群:1群7头的象群、1群4头的母子象和2群(头)独象。

5.4.2.2 近年来保护区管理人员(本项目成员)遇见亚洲象实体的情况

2004年来,保护区管理人员(本项目成员)在巡山护林和专项调查中对遇见的亚洲象实体进行了记录,结果见表5-4。

表5-4 保护区管理人员遇见亚洲象实体统计表

遇见人	遇见时间	总数	数量结构(头)						幼象	分析
			成年象			亚成年象				
			合计	雌	雄	合计	雌	雄		
杨红强 徐向东 冯朝忠	2004年3月14日	8	4	4		1	1		2	8头象群

续 表

遇见人	遇见时间	数量结构（头）							分 析
		总数	成年象			亚成年象			幼象
			合计	雌	雄	合计	雌	雄	

遇见人	遇见时间	总数	合计	雌	雄	合计	雌	雄	幼象	分 析
杨红强 冯朝忠	2004年4月19日	5	3	3		1	1		1	周围还有动静，可能为8头象群的一部分，没发现一对子母象和另1母象
杨宏胜	2004年4月	8	5	4	1	2			1	目击并拍摄到8头象群，有1头成年雄象在象群里
李 锋 杨红强	2005年3月25日	3	2	2					1	3头母子象
杨红强 李 锋	2005年12月	6~8	3~4	3~4		1	1		0~2	目击4头，周围有两处动静，可能是2头母象各带1头幼象
杨红强 李 锋 熊友明	2006年3月2日	8	4	4		4	1	1	2	8头群象
李春华 李 锋	2006年4月19日	5	3	3					2	可能为8头象群的一部分，没发现1头母象1头幼象和1头亚成年象
熊友明 钟 明	2006年5月18日	1	1		1					独象
熊友明 杨红强	2006年3月1日	8	5	5		1		1	2	8头象群
杨红强等	2010年12月30日	8	4	4		2			2	
熊友明等	2011年3月11日	7	4	4		2			1	
熊友明等	2011年3月21日	4	2			1	1		1	4头母子象

从以上记录也可认为,南滚河流域现存亚洲象约4群:1群7头的象群、1群4头的母子象和2群(头)独象。

5.4.2.3 近年保护区周边公众遇见亚洲象实体的情况

2004年来,保护区周边社区公众经常遇见的象群的个体数主要有9头、6头、5头、2头和独象。由于象群除了迁移或休息时,排成一行或集中在一起容易观察到整体外,其他时间分散活动,不易遇见全部个体,所以一般认为5头以上的象群应该是8头象群的一部分,见表5-5。

表5-5 保护区周边社区公众遇见亚洲象实体统计表

遇见人	遇见时间	总数	成年象			亚成年象			幼象	分析
			合计	雌	雄	合计	雌	雄		
李世荣等	2004年9月	6	4	4					2	可能为8头象群的一部分,没有见到1头母象和1头亚成年象
徐建华	2004年8月	3	2	2		1				3头一群
杨忠等	2005年2月	6	4	4		1	1		1	可能为8头象群的一部分,没见到一对子母象
杨尼唐	2005年5月	5	4	4					1	可能为8头象群的一部分,没发现1头母象带1头幼象和1头亚成年象
白国荣	2005年7月	1	1		1					独象
李加荣等	2005年10月	1	1		1					独象
班国军等	2006年1月	2	2	2	2					交配期的1雌1雄
杨光洪	2006年2月	3	2	2		1				3头一群
杨红文等	2006年3月	3	2	2		1				3头一群
范志忠	2006年4月	9	6	5	1			1	2	1头独象进入8头群象
陈岩伞	2006年6月	6	3	3		1	1		2	可能为8头象群的一部分

续 表

遇见人	遇见时间	数量结构（头）							分 析
		总数	成年象			亚成年象			幼象	
			合计	雌	雄	合计	雌	雄		
赵三木嘎	2006年6月	1	1		1					独象
李老大	2006年8月	1	1		1					独象
钟德华	2006年8月	3	2	2		1				3头一群
赵政兴	2006年9月	3	2	2		1				3头一群
王志光	2006年9月	1	1		1					独象
肖尼门	2006年9月	1	1		1					独象
李岩灭	2006年9月	1	1		1					独象
王建福	2006年9月	3	2		2	1				3头象群
王先生	2008年10月	9	6	5	1	1	1		2	象群，雄象出现在其中
田华生等	2009年8月	1	1		1					独象
李二	2010年6月	2	2	1	1					交配期的1雌1雄
保志明	2010年7月	9	5	4	1	2	1	1	1	1头独象进入8头象群
田卫兵	2010年7月	1	1		1					独象
李二	2010年8月	1	1		1					独象，缺一牙
田光强	2010年8月	8	5		1				2	象群
保志明	2010年9月	1	1		1					独象
周忠明	2010年11月	8	5	5		1			2	象群，雄象不在其中
周树先	2011年1月	4	2	2	1				1	原3头象群添1头小象
班如云	2011年1月	6	5	5		1				应为8头一群，未见2头幼象

从保护区周边公众遇见亚洲象实体的访谈结果可以认为，南滚河流域亚洲象最大群数量在9头以下，可明显分出2个象群和2群（头）独象。

5.4.2.4 保护区亚洲象群和个体活动地点的时空分布

根据原保护区各保护站管辖范围，我们把保护区最终分为四个区域（其中，因3区和4

区相连,亚洲象经常来往于这两个区,不易在 1 个月的时间内严格区分出在哪个区活动,所以合为一个区域),见图 5-1。

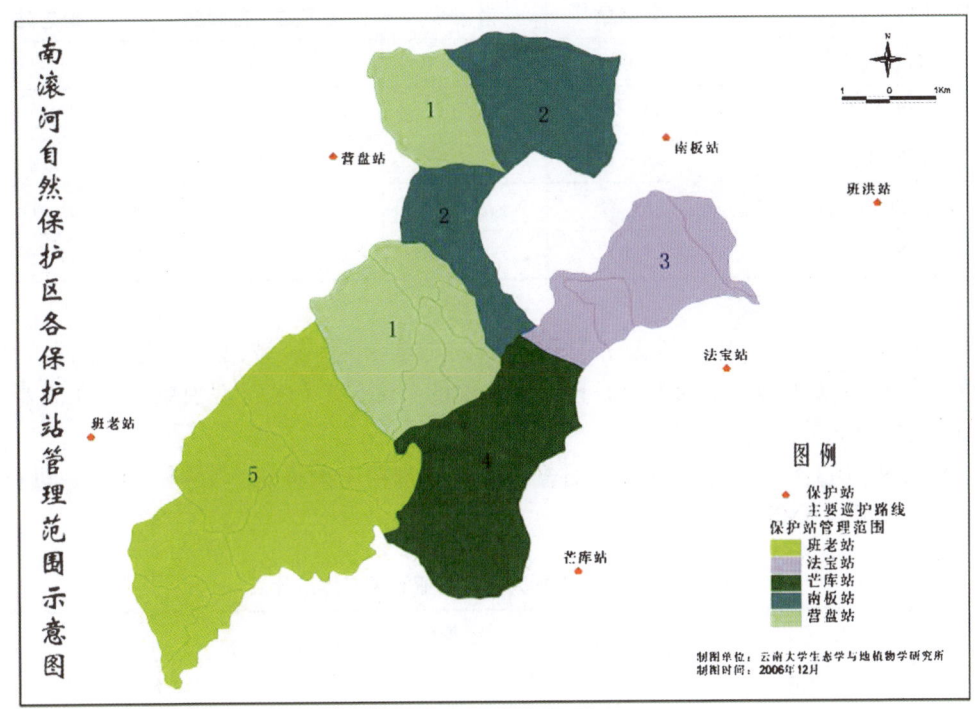

图 5-1 南滚河自然保护区各保护站管理范围示意图

根据以上保护区管理人员遇见亚洲象实体和保护区周边社区公众遇见亚洲象实体的调查结果,将南滚河流域现存亚洲象分为 4 群:A 群为 8 头(2011 年前)或 7 头(2011 年后)的象群,B 群为 3 头(2009 年前)或 4 头(2010 年后)的象群,C 为正常雄象,D 为斜牙(2010 年前)或独牙(2010 年后)的雄象。

2005 年 12 月至 2006 年 9 月,各保护区站结合保护区巡护管理实际,采取分 4 组同时进入各自管理范围的方法,每月 1 次对亚洲象进行监测,根据在监测过程中遇见实体或痕迹的记录和本次研究获得的数据(实体和痕迹),对亚洲象群和个体在同一时间(1 月)内的活动情况作了统计,结果见表 5-6。

表 5-6 2005 年—2006 年按月统计的南滚河流域象群或个体时空分布表

分区与管理站 时间	1 区 营盘站	2 区 南板站	3 区+4 区 法宝站+芒库站	5 区 班老站
2005 年 12 月	D		A、C	B
2006 年 1 月	C	D	A	B
2006 年 2 月	D		A、C	B
2006 年 3 月		D	B	A、C
2006 年 4 月	B		A、C	D

续　表

时　间	分区与管理站	1区 营盘站	2区 南板站	3区+4区 法宝站+芒库站	5区 班老站
2006年5月		B		A、C	D
2006年6月		A、C		B	D
2006年7月		A、C		D	B
2006年8月		A、C			B、D
2006年9月		A	C		D、B

从表中看出：A象群（数量大于5头）没有同时在同一区域出现，说明是同一象群，遇见数量为5~8头不等，是因为有时只见到象群的一部分。C（正常独象）总在A象群附近活动，有时加入到A象群中。

2008年和2011年，采取分4组同时进入各自管理范围的方法，分别对亚洲象进行了2次监测，结果见表5-7。

表5-7　保护区管理人员遇见亚洲象实体统计表

组　别	遇见时间	数量结构（头）							参加人员
		总数	成年象			亚成年象			幼象	
			合计	雌	雄	合计	雌	雄		
营盘组	2008年3月15日	3	2	2		1				熊友明、熊友才、熊志明
营盘组	2008年3月15日	7	4	4		1		1	2	熊友明、熊友才、熊志明
芒库组	2008年3月15日	1	1		1					杨红强、李峰等
班老组	2008年3月15日	1	1		1					冯朝忠、杨红生等
班老组	2011年1月16日	4	2	2		1	1		1	田世华、李忠明、保志明等
芒库组	2011年1月16日	1	1		1					邓志明、田华生等
营盘组	2011年1月16日	7	4	4		2			1	熊友明、熊永亮、熊友才等
班老组	2011年1月16日	1	1		1					田世华、李忠明、保志明等

表 5-8 2007 年—2011 年每年南滚河流域象群或个体时空分布表

时　间	1 区	2 区	3 区+4 区	5 区
2008 年 3 月 15 日	A	B	D	C
2011 年 1 月 16 日		A	C	B、D

南滚河保护区亚洲象种群数量和结构通过以上分析，结果为：南滚河流域分布有两个象群和 2 头独象。象群有一大一小，大的一群 8 头，分别为 5 头成年母象、1 头亚成年雄象、2 头幼象；小的一群为 1 头母象和 1 头幼象组成。综上所述，南滚河流域共有 12 头亚洲象活动，其中有 6 头母象、3 头幼象、1 头亚成年雄象、2 头成年雄象（独象）。

6　亚洲象行为

本研究采用文献研究、实地观察、人类学研究（对佤族老人目击的亚洲象行为进行访谈）、痕迹研究、样线调查等方法，对南滚河自然保护区的亚洲象的行为进行分析。

6.1　文献综述

所有关于南滚河流域亚洲象的研究和报道中，都有对亚洲象行为的描述。杨宇明（1980）报道了在南滚河自然保护区观察到的亚洲象行为：生活在保护区的野象群，常在南滚河两岸海拔 1300m 以下的范围活动。野象群有沿一定线路迁移游泊的习性。近年因原始植被破坏严重，一些地方被开发，野象栖息地受到干扰，迁移路线被切断，活动范围不断缩小。象是热带森林动物，常在林中旷地游憩觅食，晨昏活动，中午休息，上午 10 点前、下午 5 点以后出来觅食吃草，摄食的植物主要是蔓生莠竹、心叶稷、竹子嫩叶及笋、野芭蕉、印度血桐等。中午时亚洲象因怕炎热的太阳直晒，掩蔽在阴凉处休息或在沟谷水塘中用鼻子吸水喷洗身体降温，还喜在泥水塘中泡滚，常滚得满身红泥。这也是一种生态适应，可防太阳灼晒、螨蝇叮咬和兽类常有的皮肤病。亚洲象时常为一雄多雌结构，公象成头象，担任领头、警戒、卫护象群的任务；哺幼则全赖母象。睡觉时象群围成小圈，幼象偎依母象身边，雄象在最外边，以防凶猛兽类袭击。每天睡觉时间成年象需 4~5 小时，幼象稍多，要 5~6 小时。迁移线路有一定规律，常与人行小道相汇，宽 70cm 左右。亚洲象上坡总是顺山脊呈 S 形前进，对道路的选择比人的选择还要理想，其原因可能是身躯庞大，腿膝体屈角度小，上陡坡困难。

余家瑄等（1981）在两份有关南滚河流域亚洲象的考察报告（内部资料）中记录了亚洲象的一些行为，描述了"象窝"等现象。野象性喜水，但并不常在芒库河里活动，似牛喜在泥水塘里泡、滚，常常滚得满身泥巴；远远望去，有如山上的红黄泥土。因它栖息生境多螨蝇，泥身可以防止被虫叮咬。深入野象生境，不仅可目睹斑斑"象路"，而且还随处可见象腹背擦痒过的大树；通常在树高约 2.5~2.7m 处，留下斑斑驳驳的污泥。野象喜温热，但怕烈日直晒，一般在每天上午 10 点以前，下午 5 点以后出来觅食吃草。

由于保护区地形呈北高南低，芒库河与南板河汇合后形成南滚河，在保护区内呈"丫"字形分布。冬季象群主要活动于南滚河两岸海拔 1000m 以下地带，尤其是石头寨、大河底、帕浪等最为常见。夏季象群活动范围较宽，多沿一定线路向北、向高处移动，通常在沿芒库河谷达红卫桥和南郎等地,沿南板河谷抵营盘以南的海拔1300m地带活动。近年因原始植被破坏严重,上游芒库河谷和南郎等地被开发,下游许多地段被垦植为橡胶林或开辟为农地,野象栖息地受干扰,迁移路线被切断,活动范围较10年前减少,野象多栖息在保护区海拔1100m以下的河谷两侧地带。保护区内食料较丰富,摄食的植物主要有蔓生莠竹（*Microstegium gratum*）、心叶稷（*Pamicum notatum*）、竹子嫩枝叶及笋、野芭蕉、印度血桐（*Macaranga indica*）、董棕（*Caryota ureos*）干内髓心及嫩叶、盐肤木（*Rhus chinensis*）和木莲（*Manglietia* spp）树皮等。一头成年野象,一天的青食料约为300kg。南滚河地区的雨季开始于4~5月,此时气候升高,嫩草旺盛,也是大象的发情期,象群活动范围大,很少固定,追踪观察象群很困难。到10月以后,象群顺南滚河而下,多活动于石头寨或帕郎桥一带的河谷地带。

郎学东等（2008）以2002—2006年南滚河流域野生亚洲象的实际活动范围（3613.32hm²）为研究区,采用"3S"技术、法瑞学派野外群落样地调查方法并结合主成分分析法（PCA）和因子评分赋值法,选取了9个影响亚洲象的主要生境因子进行综合分析,并对亚洲象生境质量现状进行评价。结果表明,水源地距离、坡向、海拔、植被类型、硝塘距离、坡度、稀泥塘距离、居民点距离、归一化植被指数（NDVI）权重分别为0.1620、0.1493、0.1431、0.1414、0.1224、0.1050、0.0692、0.0656、0.0420。这一分析结果说明水源、食物、坡向、海拔、盐分是亚洲象生境选择首先要考虑的条件。对亚洲象有影响的单一生境因子进行分析研究,结果表明,亚洲象分布的海拔范围在500~1100m之间,700~900m之间为最佳生境。亚洲象对坡向的选择依次是:南、东南、东北、东、西南、西北、西、北。对坡度的选择顺序依次是:8°~15°、0°~8°、15°~25°、25°~35°、35°以上。对自然植被的选择顺序依次是:半常绿季雨林、热性竹林、季风常绿阔叶林、季节雨林、热性灌丛、热性稀树灌木草丛。归一化植被指数（NDVI）值的选择顺序依次是:>0.5、0.25~0.5、0~0.25。对水源地距离的选择顺序是:200~400m、0~200m、400~600m、600~800m、800~1000m。对硝塘距离的选择顺序依次是:2000~3000m、1000~2000m、0~1000m。对居民点距离的选择顺序依次是:4000~5000m、3000~4000m、2000~3000m、1000~2000m、0~1000m,总的趋势是离人类活动频繁的地方越远越好。

冯利民等（2010）对南滚河国家级自然保护区亚洲象种群旱季生境选择进行了研究。他认为:在海拔上,亚洲象喜欢在该保护区内的低海拔区域（1000m以下）活动,不喜欢高海拔区域（1000~1747m）；在坡位上,亚洲象喜欢下坡位,随机选择山坡中部,不喜欢上坡位；在坡度上,亚洲象喜欢20°以下的缓坡地形,不喜欢20°以上的陡坡地形；在坡向上,亚洲象喜欢东南、南、北坡向,对东、西坡向随机选择,不喜欢其他坡向。亚洲象喜欢灌丛、竹阔混交林这两种植被类型,不喜欢热带雨林、常绿阔叶林、农田这三种植被类型。亚洲象喜欢高度在5~15m的林地斑块,随机选择高度为15~25m的林地斑块,不喜欢平均高度超过25m的林地斑块；喜欢0~0.25低郁闭度的林地斑块,随机选择0.25~0.50中等郁闭度的林地斑块,不喜欢大于0.50的中高郁闭度的林地斑块；喜欢树木胸径在0~15cm的林地斑块,不喜欢树木胸径大于15cm的林地斑块。

6.2 南滚河流域亚洲象主要行为观察

由于野外观察难度很大,要系统和定量描述南滚河流域亚洲象的行为十分困难。本项目成员通过难得的实体观察和痕迹分析相结合,了解到了一些南滚河流域亚洲象的行为。

6.2.1 取食行为

觅食是亚洲象生存的基础,是亚洲象的主要行为之一。取食是亚洲象觅食行为的最终目的,在亚洲象的活动区域到处可见亚洲象留下的取食痕迹。

6.2.2 迁移行为

迁移行为是亚洲象的另一个重要行为,亚洲象为了寻找食物和硝塘,避让人类的干扰,不停地从一块栖息环境迁移到另一块栖息环境。历史上这一带亚洲象的迁移路线很长,南滚河流域只是作为迁移的中转站和通道。一直以来,亚洲象季节性地从缅甸的滚弄江附近的湿草地到孟定坝的湿草地间迁移。随着人类移居到这些地区,亚洲象逐渐被压缩到中国境内的南滚河两岸。

研究表明,由于栖息环境的缩小和生境多样性的减少,亚洲象的迁移行为已经高度特化,以获得食物和避让人类成为迁移的主要目的。目前亚洲象迁移的行为表现为无序性。在旱季(11月至次年3月),食物短缺,亚洲象更是不得不到处游走觅食,活动频繁,甚至到比较危险的地方寻觅食物。这段时间象群相对集中,因为只有跟着有经验的母象,才能找到足够的食物。这段时间亚洲象活动频繁还与人类的活动有关,此期间是当地佤族的农闲季节,也是佤族乡民上山开展狩猎、采集等活动的高峰期。加之为了备耕,许多佤族乡民到保护区内寻找野放在保护区内的耕牛,严重干扰了亚洲象的正常活动,为避让人类,亚洲象只好选择不停地迁移。到雨季(4~10月),食物丰富,象群可以在一个适宜的生境板块内获得很多食物,所以一般很少迁移,大多在平缓的区域活动,可以停留10天甚至一个月(没有人类干扰);食物被采食殆尽后,才转移到另一个生境板块活动。这期间,象群会在一定范围内分开活动,所以可以看到2头、3头、5头、6头等不同大小的象群,其实是从1群象中分出来的。当然这一时期,是当地佤族的农忙季节,且雨季也不便于到林区活动,所以人类活动相对较弱,对亚洲象的干扰也相对较小。

亚洲象的迁移路线是固定的,俗称"象路"。迁移通道连接着觅食场所、水源和硝塘。即使由于受到干扰或为了采食,亚洲象临时改变迁移路线,离开常走的"象路",但不久后又会回到老路上。过河的通道也有几处专门的"口子",一般选择河湾,这里水流平缓。亚洲象喜欢选择山的鞍部作为翻越山脊的通道,佤族称"大象过口"。

亚洲象选择的通道惊人的合理,所以其通道也往往成为人类活动的道路。我们对几处通道进行过研究,试图离开"象路",另外选择一条或几条通道,但都不成功;要么费九牛二虎之力又回到"象路"上,要么走向了悬崖峭壁无法通行。由于南滚河流域许多地方地势险要,亚洲象又不得不通过,所以在迁移过程中充满危险,曾经有两头幼象掉入深沟死亡。雨季道路泥泞湿滑,亚洲象不会频繁迁移。

亚洲象一般不会选择坡度比较大的坡面作为通道,但如果别无选择,上坡时便采取"S"型的路线行走。关于象的这一习性,杨宇明(2004)做过研究,认为是因象躯体庞大,直上直下较困难,腿膝弯曲角度小,所以才选择了"S"形的行进路线。研究认为,除了以上原因,还可以从节约能量的角度考虑,因为要垂直上很大的坡,消耗的体能肯定很大,这与人类在上陡峭的山坡时,往往采取"S"形的路线是一个道理。我们对3个坡度在40°以上,长度在50m以上的"S"形通道进行过测量,通道一般转弯3~4次,转弯角度在40°~70°之间,每个弯之间的距离在10~28m之间。

亚洲象下陡坡，在旱季也沿着"S"形的路线行走；在雨季由于泥土湿滑，会沿着坡面下滑，形成一道明显而深刻的沟壑。

独象的活动范围要大一些，有时也选择新辟通道，但大多数时间还是走老的"象路"，一般跟在象群的后面。对于"象路"的宽度，杨宇明（2004）认为"象路"宽70cm左右，但研究发现实际数据要比这个大得多，这只是一头象的通道宽度。象群的通道宽度多在100cm以上，有的地方达到300cm。

通过调查，我们得出南滚河流域亚洲象选择的主要通道分布图，见图6-1。

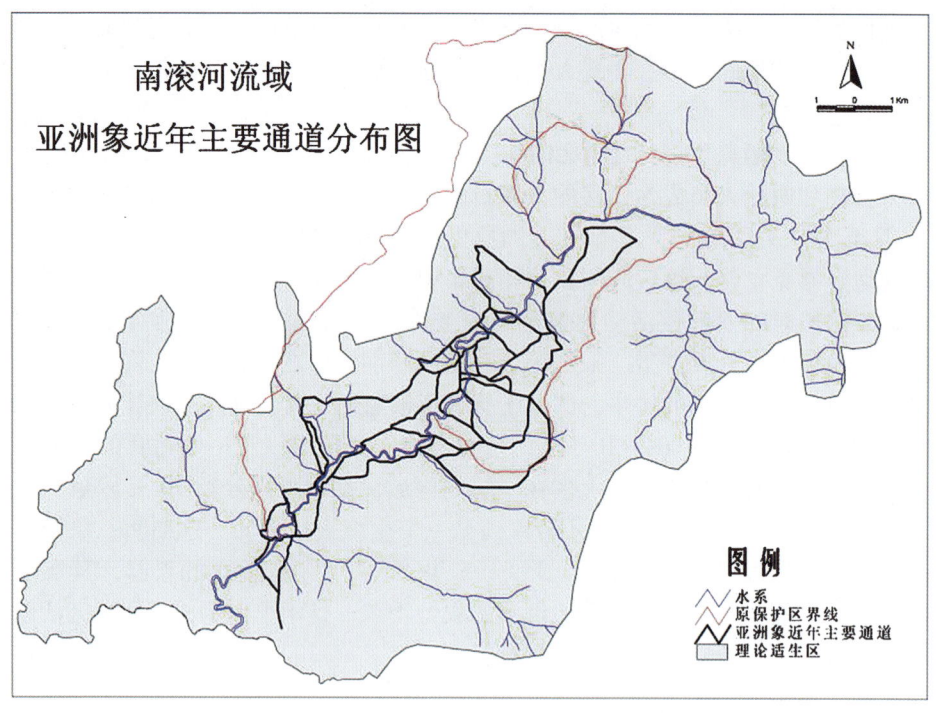

图6-1　南滚河流域亚洲象近年主要通道分布图

6.2.3　吸喝硝水行为

在南滚河保护区生活的亚洲象，定期饮用硝塘里的水，每月约两次以上。由于硝塘蓄水不足，野象常用鼻翻起塘内的大石头，再用鼻尖挖掘泥土，挖掘出长约5m的蓄水塘，以备下次饮用。保护区内的硝水塘是野象和其他野生动物，特别是草食兽类补充体内无机盐的主要来源。但南滚河保护区内的硝塘数量少、面积小，雨季盐分浓度低，旱季容易干涸，有必要人工补充盐分和扩大硝塘（杨宇明，2004）。

研究表明，我们遇见的硝塘都有被亚洲象吸喝过的痕迹，可见亚洲象对硝塘的利用率和依赖性很高。在硝塘边往往出现很多零乱的脚印。硝塘深处保留有多个直径为40～60cm的小水塘，是亚洲象在吸食硝水时留下的。本研究没有发现硝塘里被亚洲象翻动过的大石头，只见到硝塘不断向周围扩展，塘壁的土坎越来越高，可能是亚洲象不断挖掘新的泥土以补充硝塘中的盐分造成的。

6.2.4 排遗行为

在南滚河流域的亚洲象活动区域，到处可见亚洲象的粪便。粪便伴随着其他行为出现，堆积在一起，可以判断亚洲象在排粪时是站立不动的。粪便呈圆柱形，极像人工种植食用菌的菌包，大小与亚洲象的年龄有关（Jachmann 和 Bell，1979、1984；Reilly，2002）。象粪中保留有很多起消化作用的植物纤维。通过这些纤维，可以判断亚洲象采食的植物种类。在研究中，发现一头幼象的粪便呈长条形的辫状，植物纤维保存完好，可能是幼象自己采食植物后不消化的原因。象粪的分解速度与环境关系密切，在沟谷等湿热地带和雨季分解速度很快，在山脊等通风干燥地带和旱季的不容易分解，干燥后保留时间很长。象粪是许多生物的家园和食物，在野外常常可见到屎壳郎搬运象粪和白蚁采食象粪中尚未消化的植物纤维的场景。在一次野外调查时，我们在一堆干燥的象粪中发现一只小鼠（啮齿动物，未捕获，不能准确鉴定）把象粪当作了栖身的巢穴。在南滚河流域，很少见到亚洲象排尿或尿迹。本次调查仅发现两次亚洲象留下的新鲜尿迹，气味很浓，有浓烈的恶臭味。

6.2.5 喝水和戏水行为

许多报道都描述了亚洲象对水的依赖。在对南滚河流域佤族居民的访谈中，我们也了解到历史上经常可见到亚洲象在水塘、小溪及南滚河、南板河等水域喝水，在南滚河、南板河等大的水域戏水。但近年来很少观察到亚洲象喝水和戏水行为，一方面是因为亚洲象的喝水和戏水行为发生在夜间，不易观察到；另一方面是由于南滚河、南板河等大的河流遭受污染，象不在保护区外的河流中喝水和戏水，只在保护区内的山间小溪中喝水和嬉戏，所以不易观察到。还有一个原因是靠近南滚河区域的人类活动频繁，由于人类的干扰，南滚河的亚洲象已经减少了这类行为。好在南滚河流域溪流纵横，不会造成亚洲象缺水的现象。

亚洲象的喝水和戏水行为一般不会留下长时间的痕迹，所以也很难通过痕迹研究来分析亚洲象的这两种行为。

6.2.6 泥土浴

泥土浴是在亚洲象的生活中时常发生的行为，不是因为无聊，而是有其一定的目的。本研究把泥土浴分为泥浴和土浴两种。

6.2.6.1 泥　浴

亚洲象喜欢在稀泥塘中打滚，常滚得满身红泥，远远望去犹如山上斑斑驳驳的红黄泥土。洗泥澡可防太阳灼晒、虻蝇叮咬和预防兽类常见皮肤病。在考察中，象群活动地带随处可见野象擦痒过的大树上的泥污。

本次调查中，也经常可见亚洲象滚过的泥塘。亚洲象在进行稀泥浴时，1km 外就可听到亚洲象在泥塘中翻滚时发出很响的"噼里啪啦"的声音。象滚泥的目的其一是为了防晒。滚上一身泥，就像人类涂上一层防晒霜。其二是防止寄生虫寄生。但据观察，我们认为泥浴还有一个功能是拟态，滚泥后的亚洲象身上的颜色与环境中的土坎和石头的颜色接近，如果它静立或躺在密林中不动，有时会被误认为是一块大石头。所以，亚洲象滚泥不仅仅是为了防晒和防虫，而且还能使自己的体色与大自然的颜色（土色）一致，起到保护自身的作用。

6.2.6.2 喷洒泥土

亚洲象活动过的区域，常可以看到一个个的小土坑，周围树叶上和地被物上有许多沙土。这是亚洲象先用脚刨松泥土，再用鼻子卷起泥土喷洒形成的。亚洲象喷洒泥土有几种情况，一种是向前喷洒，主要发生在亚洲象发现了周围有动静时，用喷洒泥土的方法表示警告。2006年9月，一头公象走出保护区，试图采食成熟的稻谷，当它发现了看守水田的农民时，便挖起泥土向水田的方向喷洒。在一次调查中，我们跟踪了一个象群，途中突然听到"沙、沙"的声音，随即停下来不敢再跟踪；等象群走后，我们看到了亚洲象喷洒泥土留下的痕迹。亚洲象喷洒泥土的另一个动机是驱赶蚊虫，这时泥土向后洒向亚洲象自己的身体。

6.2.7 避让行为

避让是亚洲象逃避危险的行为。本研究观察到了一些南滚河流域亚洲象的避让行为。南滚河亚洲象群在遇到人类干扰时，会分头逃跑，跑出一定距离后才会聚在一起。这时亚洲象往往采用疾走的方式，尽快远离危险区。在对痕迹的调查中发现，亚洲象在避让危险（人类干扰）的过程中不吃不喝，也不排粪和排尿，脱离危险后才开始正常的活动。

亚洲象的嗅觉灵敏，面对面遇到人类时，即使凶猛的独象也会采取避让行为。本次研究中，两个考察队员在"象路"上与一头独象狭路相逢，考察队员立即避让到"象路"下面的一棵大树后面。这时独象也发现了考察队员，便离开"象路"，绕开考察队员，另辟了一条"便道"继续往前走；行走一段距离后，才又回到"象路"上。

6.2.8 繁殖行为

亚洲象的繁殖行为大多只是限于对家养象的研究，野象的繁殖行为不易观察到。在本研究中，没有观察到完整的亚洲象繁殖行为，但也了解到了一些亚洲象与繁殖有关的行为。南滚河自然保护区的管理人员和社区公众，经常会遇见雌雄两头象单独活动的场景。2004年，有一雄一雌两头象出现在芒库寨子附近的热性稀树灌木草丛中，两头象形影不离，保护区管理人员和芒库村民靠近观看也不避让。仔细观察母象阴部，见外阴红肿（当地佤族群众描述为"像被蜂子叮咬过一样"），未见乳房肿胀。在场的保护区管理技术人员认为该雌象即将分娩，并有雄象相陪。但实际上这是明显的交配行为，只是交配行为一般在夜间进行，不易被观察到。可以认为，南滚河流域象群中有雌性亚洲象发情时，往往有雄象进入，随后发情雌象和雄象会离开象群，单独活动，这种情况最长可以延续1个月。

另外，保护区管理人员还在野外遇到了亚洲象遗留的胎衣。研究人员对产仔行为的生境选择进行过调查，结果将在后面描述。

6.2.9 休息行为

南滚河亚洲象的休息行为可以分为卧息和静立两种。关于卧息，杨宇明（2004）曾做过描述：睡觉时象群围成小圈，小象偎依在母象身旁，公象在最外边，以防猛兽来袭击。成年象每天睡眠时间需4~5小时，小象稍多，要6~7小时。最能说明亚洲象的卧息行为的是亚洲象在活动区域内留下的卧迹，当地佤族称"象窝"，一般在山脊或低洼地较平整的地上，以山脊为多，在郁闭度较高的林下，"象路"上或"象路"附近，通风、易于避让。若痕迹产生的时间不长，还可以看出每头象睡卧的地点和象的大小，卧迹旁也常有成堆的象粪；通过象粪数量和大小，也可以粗略估计该群象的数量和结构。亚洲象的卧息可以发生在晚上，也可以发生在炎热的中午，但以夜晚为多。在痕迹链调查中发现，象群活动和采食时，常伴随着幼象的卧迹，可能是幼象不需要太多的采食时间，而需要更多的休息时间的缘故。

另一种亚洲象的休息行为是静立，常发生在炎热的中午。此时象群通常停止活动，三三两两站立在郁闭度高的林下或热性稀树灌木草丛中的大树下，静静地休息。

本次研究在南滚河流域发现了很多亚洲象留下的卧迹（图6-2）。

图6-2 南滚河流域亚洲象卧迹分布图

6.2.10 学习行为

幼象在成长过程中一直依偎在母象身边，观察着母象的一举一动。母象拉下树枝，幼象要先尝上几口，感受这种食物的口感，记住什么植物能吃，实际上这就是一个学习的过程。

对于迁移行为的学习，研究者在考察中观察到了这样情形：象群在迁移过程中，将幼象放在前面行走，母象紧跟其后；当幼象走错方向时，母象用鼻子推幼象的臀部，纠正幼象的行走方向。

6.2.11 驱赶蚊虫行为

亚洲象生活的热带、亚热带地区，气候炎热。虽然象皮很厚，但是也有薄弱的地方，易遭受蚊虫的骚扰，所以亚洲象得不停地驱赶蚊虫。亚洲象驱赶蚊虫，除了以上提到的稀泥浴和喷洒泥土外，还有其他方法。研究者在考察中观察到：一天中午，天气炎热，保护区管理人员在公赛量拍摄1群（8头）正在林下休息的象群，其中1头母象用鼻子拉一棵4m高、胸径低于10cm、生长旺盛的树。调查人员原以为该象要采食这棵树，但不想该象拉弯树干，不停地在身上抽打，驱赶身上的蚊虫。

6.2.12 攻击行为

南滚河流域的亚洲象一般不攻击人，所以佤族有"你不惹大象，大象决不会伤你"之说。案例6-1可以证明这一点。

案例6-1：捕鱼人遭遇大象死里逃生

1996年6月的一天，上班老胶队鲍赛翁（39岁）、吴岩嘎（16岁）二人到保护区外围的南柯河用触（电）鱼器触（电）鱼。当天为阴雨天，雨雾蒙蒙，他俩身披白色塑料薄膜，沿南柯河河岸而上。上一个土坎时，吴岩嘎滑倒了，仰面看到一头母象站在那里，并听到大象发出轻微的叫声，周围还有动静。他被吓坏了，站起身来，顾不上同伴，撒腿就跑。鲍赛翁没有发现大象，也没有看到发生的一切，想爬上土坎，见土坎上有一"树桩"，就用手去抱。"树桩"移动，不让他抱。他心里一惊，爬上土坎一看，眼前是一头大象，鲍赛翁顿时吓得瘫软在地上，心想今天必死无疑。只见大象用鼻子把鲍赛翁卷起，轻轻地放在路边的草丛中，带着幼象边叫边跑开了。跑出30多米后，还转身看了看鲍赛翁，然后离开了现场。鲍赛翁清清楚楚地看着发生的一切，但全身好像被什么捆住似的，一动也不能动。再说吴岩嘎跑出一段路程后，坐在那里观望，见象走远后，转身回来找鲍赛翁，见鲍赛翁一动不动躺在草丛中，以为鲍赛翁已经死亡，渔具已经被大象踩坏。他捡起鲍赛翁的塑料薄膜，想作为证据回村子报案。这时鲍赛翁说话了，叫住吴岩嘎。吴岩嘎转身扶起鲍赛翁，自己也觉得腿脚发软，走不动了。两人休息了一回儿，鲍赛翁给吴岩嘎一根木棍，让他当拐棍，但吴岩嘎还是走不动。鲍赛翁只好把他背回家。回到家中，两人浑身沾满泥土，鲍赛翁经过简单冲洗，便向社长报了案，社长又向保护区管理局反映了情况。鲍赛翁惊魂未定，足足病了一个月。几天后，保护区管理局派人根据佤族的习俗分别给两人送了"魂"。当保护区人员到事发地点查看现场时，发现许多树被推倒，从植被破坏的情况分析，有大的象群曾在此地活动过。

6.2.13 活动节律

本次研究发现，南滚河流域的亚洲象正常的活动节律与文献记述的基本一致。亚洲象一般在早晨6点至11点，下午5点至9点活动（主要是采食）；中午有时就近躲在密林中休息，可以一动不动呆在树下；大多数时间迁移到山脊平台上休息、玩耍；晚上一般不活动，就近在林中休息。

近年来，由于人类活动的加剧，亚洲象的活动已经处于无序状态。一方面，由于栖息地越来越狭小，以及一部分食源地演替为密林，导致食物不足，亚洲象为了觅食和寻找水源，不得不长距离地奔走，没有活动规律可循。另一方面，象群一旦受到人类侵扰，不论在白天还是晚上都会急速迁移，转移到较为安全的地带。由于人类活动的加剧，亚洲象经常性遭受到人为干扰，亚洲象处在不断避让干扰的状态中。

6.3 食性及食物选择

觅食行为是动物最常见和最基本的行为，它是动物生存和繁殖所必需的。动物在觅食时，摄取什么样的食物，食物摄取量多少，选择什么样的地点等问题，成为决定其行为收益与支出的关键（孙濡泳，2001）。觅食行为（Feeding 或 Foraging）并不是一种单一的行为，它包括搜寻、追逐捕捉、处理和摄取等几个阶段（尚玉昌，2005）。

6.3.1 本研究的观察

亚洲象喜欢取食草本植物。亚洲象觅食后，可以看到亚洲象采食植物的鲜嫩部分后留下的硬杆。在大乌泡丛的顶端（2米以上），也留下了采食嫩茎的痕迹。在野外，还可以看到亚洲象用长牙刨出老虎须根食用的痕迹和残留的老虎须茎叶。

对于大的树木，亚洲象采取推倒后采食的策略，所以在保护区内常常可见到被亚洲象推倒的树木。比较粗大、不易推倒的树木，亚洲象则剥取其树皮食用。

研究者曾遇见一株鱼尾葵被推倒，树干被分成两半，中间的髓心部分被采食。野芭蕉是亚洲象喜欢取食的植物之一，研究者曾看到亚洲象采食野芭蕉假茎嫩心时剥下的坚硬外皮。亚洲象采食竹笋时，也会剥去外面的笋壳。

亚洲象最喜欢采食的还有竹类，特别是在草本植物枯萎的冬季，亚洲象可以把直径近30cm的巨龙竹拉倒折成几段，采食顶部的枝叶。黄竹、思劳竹等小一点的竹种更不在话下。在本次研究中，我们曾选择了不同的竹种，测量了被亚洲象折断的每段竹子的长度（见表6-1）。

表6-1 亚洲象折断竹子测量表

取食竹子种类	从根部到竹梢每段长度（m）									
	1	2	3	4	5	6	7	8	9	10
思劳竹	1.3	2.1	2.6	2.0	2.1	2.3	3.4			
思劳竹	1.8	2.1	3.1	2.4	4.6	1.3				
思劳竹	3.3	3.6	3.4	2.6						
思劳竹	3.7	3.5	2.3	2.1	2.9					
思劳竹	2.1	2.4	2.4	2.6	2.7	3.0				
思劳竹	0.8	2.1	3.0	2.8	1.8	2.0	1.5			
思劳竹	5.3	3.2	2.6	1.8						
思劳竹	1.2	2.6	1.6	1.7	1.7					
思劳竹	2.2	3.6	3.1	1.7						
思劳竹	2.8	2.3	2.5	2.0	1.6	1.6				
黄竹	2.3	2.4	5.6							
黄竹	2.0	1.9	1.8	1.8	1.3	1.5	1.3	1.8	1.5	2.4
黄竹	3.6	2.6	2.4	1.6	1.9	1.2	1.8	1.2	1.8	3.6
黄竹	4.0	2.0	2.1	2.8	1.7	2.1	1.6	4.0	2.0	

续 表

取食竹子种类	从根部到竹梢每段长度（m）									
	1	2	3	4	5	6	7	8	9	10
黄竹	4.2	2.3	2.5	2.5	3.0	2.6	2.0	1.5	1.2	2.4
黄竹	2.9	2.7	2.0	1.6	4.0					
黄竹	0.1	5.2	2.1	2.9	1.8	2.4	1.9	0.8	2.7	
黄竹	1.6	2.3	2.8	1.9	1.6	2.0	1.5			
毛龙竹	3.1	2.1	3.0	3.8						
毛龙竹	1.9	2.7	2.8	2.6						
毛龙竹	4.6	1.9	1.8	1.7	1.3	1.8	5.7			
毛龙竹	2.7	2.8	2.5	2.6	2.5	2.0	1.0	3.6		
巨龙竹	0	5.4	3.4	4.1	3.2	3.5				
巨龙竹	0.2	2.2	1.8	6.0	1.8	3.6				
平均	2.4	2.8	2.6	2.5	2.3	2.2	2.1	2.3	2.2	2.4

亚洲象采食竹子时，总要折成3~10段不等，每段的长度在0（连根拔起）到6m之间，平均长度2.4m。

在南滚河流域，有人曾经看到一头雄象采食灌木，用鼻子采下树冠上的嫩枝叶，摔了几下放进嘴里。

南滚河流域亚洲象的取食痕迹明显可以分为两类：一类是点状的。多发生在象群迁移过程中经过的季风常绿阔叶林、半常绿季雨林、季节雨林等环境中，采食单株树木（如果木）、灌木（如对叶榕）、草本（如闭鞘姜）、竹子等散生在这些植被类型中的植物，一般被认为是个体行为；另一种是块状的。多在热性竹林、热性稀树灌木草丛、热性灌丛中发生。亚洲象群停下来，散开在这类植被类型中采食，停留时间长，留下面积较大的破坏植被的痕迹。

6.3.2 参与式调查结果（表6-2）

表6-2 亚洲象取食行为访谈调查结果统计表

行为类型	行 为	执此观点人数
成年、亚成年象的行为	喜欢吃高大的植物和纤维相对高的植物，拉倒或采食顶端的嫩枝叶，或剥取树皮	28
幼象的行为	1岁前主要吃奶，1岁后逐渐开始吃一些嫩草或嫩植物枝叶，直到4岁后断奶，自己采食。小象跟在母象身边，采食大象拉倒的树枝	27
采食高大的植物	只要是大象喜欢的植物，不论有多大，它都会弄倒或拉断采食。先用鼻子推倒，再用鼻子扯下树枝吃	29

续表

行为类型	行 为	执此观点人数
采食高大的植物	在采食树枝前，先要把用鼻子扯下的嫩枝摔几下，再放进嘴里。因为大象特别怕蛇、昆虫等动物，想把它们甩掉。在采食小一点的树时，要先把树摇几下，抖掉树上的蛇、昆虫等	26
	先围着大树走动，把大树的根踏断，然后再推倒	3
	用身体靠倒树	2
	用鼻子够，拉下来吃	4
	土松软的地方用鼻子把树连根拔起	2
	吃竹子时，每隔一段用脚踩裂，再用鼻子折，以便吃到顶端的竹枝叶	7
	抬高身体时，会抬起前肢，由后肢支撑站立，用鼻子够，但站立时间不长	3
	树木太大，一头象拉（推）不倒，其他象也会来推。有时有3～4头象共同协作推倒一棵树	2
	树太大，大象会从附近河边或水塘用鼻子搬运来水，浇到树根上，使土松软，然后用牙齿、鼻子、前肢挖土，弄断侧根，推倒大树采食。（李崇仁，男，保护区管理局第一任领导，佤族）	1
	有些树，如董棕或鱼尾葵，根浅，象先把它推倒，然后用脚踩踏树干，使其裂开，采食髓心部分。（魏德明，男，70岁，佤族）	1
	采食芭蕉时，先扳倒芭蕉树，然后用前肢把芭蕉茎秆踩碎，用鼻子剥离外层硬皮，取食芭蕉芯。（杨尼门，男，75岁，佤族）	1
采食低矮的植物	太低矮的植物象一般不吃。在春季和夏季硬甘蔗草生长茂盛，亚洲象只采食顶端部分，用鼻子卷起来吃。吃水稻不拔起根部，像用刀割一样整齐，而且也要在放入嘴前摔几下	20
	采食草本植物时，先用鼻子摔几下，或者抬起前腿，用鼻子卷着草在腿上抽打，以便抖掉泥土或蛇、昆虫等动物	7
	采食竹笋时，先剥去外边坚硬的笋壳，再吃鲜嫩部分	4

续 表

行为类型	行　为	执此观点人数
食物偏好	喜好吃马鹿草等草本植物	11
	喜欢吃竹子	6
	喜欢吃芭蕉	9
	喜欢吃带刺的植物	13
	喜欢吃带浆的植物（分泌树脂的植物）	5
	喜欢吃稻谷	15

6.3.3 亚洲象对食物的选择

食物在野生动物的生活中是非常重要的，它直接关系到动物的生存和健康。亚洲象是植食性动物，只要是对亚洲象的研究，都会把食性作为主要的研究对象。杨德华（1987）报道过亚洲象的食性。张立（2003）报道思茅亚洲象采食的植物有40种，重要的有21种。陈明勇（2006）报道西双版纳亚洲象采食植物有139种。

对于南滚河流域亚洲象的食性，在1981年云南省森林资源勘查四大队编制的内部资料中，对南滚河自然保护区亚洲象的食性作了描述：象为植物食性，保护区野象食料以蔓生莠竹、心叶稷为主，并有牡竹的嫩叶和竹笋、野芭蕉、圆叶悬钩子、棕叶芦、类芦、珍珠莎等。野象爱吃的木本植物有印度血桐、一担柴、葱木、盐肤木等。保护区可常见8～9m高，直径14cm左右的乔木树干被大象扭断，大象一般用一只前腿和象鼻协同使劲。树干折断处离地面高60～70cm，扭断方向是相同的。扭断的树木对了解野象爱吃的食料非常有帮助。

本项目实施过程中（2002年—2006年），对南滚河自然保护区亚洲象的食物进行过调查，共发现亚洲象采食植物137种，并记录了植物名称和采食部位。同时，根据遇见野象频率、野象采食数量等因素，对亚洲象采食强度作了判断（表6-3）。

表6-3　南滚河流域亚洲象采食植物调查表

序号	种　名	科　名	生活型	采食部位	强度
1	云南菠萝蜜 Artocarpus lacucha Buch. - Hamex D. Don M	桑科 Moraceae	乔木	嫩茎嫩叶	弱
2	猴子瘿袋果 Artocarpus pithecogallus C. Y. Wu		乔木	树皮、嫩茎嫩叶	弱
3	构树 Broussonetia papyrifera（L.）L. hert. ex Vent		乔木	树根、皮、嫩茎	强
4	大果榕 Ficus auriculata Lour		乔木	树皮、嫩茎嫩叶	弱
5	钝叶榕 Ficus curtipes Corner		灌木	树皮、嫩叶	弱
6	歪叶榕 Ficus cyrtophylla（Wall. ex Mig.）mig.		灌木	树皮、嫩叶	弱

续 表

序号	种 名	科 名	生活型	采食部位	强度
7	黄毛榕 *Ficus esguioliana* Levl.	桑科 Moraceae	灌木	树皮、嫩叶	弱
8	对叶榕 *Ficus hispida* L. f.		乔木	树皮、嫩叶	弱
9	聚果榕 *Ficus racemosa* L.		乔木	树皮、嫩茎嫩叶	弱
10	偏叶榕 *Ficus semicordata* Buch. – ham ex J. E. smith		乔木	树皮、嫩茎嫩叶	弱
11	毛叶榕 *Ficus pubigera*（Mall. ex Miq.）Miq.		乔木	树皮、嫩茎嫩叶	弱
12	长果桑 *Morns macroura* Miq.		乔木	树皮、嫩茎嫩叶	弱
13	山黄麻 *Trema tomentosa*（Rlanch.）hara	榆科 Ulmaceae	乔木	树皮、嫩茎嫩叶	强
14	白颜树 *Gironniera subaepualis* Planch.		乔木	嫩茎、嫩叶	弱
15	狭叶山黄麻 *Trema angustifolia*（Planch.）blume		乔木	树皮、嫩茎嫩叶	强
16	糯米团 *Memorialis hirta*（Bl.）Wedd.	荨麻科 Urticaea	草本	茎叶	弱
17	序叶苎麻 *Boehmeria clidemioides* Miq. Var. diffusa（Wedd.）hand. – Mazz.		灌木	茎皮、嫩叶	弱
18	重阳木 *Bischoffia javanica* Bl.	大戟科 Euphorbiaceae	乔木	树皮、嫩茎嫩叶	中
19	印度血桐 *Macaranga indica* Wight		乔木	树皮、嫩茎嫩叶	弱
20	白背桐 *Mallotus paniculatus*（Lam.）Muell. – Arg.		乔木	树皮、树根	弱
21	浆果乌桕 *Sapium baccatum* Roxb.		乔木	树皮	弱
22	厚叶算盘子 *Glochidion hirsutum*（Roxb.）Voigt		小灌木	枝叶	弱
23	云南乌桕 *Sapium eugeniaefolium* Buch. – Ham.		乔木	树皮	弱
24	中平树 *Macaranga denticulata*（Bl.）Muell. – Arg.		乔木	树皮	弱
25	水杨柳 *Homonoia riparia* Lour		灌木	茎皮、树根	弱
26	银叶巴豆 *Croton argyrotus* Bl.		乔木	嫩枝叶	中
27	粗糠柴 *Mallotus philippinensis*（Roxb.）Muell. – Arg.		乔木	树皮、嫩枝叶	弱
28	余甘子 *Phyllanthus emblica* L.		乔木	果实、嫩茎嫩叶	弱
29	椴叶山麻杆 *Alchornea tiliaefolia*（Benth.）Muell. – Arg.		灌木	枝叶	中

续 表

序号	种 名	科 名	生活型	采食部位	强度
30	木奶果 Baccaurea ramifloraloul	大戟科 Euphorbiaceae	乔木	树皮、枝叶	弱
31	刺痒藤 Cnemone mairei（Lèvl.）Croiz		藤本	茎、叶	弱
32	蛇藤 Acacia intsia（L.）Willd.	含羞草科 Mimosaceae	藤本	嫩枝叶、茎皮	强
33	围延树 Pithecolobium clypearia（Jack）Benth.		小乔木	树皮、枝叶	弱
34	间序油麻藤 Mucuna interrupta Gagn.		木质藤本	茎、叶	弱
35	白花羊蹄甲 Bauhinia acuminata var. iegata L.	苏木科 Caesalpiniaceae	乔木	嫩枝叶、茎皮	中
36	云南羊蹄甲 Bauhinia yunnanensis Franch		藤本	嫩枝叶、茎皮	中
37	棒花羊蹄甲 Bauhinia claviflora L. Chen		藤本	嫩枝叶、茎皮	中
38	望江南 Caesalpinia occidentalis L.		乔木	树皮、嫩枝叶	弱
39	云南葱木 Aralia thomsonli Seem.	五加科 Arllaceae	乔木	嫩枝叶、茎皮	中
40	刺通草 Trevesia palmata（Roxb.）Vis.		乔木	树皮、嫩茎嫩叶	中
41	鹅掌柴 Schfflera octophylla（Lour.）Harms		乔木	嫩枝叶、茎	中
42	晃伞枫 Heteropanax fragrans（Roxb.）Seem.		乔木	嫩枝叶、茎	弱
43	波缘大参 Macropanax unducatum（Wall.）Seem.		乔木	嫩枝叶、茎	弱
44	榕叶柏那参 Brassaiopsis ficifolia Dunn.		灌木	嫩枝叶、茎	弱
45	云南晃伞枫 Heteropanax yunnanensis Hoo ex Hoo et Tseng		乔木	嫩枝叶、茎	弱
46	密脉鹅掌柴 Schefflera shweliensis W. W. Smith		藤状灌木	嫩枝叶、茎	中
47	球序鹅掌柴 Schefflera glomerulata		小乔木	嫩枝叶、茎	中
48	火绳树 Eriolaenna spectabilis（Dc.）Planchon ex Mast.	梧桐科 Sterculiaceae	乔木	树皮、嫩枝叶	强
49	家麻树 Sterculia pexa Pierre		乔木	树皮、根、嫩枝叶	弱
50	假平婆 Sterculia lanceolata Cav.		乔木	种子	弱
51	云南翅子树 Pterospermum yunnanensis Hsue		乔木	树皮、嫩枝叶	中
52	木棉 Bombax ceiba L.	木棉科 Bombacaceae	乔木	树皮、嫩枝叶	弱
53	翅果麻 Kydia calycina Roxb.	锦葵科 Malvaceae	乔木	嫩枝叶	弱

续　表

序号	种　名	科　名	生活型	采食部位	强度
54	槟榔青 *Spondis pinnata*（L.）kurz	漆树科 Anacardiaceae	乔木	嫩枝叶	弱
55	南酸枣 *Choerspondias axillaris*（Roxb.）et Hill.		乔木	嫩枝叶	弱
56	藤漆 *Pegia nitida* Colebr.		藤状灌木	茎皮、嫩枝叶	弱
57	盐肤木 *Rhus chinensis* Mill.		乔木	茎皮、嫩枝叶	弱
58	鱼尾葵 *Caryota ochlandra* Hance	棕榈科 Palma	乔木	叶、茎心	强
59	董棕 *Caryota urens* L.		乔木	叶、茎心	中
60	双籽棕 *Didymosperma caudatum*（Lour.）H. Wendl. et Drude		灌木	叶、茎	弱
61	滇缅省藤 *Calamus erectus* Roxb var. birmanicus Becc.		木质藤本	叶、茎	中
62	长鞭省藤 *Calamus flagellum* Griff.		木质藤本	叶、茎	中
63	小省藤 *Calamus gracilis* Roxb		木质藤本	叶、茎	中
64	瓦里棕 *Wallichia chinensis* Burret		灌木	叶	弱
65	越南蒲葵 *Liyistana saribus*（Lour.）Merr		乔木	叶	中
66	宽刺藤 *Calamus platyacanthus* Warb. et Becc.		木质藤本	叶、茎	中
67	缅竹 *Burmabambus elegans*（Kurz.）Nakai	禾本科 Graminae	乔木	枝叶	弱
68	龙竹 *Dendrocalamus giganteus* Munro		乔木	枝叶	强
69	长舌龙竹 *Dendrocalamus longiligulatus* K. L. Wang		乔木	枝叶	强
70	黄竹 *Dendrocalamus membranaceus* Munro		乔木	枝叶	强
71	野龙竹 *Dendrocalamus semiscandens* Huech et D. Z. Li		乔木	枝叶	强
72	巨龙竹 *Dendrocalamus sinicus* Chia et J. L. Sun		乔木	枝叶	中
73	毛龙竹 *Dendrocalamus tomentosa* Huech et D. Z. Li		乔木	枝叶	强
74	单穗大节竹 *Indosa singulispicula* Wen		灌木	枝叶	中

续　表

序号	种　名	科　名	生活型	采食部位	强度
75	梨藤竹 *Melocalamus camoactiflora* Benth.	禾本科 Graminae	藤状灌木	枝叶	中
76	美竹 *Phyllostachys mannii* Gamble		灌木	枝叶	中
77	泡竹 *Pseudostachyum polymorphum* Munro		灌木	枝叶	中
78	思劳竹 *Schizostachyum pseudolima* Muclure		乔木	枝叶	强
79	甜竹 *Sinocalamus latiflorus*（Munro）Mc. Clure		乔木	枝叶	强
80	芦竹 *Arundo donax* Linn.		灌木	地上部分	中
81	竹节草 *Chrysopogon aciculatus*（Retz.）Trin. RB.		草本	地上部分	中
82	硬秆子草 *Capillipedium assimile*（Steud.）A. Camus		草本	地上部分	强
83	薏苡 *Coix lacgryma* – Jobi L.		草本	地上部分	弱
84	马鹿草 *Eremochloa zeylannica* Hack.		草本	地上部分	强
85	蔗茅 *Erianthus rufipilus*		草本	地上部分	强
86	滇蔗茅 *Erianthus rockii* Keng		草本	地上部分	强
87	白茅 *Imperata cylindica*（L.）P. Beauv.		草本	地上部分	中
88	五节芒 *Miscanthus flori – dulus*（Labill.）Warb. Ex Schum. et Lauterb		草本	地上部分	中
89	刚秀竹 *Microstegium cillatum*（Trin.）A. Camus		草本	地上部分	中
90	班茅 *Saccharum arundinaceum* Retz.		草本	地上部分	中
91	甜根子草 *Saccharum spontaneum* L.		草本	地上部分	中
92	类芦 *Neyraudia reynaudina*（Kunth）Keng ex Hitch		草本	地上部分	强
93	棕叶芦 *Thysanolaena maxima*（Roxb.）O. Ktze		草本	地上部分	强
94	甘蔗 *Saccharum sirensis* Roxb.		草本	地上部分	弱
95	稻谷 *Oryza sativa* L.		草本	地上部分	强
96	玉米 *Zea mays* L.		草本	地上部分	强
97	牡竹 *Dendrocalamus strictus*（Roxb.）Nees		乔本	茎叶	弱

续 表

序号	种 名	科 名	生活型	采食部位	强度
98	象脚蕉 *Enste glaucum*（Roxb.）Cheesman	芭蕉科 Musaceae	草本	假茎和叶	中
99	阿宽蕉 *Musa itinerans* Cheesman		草本	假茎和叶	强
100	阿稀蕉 *Musa rubra* Wall. Kurz.		草本	假茎和叶	强
101	野芭蕉 *Musa wilsonii* Tutch.		草本	假茎和叶	强
102	香蕉 *Musa nana* Lour.		草本	假茎和叶	弱
103	闭鞘姜 *Costus speciosus*（Koenig）Sm.	姜科 Zingiberaceae	草本	茎叶	弱
104	野砂仁 *Amomum villosum* Lour. Var. xanthioides（Wall. et Bak.）		草本	茎叶	弱
105	姜花 *Hedychium coronrium* J. Koenig		草本	茎叶	弱
106	艳山姜 *Alpinia zerumbet*（Pers.）B. L. Burtt et S. W. Smith		草本	茎叶	弱
107	合果木 *Paramichelia baillonii*（Pierre）Hu	木兰科 Magnoliaceae	乔木	树皮	中
108	五桠果 *Dillenia indica* L.	五桠果科 Dillenniaceae	乔木	果实、嫩枝叶	弱
109	老虎须 *Tacca chantrieri* Andre	箭根薯科 Taccaceae	草本	根	中
110	斑鸠菊 *Vernonia esculenta* Hemsl.	菊科 Composota	小灌木	茎叶	弱
111	冬叶 *Ehyrynium capitatum* Willd.	竹芋科 Marantaceae	草本	叶柄	中
112	尖苞冬叶 *Ehyrynium placentariun*（Lour.）Merr.		草本	叶柄	中
113	一担柴 *Colona floribanda*（Wall.）Craib	椴树科 Tiliaceae	乔木	树皮、嫩枝叶	中
114	红木荷 *Schima wallichii* Choisy	茶科 Theaceae	乔木	嫩枝叶	弱
115	翻白叶 *Potentilla fulgens* Wall. ex heek	蔷薇科 Rosaceae	草本	嫩枝叶	中
116	疏花悬钩子 *Rubus laxus* Focke		藤状灌木	嫩枝叶	中
117	大乌泡 *Rubus multibracteatum* Levl.		藤状灌木	嫩枝叶	中

续 表

序号	种 名	科 名	生活型	采食部位	强度
118	白花酸藤子 *Embelia ribes* Buem. F.	紫金牛科 Myrsinaceae	藤本	嫩枝叶	弱
119	毛果珍珠莎 *Scleria laevis* Retz.	莎草科 Cyperaceae	草本	地上部分	弱
120	越南葛藤 *Pueraria montana*（Lour.）Merr.	蝶形花科 Papilionaceae	藤本	根、茎、叶	弱
121	菝葜 *Smilax sp.*	菝葜科 Smilacaceae	藤本	茎、叶	弱
122	滇刺枣 *Ziziphus maurtiana* Lam.	鼠李科 Rhamnaceae	木质藤本	茎、叶	强
123	普文楠 *Phoebe puwenensis* Cheng	樟科 Lauraceae	乔木	树皮	中
124	红柄樟 *Cinnamomum tenuipilum*	樟科 Lauraceae	乔木	茎、叶	弱
125	木姜子一种 *Litsea sp.*	樟科 Lauraceae	乔木	嫩茎、叶	弱
126	云南石梓 *Gmelina arborea* Roxb.	马鞭草科 Verbenaceae	乔木	树皮、嫩茎叶	弱
127	乔木紫珠 *Callicarpa arborea* Roxb.	马鞭草科 Verbenaceae	乔木	树皮、嫩茎叶	强
128	白粉藤 *Cayratia mekongensis* C. Y. W u ex W. T. Wang	葡萄科 Vitaceae	藤本	茎	弱
129	攀枝钩藤 *Uncaria scandens*（Smith）Hutch.	茜草科 Rubiaceae	木质藤本	茎、叶	强
130	白钩藤 *Uncaria sessillifrustus* roxb.	茜草科 Rubiaceae	木质藤本	茎、叶	中
131	裂果金花 *Schizomussaenda dehiscens*	茜草科 Rubiaceae	小乔木	茎、叶	弱
132	光钩藤 *Uncaria laevigata* Wall. ex G. Dore	茜草科 Rubiaceae	木质藤本	茎、叶	强
133	海南草珊瑚 *Sarcandra hainanensis*（P'ei）Swamy et Bailey	金栗兰科 Chloranthaceae	草本	地上部分	中
134	毛红椿 *Toona ciliate Var. pubescens*（Franch.）Hand. - Mazz	楝科 Meliaceae	乔木	树皮、嫩茎叶	弱
135	毛茄 *Solanum ferox* L.	茄科 Solanaceae	草本	茎叶	弱

续 表

序号	种 名	科 名	生活型	采食部位	强度
136	大叶水冬哥 Saurauia funduana Wall.	水东哥科 Saurauiaceae	小乔木	嫩茎叶	弱
137	毛叶防己 Cocculus orbiculatus（L.）DC. var mollis Hook. f. et Thoms	防己科 Menispermaceae	木质藤本	茎叶	中

研究结果表明：按科分，南滚河流域亚洲象采食植物中禾本科 31 种、大戟科 14 种、桑科 12 种、棕榈科 9 种、五茄科 9 种、芭蕉科 5 种、梧桐科 4 种、苏木科 4 种、漆树科 4 种、茜草科 4 种、榆科 3 种、含羞草科 3 种、姜科 4 种、蔷薇科 3 种、樟科 3 种、荨麻科 2 种、马鞭草科 2 种、竹芋科 2 种、箭根薯科 1 种、菝葜科 1 种、金粟兰科 1 种、木棉科 1 种、锦葵科 1 种、木兰科 1 种、五桠果科 1 种、菊科 1 种、椴树科 1 种、茶科 1 种、紫金牛科 1 种、莎草科 1 种、蝶形花科 1 种、鼠李科 1 种、葡萄科 1 种、楝科 1 种、茄科 1 种、水冬哥科 1 种、防己科 1 种。

从采食植物的生活型看，有乔木、灌木、藤本和草本。其中乔木 66 种、灌木 19 种、藤本 18 种、草本 34 种。

从采食部位看，有嫩茎、嫩叶、树皮和草本的地上部分。

从取食强度看，采食强度强的有 28 种，采食强度中的有 43 种，采食强度弱的有 66 种。

南滚河流域的亚洲象的取食种类可以说是很多的，这为其生存提供了很多机会，特别是在食物缺乏的旱季。但从调查结果看，亚洲象不是对所有的采食植物都喜好，采食频度高或采食量大的植物也只有 28 种，中等偏好的植物有 43 种，其他 66 种植物只是偶尔采食。

6.4 痕迹研究

研究结果表明，南滚河流域亚洲象的活动痕迹可以明显分为链状和斑块状两种。亚洲象在迁移过程中，沿通道发生采食、休息（卧睡、静立）、滚泥塘、喷洒泥土、推树等行为，呈链状分布，本研究称"痕迹链"。有时亚洲象在有一定面积的区域内活动，痕迹分布呈斑块状，本研究称"痕迹斑块"。在调查样线上，亚洲象发生了各种行为并留下了痕迹。

6.4.1 痕迹链的研究

本研究共调查痕迹链 5 条（图 6-4），记录痕迹 127 个。痕迹按类型分布情况见图 6-3。对所有痕迹按痕迹类型进行统计，结果如表 6-4。

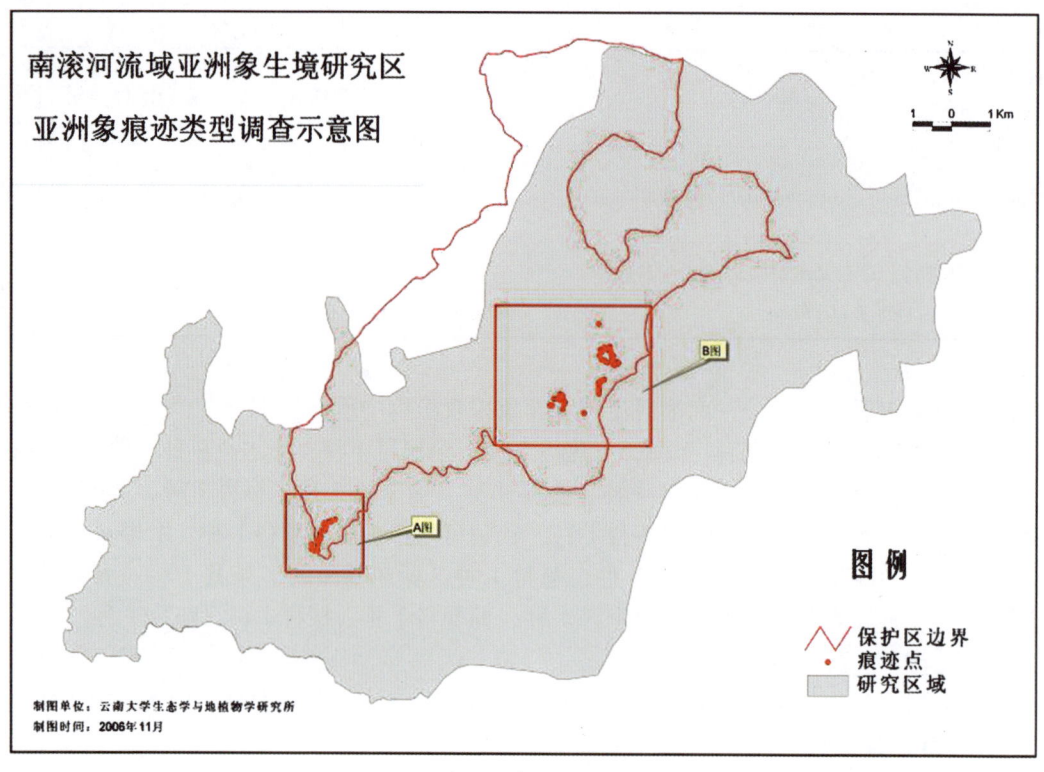

图6-3 亚洲象痕迹类型调查示意图

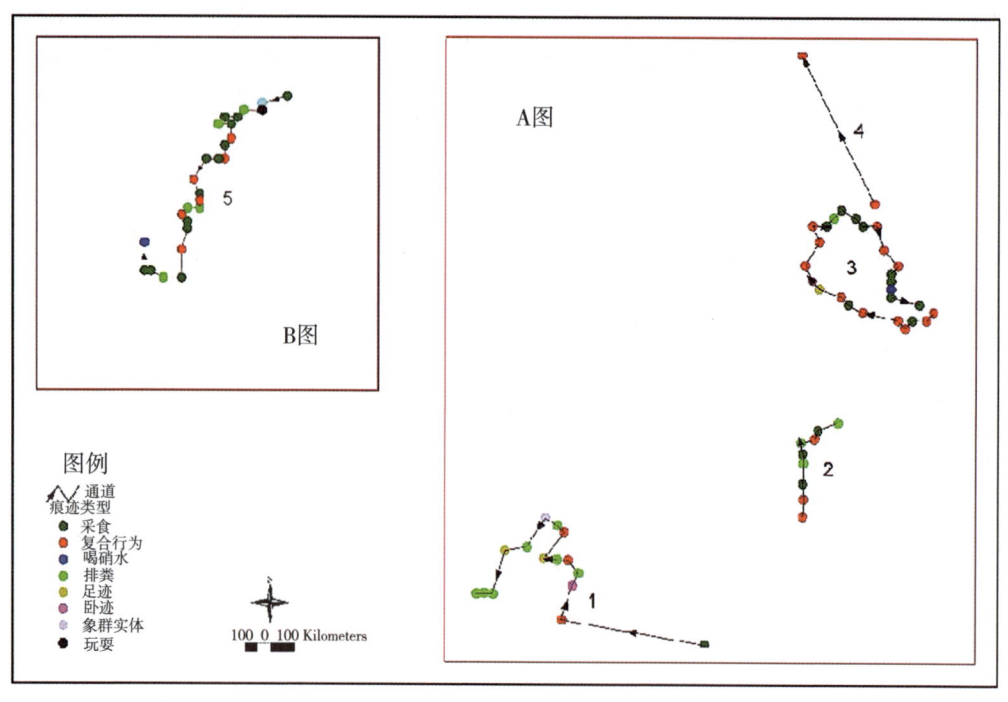

图6-4 亚洲象痕迹链图

表6-4 各痕迹类型数量统计表

痕迹类型 \ 痕迹链号	1	2	3	4	5	合计 数量（个）	合计 占百分比（%）	排序
采食	4	6	20	2	20	52	40.94	1
吸食硝水	1	0	1	0	3	5	3.94	4
排粪	8	4	10	2	10	34	26.77	2
卧迹	1	0	2	0	2	5	3.94	4
泥浴	1	0	0	1	1	3	2.36	5
复合行为	3	3	3	13	6	28	22.05	3

研究结果表明：亚洲象活动过程中，行为最多的是采食行为，占痕迹总数的40.94%，说明觅食对亚洲象的重要性。在1号和4号痕迹链中，由于亚洲象被人为干扰，亚洲象出现避让行为，不吃不喝不排泄，疾走一段距离后才开始正常的活动。1号痕迹链疾走直线距离585m，4号痕迹链疾走直线距离1073m。

6.4.2 痕迹斑块研究

6.4.2.1 特定斑块研究

我们选择了羊考河边的一个痕迹斑块进行调查，该斑块是亚洲象每年必到的区域。2006年2月28日至3月1日，亚洲象在此斑块活动。3月1日晚因受调查人员干扰，亚洲象往南柯河方向迁移。痕迹可分为点状（采食1株或1丛植物、排粪、推倒植物等）和块状（采食一片植物、喝硝水、休息、滚泥塘、喷土等）两种，分布情况见图6-5。对所有痕迹按痕迹类型进行统计，共发现痕迹块17块，痕迹点106个，结果见表6-5。

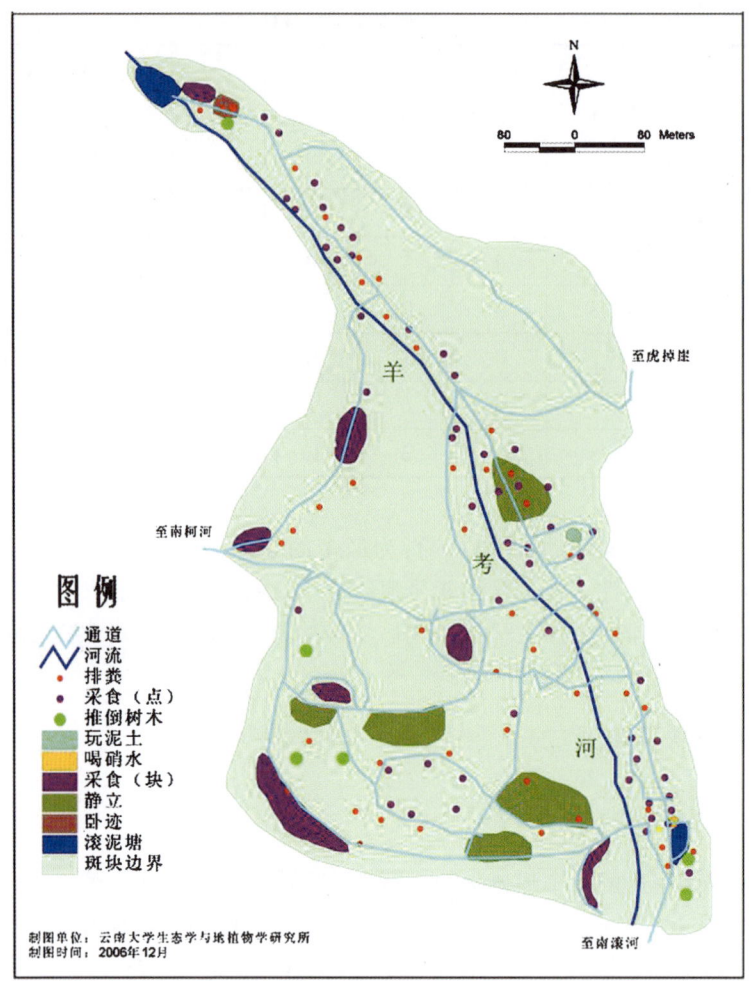

图6-5 羊考河亚洲象痕迹斑块分布图

表6-5 羊考河亚洲象活动斑块痕迹数量统计表

痕迹名称	滚泥塘	采食斑块	采食点	卧迹	喝硝水	排粪	静立	推到树	喷土
数量	2块	7块	55个	1块	1块	46堆	5块	5棵	1块

结果表明，亚洲象的整个活动中，采食的痕迹数量最多，其次是排粪行为，与痕迹链调查结果一致。同时说明，在亚洲象的一个活动斑块中需要食源、隐蔽场所、硝塘、水源、稀泥塘等因子。

6.4.2.2 几个痕迹斑块研究

本次研究，对近年来亚洲象经常活动（或者说活动频繁）的区域进行了调查。根据亚洲象活动的强度（痕迹数量和实体观察）划出斑块与边界，并根据每年活动的频率分为每年两次以上和每年3次以上两种类型（见图6-6），用2005年卫星影像判读的植被类型图统计出各种植被的类型，见表6-6。

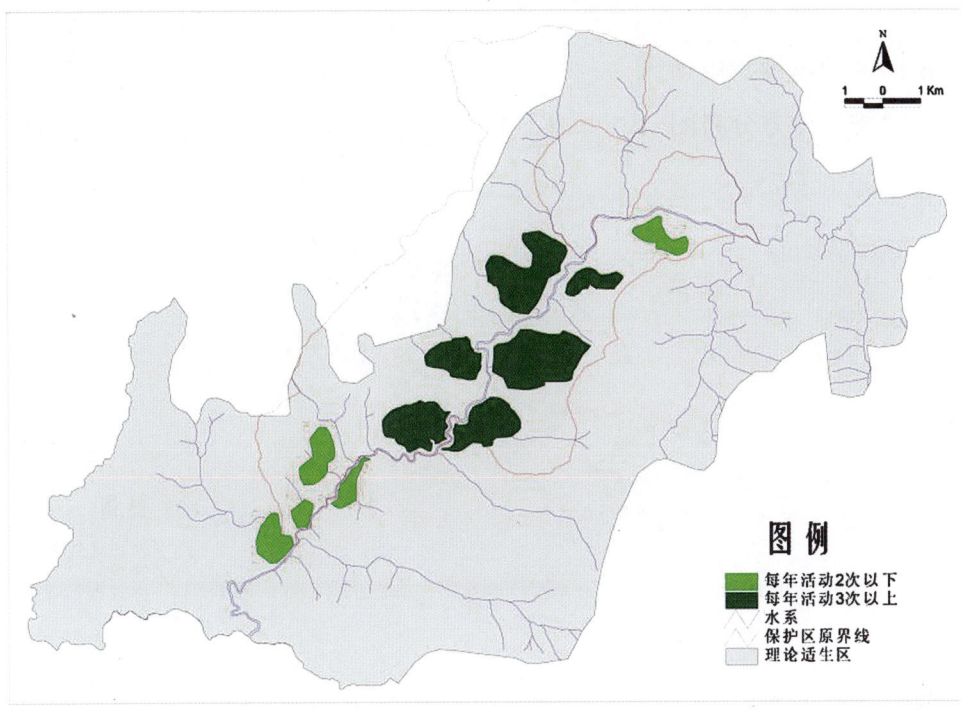

图 6-6 亚洲象主要活动斑块分布图

亚洲象主要在这几个斑块之间循环迁移。从统计表（表 6-6）中可以看出，亚洲象活动区域以季风常绿阔叶林、热性灌丛和热性稀树灌木草丛面积最大，可以反映出亚洲象对这三种植被类型的偏好。当然，对季风常绿阔叶林的偏好可能出于无奈，因为活动区域内该植被类型的面积太大，占了 44.45%。

表 6-6 南滚河流域亚洲象主要活动斑块面积统计表

植被类型	斑块数	面积（公顷）	面积百分比（%）	排序
半常绿季雨林	2	2.34	0.17	6
季风常绿阔叶林	38	608.51	45.48	1
季节雨林	14	110.28	8.24	4
热性灌丛	26	395.40	29.55	2
热性稀树灌木草丛	12	185.63	13.87	3
热性竹林	10	35.78	2.67	5
合计	102	1337.94	99.98	

6.4.3 样线痕迹研究

本次调查共调查样线 9 条，沿途设置样方 85 个，分布在 2005 年亚洲象的活动区域内（见图 6-7）。不同行为痕迹在样方中出现的数量见表 6-7。

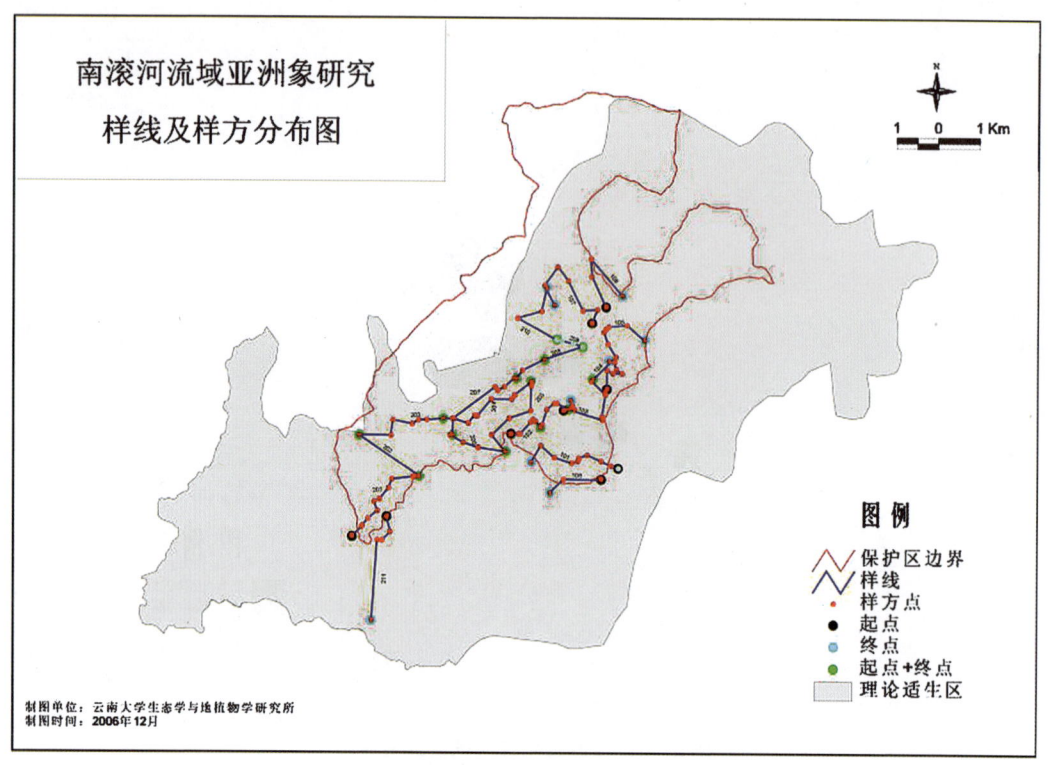

图 6-7　南滚河流域亚洲象研究样线及样方分布图

表 6-7　各种行为在样方中出现的数量统计表

行为类型	取食行为	休息行为	玩耍行为	排粪行为	吸取硝水行为	仅作通道	复合行为
数量	44	16	6	31	6	22	12
百分比（%）	51.76	18.82	7.06	36.47	7.06	25.88	14.12

从表 6-7 中可以看出，各种行为发生的数量不同。取食行为发生数量最多，占一半以上；最少为玩耍和吸取硝水行为。这在一定程度上反映了各种行为在亚洲象生活中的重要程度。表 6-8 的数据说明，南滚河流域亚洲象生活中的主要活动是觅食，其次是排粪，再次是迁移，之后依次是休息、玩耍和吸取硝水。在样方中还出现复合行为（除足迹和排粪外，有两种以上行为同时发生），占样方数的 14.12%。在样方调查中，排粪伴随着所有的其他行为出现。严格说，所有的样点都是通道，但这里只选择作为通道的样点，即有足迹和粪便出现的样点。

7 亚洲象生境选择

本章通过样线调查法，对亚洲象的栖息地选择进行了研究。

7.1 基于样线调查法的研究

亚洲象对生境的选择是复杂的，与其行为有紧密的联系。在某种生境中，亚洲象可能喜好某种行为，而不喜好或者不选择其他行为。我们用样线调查中记录的生境因子资料和活动痕迹类型（足迹、食迹、玩耍、吸取硝水等），运用 Vanderploeg 和 Scavia，选择系数 W_i 和选择指数 E_i 作为衡量亚洲象行为喜好程度的指标（Lechowicz，1982；魏辅文等，1996，1999；胡杰等，2000；冯利民，2005），根据计算结果判断选择情况。

计算方法如下：

$$W_i = \frac{(r_i/p_i)}{\sum (r_i/p_i)}$$

$$E_i = \frac{(W_i - 1/n)}{(W_i + 1/n)}$$

其中，W_i 为选择系数，E_i 为选择指数；i 为某因子的等级，n 为某因子类型的等级数（i=1，2，3，…，n）；p_i 为生境中具有 i 因子等级的总样方数占所有样方数的比例；r_i 为亚洲象某行为所选择的具有 i 因子等级样方数占发现亚洲象该行为的所有样方数的比例。E_i 值介于 -1~1 之间。若 $E_i>0$，表示喜爱；$E_i=1$，表示特别喜爱；$E_i<0$，为不喜爱；$E_i=-1$，为不选择；$E_i=0$，为随机选择，接近于 0 时表示几乎随机选择。经过计算，结果见表 7-1、表 7-2、表 7-3。从统计分析和选择指数可以看出亚洲象的各种行为对生境的选择情况。

7.2 亚洲象对高程的选择

亚洲象喜好选择 600m 以下的区域吸取硝水和作为通道，选择取食和发生复合行为但不喜好，休息行为和玩耍行为不再是这一区域的选择。对于海拔 601~800m 的区域，亚洲象喜好休息、玩耍和发生复合行为，取食行为几乎随机选择，选择吸取硝水和作为通道但不喜好。对于 801~1000m 米的区域，亚洲象喜好选择休息，与这一带隐蔽条件好和象连续爬坡后需要休息有关，取食、通道、复合行为几乎随机选择，选择玩耍和吸取硝水但不喜好。

表 7-1 亚洲象各种行为对生境选择情况的统计表

生态因子类型	特征等级 i	出现的总样方 数量	出现的总样方 p_i (%)	取食行为出现的样方 数量	取食行为出现的样方 r_i (%)	休息行为出现的样方 数量	休息行为出现的样方 r_i (%)	玩耍行为出现的样方 数量	玩耍行为出现的样方 r_i (%)	吸取硝水行为出现的样方 数量	吸取硝水行为出现的样方 r_i (%)	通道出现的样方 数量	通道出现的样方 r_i (%)	复合行为出现的样方 数量	复合行为出现的样方 r_i (%)
高程	500~600m	15	17.65	6	13.64	0	0	0	0	3	50.00	7	31.82	1	8.33
高程	601~800m	44	51.76	25	56.82	10	62.50	5	83.33	2	33.33	8	36.36	8	66.67
高程	801~1000m	26	30.59	13	29.55	6	37.50	1	16.67	1	16.67	7	31.82	3	25.00
坡向	阳坡	33	38.82	19	43.18	7	43.75	4	66.67	2	33.33	9	40.91	7	58.33
坡向	半阴半阳	45	52.94	21	47.73	8	50.00	2	33.33	3	50.00	12	54.55	5	41.67
坡向	阴坡	7	8.24	4	9.09	1	6.25	0	0	1	16.67	1	4.55	0	0
坡度	0~8°	35	41.18	22	50.00	9	56.30	1	16.67	0	0	8	36.36	5	41.67
坡度	9°~15°	33	38.82	14	31.82	5	31.30	4	66.67	4	66.67	10	45.45	5	41.67
坡度	16°~25°	14	16.47	8	18.18	2	12.50	0	0	1	16.67	3	13.64	2	16.67
坡度	>25°	3	3.53	0	0	0	0	1	16.67	1	16.67	1	4.55	0	0
坡位	中	42	49.41	22	50.00	10	62.50	4	66.67	2	33.33	10	45.45	8	66.67
坡位	下	33	38.82	19	43.18	5	31.30	0	0	4	66.67	9	40.91	4	33.33
坡位	上	10	11.76	3	6.82	1	6.25	2	33.33	0	0	3	13.64	0	0
林木密度(株/m²)	0~0.02	21	24.71	15	34.09	1	6.25	2	33.33	2	33.33	4	18.18	3	25.00
林木密度(株/m²)	0.03~0.05	27	31.76	17	38.64	3	18.80	3	50.00	2	33.33	7	31.82	2	16.67
林木密度(株/m²)	0.06~0.08	26	30.59	9	20.45	10	62.50	1	16.67	2	33.33	6	27.27	5	41.67
林木密度(株/m²)	>0.08	11	12.94	3	6.82	2	12.50	0	0	0	0	5	22.73	0	0

续 表

生态因子类型	特征等级 i	出现的总样方 数量	出现的总样方 p_i（%）	取食行为出现的样方 数量	取食行为出现的样方 r_i（%）	休息行为出现的样方 数量	休息行为出现的样方 r_i（%）	玩耍行为出现的样方 数量	玩耍行为出现的样方 r_i（%）	吸取硝水行为出现的样方 数量	吸取硝水行为出现的样方 r_i（%）	通道出现的样方 数量	通道出现的样方 r_i（%）	复合行为出现的样方 数量	复合行为出现的样方 r_i（%）
植被类型	季风常绿阔叶林	41	48.24	18	40.91	10	62.50	3	50.00	1	16.67	11	50.00	6	50.00
	热性灌丛	12	14.12	9	20.45	0	0	2	33.33	0	0	3	13.64	3	25.00
	热性稀树灌木草丛	5	5.88	4	9.09	5	31.30	0	0	0	0	1	4.55	0	0
	季节雨林	12	14.12	2	4.55	1	6.25	1	16.67	3	50.00	4	18.18	1	8.33
	热性竹林	7	8.24	5	11.36	0	0	0	0	1	16.67	1	4.55	1	8.33
	半常绿季雨林	4	4.71	4	9.09	0	0	0	0	1	16.67	0	0	1	8.33
	暖热性针叶林	1	1.18	0	0	0	0	0	0	0	0	1	4.55	0	0
	水田	2	2.35	2	4.55	0	0	0	0	0	0	0	0	0	0
	经济林	1	1.18	0	0	0	0	0	0	0	0	1	4.55	0	0
郁闭度	0~0.25	14	16.47	9	20.45	1	6.25	1	16.67	0	0	4	18.18	2	16.67
	0.26~0.50	43	50.59	25	56.82	8	50.00	3	50.00	2	33.33	10	45.45	6	50.00
	0.51~0.75	25	29.41	10	22.73	5	31.30	2	33.33	4	66.67	8	36.36	4	33.33
	>0.75	3	3.53	0	0	2	12.50	0	0	0	0	0	0	0	0

表7-2 亚洲象各种行为的生境选择系数和指数表

因子类型	因子等级 i	取食行为 W_i	取食行为 E_i	休息行为 W_i	休息行为 E_i	玩耍行为 W_i	玩耍行为 E_i	吸取硝水行为 W_i	吸取硝水行为 E_i	通道 W_i	通道 E_i	复合行为 W_i	复合行为 E_i
高程	500~600m	0.2724	-0.1005	0	-1	0	-1	0.7044	0.3576	0.5085	0.2081	0.1832	-0.2906
	601~800m	0.3870	0.0745	0.4962	0.1963	0.7471	0.3830	0.1601	-0.3511	0.1981	-0.2540	0.4997	0.1997
	801~1000m	0.3406	0.0107	0.5038	0.2036	0.2529	-0.1370	0.1355	-0.4221	0.2934	-0.0640	0.3171	-0.0250
坡向	阳坡	0.3098	-0.0366	0.3982	0.0886	0.3929	0.0820	0.2542	-0.1346	0.3997	0.0906	0.3097	-0.0368
	半阴半阳	0.3568	0.0339	0.3337	0.0005	0.1441	-0.3965	0.2797	-0.0876	0.3909	0.0794	0.1622	-0.3453
	阴坡	0.2892	-0.0710	0.2681	-0.1084	0	-1	0.4661	0.1661	0.2094	-0.2284	0	-1
坡度	0~8°	0.3870	0.2151	0.4663	0.3019	0.0591	-0.6170	0	-1	0.2118	-0.0830	0.3267	0.1331
	9°~15°	0.2612	0.0219	0.2747	0.0471	0.2509	0.0018	0.2305	-0.0407	0.2808	0.0580	0.3465	0.1618
	16°~25°	0.3518	0.1692	0.2590	0.0177	0	-1	0.1358	-0.2960	0.1986	-0.1150	0.3267	0.1331
	>25°	0	-1	0	-1	0.6900	0.4681	0.6337	0.4342	0.3089	0.1053	0	-1
坡位	中	0.3743	0.0578	0.4863	0.1866	0.3226	-0.0160	0.2821	-0.0833	0.2936	-0.0630	0.6111	0.2941
	下	0.4114	0.1048	0.3095	-0.0370	0	-1	0.7179	0.3659	0.3364	0.0045	0.3889	0.0769
	上	0.2144	-0.2172	0.2042	-0.2400	0.6774	0.3404	0	-1	0.3700	0.0521	0	-1
林木密度(株/m²)	0~0.02	0.3639	0.1856	0.0657	-0.5840	0.3890	0.2176	0.3008	0.0923	0.2090	-0.0890	0.3857	0.2731
	0.03~0.05	0.3208	0.1240	0.1532	-0.2400	0.4539	0.2896	0.3124	0.1109	0.2845	0.0645	0.2250	-0.0745
	0.06~0.08	0.1764	-0.1727	0.5304	0.3593	0.1571	-0.2280	0	-1	0.2532	0.0064	0.3894	0.2785
	>0.08	0.1389	-0.2855	0.2507	0.0015	0	-1	0.0991	-0.4324	0.4988	0.3323	0	-1
植被类型	季风常绿阔叶林	0.0901	-0.1042	0.1838	0.2464	0.2264	0.3416	0.0366	-0.5049	0.0840	-0.1390	0.1677	0.2030
	热性灌丛	0.1540	0.1618	0	-1	0.5157	0.6455	0	-1	0.0783	-0.1740	0.2865	0.4411
	热性稀树灌木草丛	0.1643	0.1930	0.7534	0.7430	0	-1	0	-1	0.0626	-0.2790	0	-1

续 表

因子类型	因子等级 i	取食行为		休息行为		玩耍行为		吸取硝水行为		通 道		复合行为	
		W_i	E_i	W_i	E_i	W_i	E_i	W_i	E_i	W_i	E_i	W_i	E_i
植被类型	季节雨林	-0.5290	0.0628	-0.2780	0.2579	0.3977	0.3747	0.5426	0.1043	-0.0310	0.0955	-0.0755	0.0342
	热性竹林	0.1467	0.1379	0	-1	0	-1	0.2141	0.3167	0.0447	-0.4260	0.1637	0.1914
	半常绿季雨林	0.2053	0.2978	0	-1	0	-1	0.3747	0.5426	0	-1	0.2865	0.4411
	暖热性针叶林	0	-1	0	-1	0	-1	0	-1	0.3130	0.4761	0	-1
	水田	0.2053	0.2978	0	-1	0	-1	0	-1	0	-1	0	-1
	经济林	0	-1	0	-1	0	-1	0	-1	0.3130	0.4761	0	-1
郁闭度	0~0.25	0.3958	0.2258	0.0631	-0.5970	0.3025	0.0950	0	-1	0.3408	0.1537	0.3229	0.1273
	0.26~0.50	0.3579	0.1776	0.1644	-0.2070	0.2955	0.0834	0.2252	-0.0521	0.2774	0.0520	0.3154	0.1157
	0.51~0.75	0.2463	-0.0075	0.1768	-0.1720	0.3388	0.1508	0.7748	0.5121	0.3817	0.2085	0.3617	0.1826
	>0.75	0	-1	0.5892	0.4042	0	-1	0	-1	0	-1	0	-1

表7-3 亚洲象各种行为的生境选择情况表

因子类型	因子等级i	取食行为	休息行为	玩耍行为	吸取硝水行为	通道	复合行为
高程	500~600m	NP	NS	NS	P	P	NP
	601~800m	AR	P	P	NP	NP	P
	801~1000m	AR	P	NP	NP	AR	AR
坡向	阳坡	AR	AR	AR	NP	AR	AR
	半阴半阳	AR	AR	NP	AR	AR	NP
	阴坡	AR	NP	NS	P	NP	NS
坡度	0~8°	P	P	NP	NS	AR	P
	9°~15°	AR	AR	AR	AR	AR	P
	16°~25°	P	AR	NS	NP	NP	P
	>25°	NS	NS	P	P	P	NS
坡位	中	AR	P	AR	AR	AR	P
	下	P	AR	NS	P	AR	AR
	上	NP	NP	P	NS	AR	NS
林木密度（株/m²）	0~0.02	P	NP	P	AR	AR	P
	0.03~0.05	P	NP	P	P	AR	AR
	0.06~0.08	NP	P	NP	NS	AR	P
	>0.08	NP	AR	NS	NP	P	NS
植被类型	季风常绿阔叶林	NP	P	P	NP	P	P
	热性灌丛	P	NS	P	NS	P	P
	热性稀树灌木草丛	P	P	NS	NS	P	NS
	季节雨林	NP	NP	P	P	AR	AR
	热性竹林	P	NS	NS	P	NP	P
	半常绿季雨林	P	NS	NS	P	NS	P
	暖热性针叶林	NS	NS	NS	NS	P	NS
	水田	P	NS	NS	NS	NS	NS
	经济林	NS	NS	NS	NS	P	NS
郁闭度	0~0.25	P	NP	AR	NS	P	P
	0.26~0.50	P	NP	AR	AR	AR	P
	0.51~0.75	NP	NP	P	P	P	P
	>0.75	NS	P	NS	NS	NS	NS

表中，P 为喜好，NS 为不选择，NP 为不喜好，AR 为几乎随机选择。

7.3 亚洲象对坡向的选择

在阳坡，亚洲象不喜好选择吸取硝水，其他行为几乎随机选择；在半阴半阳坡，亚洲象不喜好选择玩耍行为和复合行为，其他行为几乎随机选择；在阴坡，亚洲象喜好选择吸取硝水，取食行为几乎随机选择，不喜好选择休息行为和作为通道，不选择玩耍和呵护行为。可以看出，亚洲象对坡向的选择不是很严格。

7.4 亚洲象对坡度的选择

在 0~8°坡度内，亚洲象喜好选择取食、休息和发生复合行为，选择玩耍但不喜好，几乎随机选择作为通道，不选择吸取硝水；在 9°~15°的坡度，亚洲象喜好发生复合行为，对其他行为几乎随机选择；在 16°~25°的坡度，亚洲象喜好选择取食和发生复合行为，休息行为几乎随机选择，选择吸取硝水和作为通道但不喜好，玩耍行为则不在该区域选择；在 >25°坡度，亚洲象喜好选择玩耍、吸取硝水和作为通道，其他行为不选择。

7.5 亚洲象对坡位的选择

在中坡位，亚洲象喜好选择休息和发生复合行为，其他行为几乎随机选择；在下坡位，亚洲象喜好选择取食和吸取硝水，休息、作为通道和复合行为几乎随机选择，不选择玩耍；在上坡位，亚洲象喜好选择玩耍，通道几乎随机选择，选择取食和休息但不喜好，不选择吸取硝水和发生复合行为。

7.6 亚洲象对林木密度的选择

在 0~0.02 株/m² 的低密度林下，亚洲象喜好选择取食、玩耍和发生复合行为，吸取硝水和作为通道几乎随机选择，选择玩耍但不喜好；在 0.03~0.05 株/m² 密度林下，亚洲象喜好选择取食、玩耍和吸取硝水，作为通道和复合行为几乎随机选择，选择休息但不喜好；在 0.06~0.08 株/m² 中密度林下，亚洲象喜好选择休息和发生复合行为，作为通道几乎随机选择，选择取食和吸取硝水但不喜好，不选择玩耍；在 >0.08 株/m² 的高密度林下，亚洲象喜好仅仅作为通道，休息行为几乎随机选择，选择取食和吸取硝水但不喜好，不选择玩耍和发生复合行为。

7.7 亚洲象对植被的选择

在季风常绿阔叶林中，亚洲象喜好选择休息、玩耍、作为通道和复合行为，选择取食和吸取硝水但不喜好；在热性灌丛中，亚洲象喜好选择取食、玩耍、作为通道和发生复合行为，不选择休息和吸取硝水；在热性稀树灌木草丛中，亚洲象喜好选择取食、休息和作为通道，不选择玩耍、吸取硝水和发生复合行为；在季节雨林中，亚洲象喜好选择玩耍和吸取硝水，作为通道和复合行为几乎随机选择，选择取食和休息但不喜好；在热性竹林中，亚洲象喜好选择取食、吸取硝水和发生复合行为，选择作为通道但不喜好，不选择休息和玩耍；在半常绿季雨林中，亚洲象喜好选择取食、吸取硝水和作为通道，不选择休息、玩耍；在暖热性针叶林中，亚洲象仅仅作为通道利用，不选择其他行为；在水田中，亚洲象仅仅作为取食利用，不选择其他行为；在经济林中，亚洲象仅仅作为通道选择，不选择其他行为。

7.8 亚洲象对郁闭度的选择

在 0~0.25 郁闭度的环境中,亚洲象喜好选择取食、作为通道和发生复合行为;在 0.26~0.50 郁闭度的环境中,亚洲象喜好选择取食和发生复合行为,玩耍、吸取硝水和作为通道几乎随机选择,选择休息行为但不喜好;在 0.51~0.75 郁闭度的环境中,亚洲象喜好选择玩耍、吸取硝水、作为通道和发生复合行为,选择取食和休息行为但不喜好;在 > 0.75 郁闭度的环境中,亚洲象喜好选择休息,不选择其他行为。

7.9 亚洲象排粪行为的生境选择

样线调查中出现排粪行为的样方有 31 个,总是伴随着其他行为同时发生,在各种生境中出现频率均衡,表现出随意性。

7.10 亚洲象产仔的生境选择

2004 年,在保护区内发现了一个亚洲象遗留下的胎衣,因此我们对亚洲象留下的这个痕迹板块进行了调查。胎衣位置在 23°14.533′N、99°00.994′E 处,坡向为西坡,坡度 5°,坡位为中坡(一山脊西侧),季风常绿阔叶林(原轮歇地,1977 年撂荒)。乔木层由红木荷、猫尾木、海南蒲桃、楠木、南酸枣等组成,平均高度 15m,平均胸径 12cm;灌木层由银叶巴豆、玉叶金花组成,被母象踩踏成宽 6m、长 30m 的开阔地带,踩踏出一条圈状的"大路",中间还保留有部分植物,有海南蒲桃幼苗、山麻杆幼苗、东青幼苗等;木本层由马鹿草、菝葜、菜蕨等组成;藤本层包括葛藤、刺痒藤等。

7.11 亚洲象生境选择的综合分析

由于选择指数 E_i 的值反映出亚洲象的各种行为对生境选择的程度,而各种行为在亚洲象生活中的重要程度不同,按某种类型痕迹出现的样地数在总样地中出现的比例作为这种行为的特征权重值(C_i),与行为对应的选择指数 E_i 值的积,作为该行为的重要值(R_i),再将各种行为(除随机性很大的排粪行为和复合行为外)的重要值(R_i)的和作为综合选择指数(R),用其大小来综合评价亚洲象对各种生境因子的选择偏好。

即:$R_i = C_i * E_i$,$R = \sum R_i$。统计结果见表 7-4。

表 7-4 亚洲象生境选择综合分析表

生态因子	因子等级	综合重要值 R	排 序
高程	500~600m	-0.2802	3
	601~800m	0.0712	1
	801~1000m	0.0027	2
坡向	阳坡	-0.0036	1
	半阴半阳	-0.0145	2
	阴坡	-0.1219	3

续 表

生态因子	因子等级	综合重要值 R	排 序
坡度	0～8°	0.0518	2
	9°～15°	0.0190	1
	16°～25°	-0.0036	3
	>25°	-0.6394	4
坡位	中	0.0564	1
	下	0.0026	2
	上	-0.2028	3
林木密度（株/m²）	0～0.02	0.0057	2
	0.03～0.05	0.0490	1
	0.06～0.08	-0.1083	3
	>0.09	-0.2400	4
植被类型	季风常绿阔叶林	-0.0227	2
	热性灌丛	-0.1340	4
	热性稀树灌木草丛	0.0913	1
	季节雨林	-0.2605	7
	热性竹林	-0.1761	6
	半常绿季雨林	-0.0922	3
	暖热性针叶林	-0.8347	8
	水田	-0.2011	5
	经济林	-0.8347	8
郁闭度	0～0.25	-0.0554	3
	0.26～0.50	0.0566	1
	0.51～0.75	0.0160	2
	>0.75	-0.6086	4

分析结果表明，亚洲象对生境的选择是一个复杂的过程，不能简单地说亚洲象喜欢什么环境，不喜欢什么环境，所有的环境对亚洲象来说都是必需的。但由于各种行为在亚洲象生存中的重要性不同，所以亚洲象对不同环境的需求也有侧重。从表 7-4 中可以看出，就高程而言，亚洲象喜好选择海拔 601～800m 之间的区域；对于坡向，亚洲象喜好选择阳坡，其次是半阴半阳坡；对于坡度，亚洲象更多选择 15°以下的区域；对于坡位，亚洲象喜好选择中坡位；对于林木密度，亚洲象喜好选择在 0.05 株/m² 以下的林下和空地活动；对于植被类型，亚洲象更喜欢选择季风常绿阔叶林、热性灌丛、热性稀树灌木草丛和热性竹林；对于郁闭度，亚洲象喜好在 0.26～0.75 郁闭度的环境中活动。分析结果与野外观察所得结果基本一致。

亚洲象对生境的选择受许多因素的影响，包括自然因素，也有人为因素。对于自然因素，除一些自然因子外，还与生境的面积有关。在南滚河流域，亚洲象的栖息地面积越来越小。亚洲象在活动中对生境别无选择，一些过去不选择的区域如今也只好将就了。在自然因子方面，还与这些因子的分布和面积有关，如吸取硝水行为就与硝塘的分布有密切关系。对于人为因素，亚洲象不得不避让人类的干扰，如亚洲象不喜好选择 600m 以下的生境，除了这一区域主要在南滚河岸边，河岸陡峭，不便于采食等因素外，更重要的原因是河岸边人类活动频繁，是放牧水牛的主要区域。水牛与亚洲象的生态位大部分重合，对亚洲象生境的破坏大，亚洲象无法更多地在水牛活动过的地方采食到食物。

8 亚洲象的适应

8.1 亚洲象对佤族刀耕火种农耕方式的适应

南滚河流域佤族的刀耕火种以种植陆稻为主，耕作方式的演变以 19 世纪 60 年代为分界线；在 19 世纪 60 年代以前，为传统的刀耕火种耕作方式。后来由于人口的迅速增加和对新的"耕作文明"的吸收，传统的耕作方式受到挑战，出现了一定面积的水田。但由于农田水利基本建设的滞后，佤族目前仍保留有小范围的刀耕火种耕作方式，但轮歇时间延长，甚至采取了固耕的方式，这里称固耕耕作方式。对两种截然不同的土地利用方式进行调查，可以看出明显的差别（见表 8-1）。

2002 年我们通过访谈，对佤族民众指出的不同撂荒年限的轮歇地进行随机取样，设置 20m×20m 的样方，对样方内的相关因子进行了调查。

对 5 块不同撂荒时间的轮歇地（有的已被划入保护区）进行调查，对样方内的亚洲象食物量进行估计，结果见表 8-2。

调查结果表明，佤族传统的刀耕火种耕作方式下，撂荒的轮歇地里保留有一定数量的母树，可以为亚洲象提供隐蔽条件。轮歇期间生长的植物为亚洲象提供了食物，是亚洲象喜欢出没的场所。但轮歇延长到一定时间后，植被的恢复不利于亚洲象活动（见表 8-3）。

表 8-1 佤族传统刀耕火种耕作方式与固耕耕作方式的比较

传统耕作方式	固耕耕作方式
①以村寨为单位，集体选择一块山地，统一砍树，统一放火焚烧成农地，然后用烧剩的木头把地隔成小块，由头人将烧过的土地分给各家各户播种	①以家庭或家族为单位，砍树焚烧成农地
②在砍树时，有一定的规矩，大树只修去基部的枝叶。佤族常用的树木一般留有母树，其他树也要留下 1m 左右的树桩，以便抛荒后树木能很快萌发，在薅杂草时也不把萌发的幼枝除去	②很少留母树，伐桩也留得很矮。除草时，连同新萌发的幼枝一起铲除

续 表

传统耕作方式	固耕耕作方式
③种植一季后轮歇，使之有充足的时间恢复植被	③种植一季后，不轮歇，而是继续耕种2~3年后，才抛荒
④8~12年后，根据植被恢复的情况，再复种	④轮歇3~4年后复种
⑤周围仍分布有原始森林（或次生林）	⑤周围无原始森林（或次生林）分布，多为稀树灌丛
⑥免耕，用竹竿凿小穴点种	⑥用锄头挖，锄细土块后撒播

表8-2 佤族传统刀耕火种耕作方式下不同撂荒时间地块的植被组成

样地号	地点	耕种时间	抛荒时间	坡度	主要植被成分	亚洲象食物种数储量	亚洲象活动情况
1	南未河边	200204	200310	5°	母树（3株）：云南石梓（*Gmelina arborea*）、红木荷（*Schima wallichii*）、肉实树（*Sarcosperma arbareum*）等。正在萌发的乔木：木紫株（*Callicarpa arborea*）、火绳树（*Eriolaena spectabilis*）、山麻杆（*Alchornea tiliaefolia*）、山黄麻（*Trema angustifolia*）、银柴（*Aporusa dioica*）、苦丁茶（*Cratoxylon formpsum*）、白花羊蹄甲（*Bauhinia var. iegata*）、余甘子（*Phynanthus emblica*）、粗糠柴（*Mallotus philippinensis*）、佤山栲（*Castanopsis ceratacantha*）等。灌木：盐肤木（*Rhus chinensis*）、斑鸠菊（*Vernonia esculenta*）等。草本：飞机草（*Eupatorium odoratum*）、蔗茅（*Erianthus rufipilus*）、银叶巴豆（*Croton argyrotus*）、马鹿草（*Eremochloa zeylannica*）等。藤本：毛叶风车子（*Combretum donianum*）、葛藤（*Pueraria lobata*）等	>11种	300kg	由于人类活动频繁，象不到这一带活动

续表

样地号	地点	耕种时间	抛荒时间	坡度	主要植被成分	亚洲象食物种数储量	亚洲象活动情况
2	芒库山	199804	199910	10°	母树（1株）：红木荷（Schima wallichii）。乔木：山黄麻（Trema angustifolia）单优势；其他混生树种有白花羊蹄甲（Bauhinia var. iegata）、重阳木（Bischoffia jaranica）、木棉（Bombax ceiba）、中平树（Macayanga denticulata）等。灌木：飞龙掌血（Toddlia asiatica）、多花野牡丹（Melastoma polyanthum）等。藤本：蛇藤（Acacia pennata）、云南羊蹄甲（Bauhinia yunnanensis）、葛藤（Pueraria lobata）等。草本：马陆草（Eremochloa zeylannica）、蔗茅（Erianthus rufipilus）、飞机草（Eupatorium odoratum）等	>9种	500kg	2002年10月，有两头象在这里活动4天
3	翁崩山	199404	199410	8°	母树：木棉（Bombax ceiba）、红木荷（Schima wallichii）、重阳木（Bischoffia jaranica）、云南石梓（Gmelina arborea）。耕种后萌发的乔木：白花羊蹄甲（Bauhinia var. iegata）、山乌桕（Sapium discolor）、中平树（Macayanga denticulata）、偏叶榕（Ficus semicordata）、盐肤木（Rhus chinensis）、木紫株（Callicarpa arborea）、沧源木姜子（Litea vang）、山黄麻（Trema angustifolia）、粗糠柴（Mallotus philippinensis）、大果榕（Ficus auriculata）、糖胶树（Aistonia scholaris）、红椿（Toona ciliata）等。灌木：多花野牡丹（Melastoma polyanthum）、葱臭木（Dysoxylum gobara）、毛茄（Solanum ferox）、阿稀蕉（Musa rubra）等。藤本：葛藤（Pueraria lobata）、棒花羊蹄甲（Bauhinia claviflora）等。草本：马鹿草（Eremochloa zeylannica）、蔗茅（Erianthus rufipilus）等	>16种	450kg	2002年11月曾有象群在这一带活动

续 表

样地号	地点	耕种时间	抛荒时间	坡度	主要植被成分	亚洲象食物种数储量		亚洲象活动情况
4	南乌河边	199004	199010	15°	乔木：野龙竹（*Dendrocalamus membranaceus*）为单优势；其他混交树种有：毛叶木姜子（*Litsea mollis*）、红椿（*Toona ciliata*）、大果榕（*Ficus auriculata*）等。 灌木：山麻杆（*Alchornea tiliaefolia*）、斑鸠菊（*Vernonia esculenta*）、假黄皮（*Clausena excavata*）、美登木（*Maytenus hockerli*）、密脉鹅掌柴（*Schefflera producta*）等。 藤本：绣毛羊蹄甲（*Bauhinia ferruginea*）、四翅岩豆藤（*Millettia tetraptela*）、西南风车藤（*Combretum donianum*）等。 草本：冬叶（*Fhyrynium capitatum*）、马鹿草（*Eremochloa zeylannica*）、革叶观音莲座蕨（*Angicpteris nuda*）等	>8种	3000kg	2002年9月有象群在这一带活动
5	公别山	198004	198010	15°	母树：红木荷（*Schima wallichii*）等。 乔木：沧源木姜子（*Litea vang*）、西南桦（*Betula alnoides*）、普文楠（*Phoebe rufcens*）、盐肤木（*Rhus chinensis*）、大果榕（*Ficus auriculata*）、糖胶树（*Aistonia scholaris*）、红椿（*Toona ciliata*）等。 灌木：多花野牡丹（*Melastoma polyanthum*）、葱臭木（*Dysoxylum gobara*）、毛茄（*Solanum ferox*）、银叶巴豆（*Croton argyrotus*）、山麻杆（*Alchornea tiliaefolia*）、斑鸠菊（*Vernonia esculenta*）、银柴（*Aporusa dioica*）、鼠刺（*Itea macrophylla*）、三桠苦（*Evodi lepta*）、野芭蕉（*Musa wilsonii*）等。 藤本：棒花羊蹄甲（*Bauhinia claviflora*）、钩藤（*Uncaria laevigata*）等。 草本：马鹿草（*Eremochloa zeylannica*）、蔗茅（*Erianthus rufipilus*）等	>10种	200kg	植被覆盖率高，无象群活动

表8-3 社会调查答卷

被访问人基本情况	问题及答案			
	你家曾经或还在刀耕火种吗？怎么种？	你见过大象吗？为什么？	你认为刀耕火种对大象有好处吗？	大象为什么到旱谷地或水田里吃庄稼？
保红兴，男，65岁，佤族，上班老人	我家过去是头人，很早就有水田，很少刀耕火种	1960年前经常见，因为大象早晚喜欢在刀耕火种抛荒的草坡上吃草，数量又多，很容易见	肯定有好处，有草吃，树林稀，大象行走方便	1960年前大象很少到水田或旱谷地吃庄稼，因为在轮歇地里可吃的食物很多
李老二（78岁）、李老三（74岁）、刘华生（72岁），男，佤族，芒库村人	我们这里有水田是1960年以后的事了，这以前主要靠刀耕火种。那时人少，我们一个山头一个山头轮着种，全村人一起砍树，一起烧地，然后由头人分给各家各户种，种一年后就不再种了。我们在地里留我们用得着的树，也留树桩。树在有些地里长得很快，地6~7年后又可以种，有些地则需要10多年。现在也搞点刀耕火种，但一般1家或几家人种一块，开垦一次要种2~3年，抛荒后不长树了，只长飞机草	40多年前几乎每天都要见，因为那时候大象很多，经常在我们抛荒的地里活动，偶尔也到我们的旱谷地边。大象白天热的时候躲在密林中（我们在开地时特意为大象留下躲藏的树林），傍晚到第二天早晨才到轮歇地里吃草。有时独象白天也不回树林，在我们留的大树下乘凉。现在大象少了，又建立了保护区，我们不能去看；即使可以去看，在密林中也难看到	刀耕火种对大象是有益的，抛荒后长出的草啊、幼树啊，大多数是大象爱吃的。大象最喜欢的是抛荒2~4年的轮歇地，食物丰富，又便于活动	以前（40年前）虽然象要比现在多几倍，但没有吃过我们的庄稼，也很少听说谁家的庄稼被大象吃；如果有这种事发生，那一定是他得罪了大象。现在建立了保护区，树林保护好了，林下如果没有食物，大象就到保护区外面找吃的，轮歇地里有大象爱吃的杂草。如果新开的旱谷地靠近轮歇地，大象偶尔也到旱谷地里吃庄稼

续 表

被访问人基本情况	问题及答案			
	你家曾经或还在刀耕火种吗？怎么种？	你见过大象吗？为什么？	你认为刀耕火种对大象有好处吗？	大象为什么到旱谷地或水田里吃庄稼？
杨尼门，男，75岁，佤族，南朗村人	我们过去主要靠刀耕火种获取粮食，8~10年才轮一次，一次只种一季，所以树长得好，火灰多，土地肥，庄稼收成也好。前几年还种，但一次要种3~4年，树不长了，只靠烧杂草，火灰少，庄稼收成也少。我们寨子现在水田多，已经不搞刀耕火种了	大象经常在抛荒地里吃草。象的身体比长出的树木和草高，我们在种地和打猎时常可以看到，特别是上坡时看得最清楚。现在建立了保护区，我也不到保护区去，所以很长时间没有见到大象了	我们佤族刀耕火种是为大象做的，开垦后我们只享受一季，大象可以享受几年。大象最爱在3~4年的轮歇地中出现	去年（2002年）9月，大象来我们寨子刀老六家田里吃庄稼，田也踏坏了。我想主要是大象在保护区内没有吃的，他家的田又靠近保护区

8.2 亚洲象对现代耕作方式的适应（亚洲象对人工植被的适应）

8.2.1 亚洲象对固耕撂荒地的适应

对6块固耕后撂荒的旱地进行调查，结果见表8-4。调查结果表明，采取固耕方式后，土地的质量下降，到一定时间后也被撂荒；但撂荒后植被无法恢复，被杂草覆盖，容易遭受外来有害植物入侵，缺乏亚洲象需要的食物和隐蔽条件，只是偶尔被亚洲象作为通道使用。

表8-4 佤族现代固耕耕作方式下常见植被

样地号	地　点	耕种时间	抛荒时间	坡度	主要植被成分	亚洲象种数食物储量		亚洲象活动情况
1	芒永山	199404－199610	199610	17°	假烟叶树（Solanum erianthum）优势群丛。样方内有假烟叶树（Solanum erianthum）30株，红椿（Toona ciliata）1株，对叶榕（Ficus hispida）1株，聚果榕（Ficus pubigera）1株。草本有飞机草（Eupatorium odoratum）、水茄（Solanum torvum）等，曼陀罗（Ddtura stramonium）、喀西茄（Solanum aculeatissimum）、三叶鬼针草（Bidens pilosa）、苏门白酒草（Conyza sumatrensis）、铺地黍（Panicum repens）等。藤本有葛藤（Pueraria lobata）等	<5种	25kg	象群偶尔过路
2	班搞山	199204－199410	199410	20°	紫茎泽兰（Eupatorium adenophorum）优势草丛。样方内几乎被紫茎泽兰（Eupatorium adenophorum）覆盖，1m² 内有6～10丛，另外有少量的其他草本植物，如闭鞘姜（Costus speciosus）、头花仙茅（Cucurigo capitelltei）、三叶鬼针草（Bidens pilosa）等	<4种	20kg	象群偶尔过路

续 表

样地号	地 点	耕种时间	抛荒时间	坡 度	主要植被成分	亚洲象种数食物储量		亚洲象活动情况
3	农懂年	199204－199410 年连续耕种	199410	20°	飞机草（*Eupatorium odoratum*）草丛。样方内几乎被飞机草（*Eupatorium odoratum*）覆盖，另外有少量的其他草本植物，如藿香蓟（*Ageratum conyzoides*）、三叶鬼针草（*Bidens pilosa*）、棕叶芦（*Thlicters angustifolia*）、金腰箭（*Synedrella nodiflora*）、野茼蒿（*Crassocephalum crepidioides*）等	未发现	0kg	象群偶尔过路
4	南批河边	199604－198410	199810	5°	葛藤（*Pueraria lobata*）草丛。样方内的其他植物被葛藤（*Pueraria lobata*）覆盖，外观看形成团状分布，只有飞机草（*Eupatorium odoratum*）能冲破包围生长，潮湿地带有刺芹（*Erygium foetidum*）、牛膝菊（*Galinsoga parviflora*）	未发现	0kg	象群偶尔过路
5	骂姆山	199804－200010	200010	15°	藿香蓟（*Ageratum conyzoides*）加飞机草（*Eupatorium odoratum*）草丛。样方内无乔木和灌木，其他草本植物如三叶鬼针草（*Bidens pilosa*）、小蓬草（*Conyza canadensis*）等	未发现	0kg	象群偶尔过路
6	公赛亮	199304－199410	199410	15°	多花野牡丹（*Melastoma polyanthum*）灌丛。样方内为密集的多花野牡丹（*Melastoma polyanthum*）	未发现	0kg	没有发现象的痕迹

8.2.2 亚洲象对人工植被适应的特点

亚洲象对农作物的依赖,导致其采食习性发生改变。由于人工种植的作物,如水稻、玉米、甘蔗等的适口性远远高于竹子等其他野生植物,既营养又采食方便。亚洲象有良好的记忆力,一旦采食过农作物后,它们会记住庄稼的种类、地点、成熟季节等;到庄稼成熟的季节,便会成群结队前来采食。从亚洲象行为变化来看,表现出它们对于人类主导的环境有迅速适应的能力,有跟随人类迁移的特点。例如,原来位于西双版纳自然保护区核心区的18个村寨,其中有8个是受野生动物损害最严重的。保护区管理部门将这些村寨搬迁出核心区后,亚洲象在旧址已很少活动,而是转移到了附近的有人居住的村寨。经研究发现,过去保护区内居住群众的生产用地、轮歇地等丢荒后,往往演替生长出大量的野芭蕉等植物,自然为亚洲象提供了很好的食物。现在许多居民迁出了森林,经过保护区多年的严格保护,过密的森林植被往往使林下植物越来越少。许多植物如野生芭蕉等大量减少,林下植物老化,食草动物的生活环境劣化、食物源减少,竹林开花死亡。原来群众丢荒的荒地、草山、疏林以及村寨旧址逐渐恢复成茂密的森林,导致生境中食物量的减少。因此,对于亚洲象来说,并不是森林越茂密越好。这说明对野生动物保护中只偏重于对森林植被的保护还是不够的,还要考虑野生动物适应的环境情况。

食物缺乏导致亚洲象走出自然保护区觅食。目前,在西双版纳自然保护区内还有96个村寨,紧靠保护区边缘的村寨有200多个,加上公路交通、乡镇发展和大面积的橡胶种植等,使亚洲象与其重要食物黄竹、野芭蕉等的分布显著隔离,这就成为它们走出自然保护区觅食的重要原因。

8.2.3 觅食时间对应作物成熟时间

西双版纳的亚洲象主要取食野生植物,也经常取食成熟的农作物。亚洲象取食农作物通常在夜间进行,有一定的节律性,即每到天黑时出来采食,天亮时离去回到附近的森林中。亚洲象能准确地掌握各种农作物的成熟时间和种植地点,每年在水稻、玉米等成熟的时候会到农田中取食。象群一般在每处农田附近停留4~8天不等,隔一段时间再来,往返多次。亚洲象在觅食农作物时的日落而出、日出而息的行为是受到人类活动干扰形成的。此种觅食行为与印度、云南普洱等地的野生亚洲象取食农作物的情况类似。

8.3 亚洲象对人类其他活动的适应

亚洲象生境在空间分布上极为破碎化。生境的破碎化将进一步降低野生亚洲象对有限生境的利用率。此外野生亚洲象偏爱的许多低海拔地段现已被人类生产活动占据,野生亚洲象的生境在很大程度上与当地社区的生产活动范围重叠。现有12%~15%的最适生境和10%的适宜生境位于当地村寨的土地界线内(按1983年划定的土地权属界线计算)。保护区内的部分沟谷的林下也已人工种植了药用植物砂仁(*Amomum villosum*),当地村民的牛群大多放养于保护区内。

亚洲象对栖息地的利用是周期循环方式。影响亚洲象对栖息地利用的主要原因是食物、隐蔽条件和人类干扰等。

思小高速公路的修建使得勐养保护区亚洲象在保护区东西两片的迁移通道被压缩,亚洲象由勐养保护区东侧向西迁移的路径受到很大影响,已出现大量亚洲象常年停留在保护区东侧的现象。

郭贤明等研究了西双版纳建立食物源基地对亚洲象的招引效果，结果表明，2005~2010年，有426头次亚洲象进入基地采食，其中，有73群412头次，占进入基地的亚洲象总头次的96.7%。2007年，进入基地的亚洲象数量达到最高峰。究其原因主要有两点：1）饲料作物王草的种植提供了更多的食物；2）受高速公路建成通车的影响，不迁移的亚洲象留在保护区东侧，因而进入基地取食。12月基地内食物消耗殆尽，亚洲象进入村寨取食。显然，食物充足时，亚洲象偏向于采食芭蕉和玉米；食物匮乏时，则集中采食王草；食物耗尽时，则进入村寨觅食。此时段，以食物源基地为中心约80km²的范围内，亚洲象常闯入高速公路东侧保护区的8个村寨，偷食粮食作物，踩踏橡胶、茶叶、粮豆等。食物源基地内种植的植物与当地社区的农作物一致或是同期成熟，不仅加深了亚洲象对农作物的依赖，也导致其在村寨流窜和觅食。

农地作为亚洲象喜欢活动的场所，为了取食或在选择适宜的栖息地过程中，会导致亚洲象在农地内的活动量增加，也增加了取食农作物的机率。

人类的盗猎活动直接影响到亚洲象的活动区域及其对生境的利用。为躲避盗猎的压力，亚洲象开始远离保护区核心区内的适宜生境，向周边迁移，于是更靠近村寨。而有的村庄群众保护大象的意识比较强，尽管在村庄附近亚洲象要经常与人类遭遇，但是在这些区域亚洲象没有被猎杀的危险。这样原本并非亚洲象最适宜的栖息地，却成了亚洲象经常光临的地方。

在西双版纳尚勇保护区内，根据护林员的多年监测，以往亚洲象在3个区域内采取循环使用的栖息地利用模式，但目前由于盗猎分子已经深入至3号区域，使得亚洲象的活动范围进一步缩小。这可能直接导致了在2002年1群12头的象群迁移至1997年以来一直没有亚洲象分布的勐腊保护区内。

亚洲象的行为是对其现有栖息地环境适应的结果，即它们可以通过调节自身的活动节律等行为以避免与人类发生直接的冲突，同时又能获得足够的食物，在较少依赖野生食物的情况下生存。这说明亚洲象对受人类干扰日趋严重的栖息环境有较强的适应能力。而亚洲象的这种行为适应是在当地社区居民尚能容忍象群取食农作物的前提下才得以实现的。

第三篇 亚洲象保护管理的阶梯

9 亚洲象的现代管理

自然保护是对人类赖以生存的自然环境和自然资源进行全面的保护，使之免于遭到破坏。自然环境包括阳光、空气、水、土壤及各种矿物质，这些成分在一定的地理条件下，形成了具有一定特点的自然环境。自然资源是指自然界中对人类有用的一切物质和不同形式的能量。一般来说，自然资源可分为可再生资源、不可再生资源和无限资源三个部分。自然保护的目的是人类利用科学技术方法和法律、行政手段，达到保护、维持和发展与人类生存有密切关系的自然环境和自然资源的目标，从而满足人类生产、生活中多方面的需求。在自然保护工作中，优先考虑的重点是保护、增值和合理利用自然资源中的可再生资源，特别是生物资源，以达到人类能长期可持续利用的目的。因此，对自然环境和自然资源的保护是人类为自身生存下去所采取的重要战略决策。

自然保护区是将具有典型特殊的自然生态系统或自然综合体（如珍稀动植物的集中栖息或分布区、重要的自然景观区、水源涵养区、具有特殊意义的自然地质构造和重要的自然遗产和人文古迹等），以及其他为了科研、监测、教育、文化娱乐目的而划分出的保护地域的总称。它包括山地、森林、草原、水域、滩涂、湿地、荒漠、岛屿和海洋等各种典型生态系统及自然历史遗迹，并为这些自然区域设置专门机构加以管理建设。建立自然保护区是为了拯救某些濒于灭绝的生物物种，监测人类活动对自然界的影响，研究保持人类生存环境的条件和生态系统的自然演替规律，找出合理利用资源的科学方法。或者说，自然保护区是指在不同地带和大的自然地理区域内，划出一定的范围，将国家和地方的自然资源和自然历史遗产保护起来的场所。

自然保护区在国际上已有近130年的历史。19世纪初，随着资本主义社会发展对自然环境造成的破坏和影响，许多野生动植物不断灭绝或濒危，许多生态系统变得十分脆弱。这引起了世界各国科学家的关注，保护自然的呼声在国际上愈来愈响亮。当时，德国博物学家汉伯特首先提出应建立天然纪念物，以保护自然界的名胜和独特自然景观。美国于1872年建立了世界上第一个国家公园——黄石公园。从此，各国开始了通过建立自然保护区的形式来保护自然界的实际行动。从1962年开始的每十年举行一届的世界国家公园保护区大会上，世界各国代表、专家就国家公园和自然保护区问题展开了专题研究和讨论，这对促进和发展国家公园和自然保护区建设起到了积极的推动作用。目前在国际上，建立国家公园和自然保护区，已成为各国保护自然生态系统和珍贵野生动植物物种的主要方法和手段，也是衡量一个国家自然保护发展水平的重要标志。

实践证明，建立自然保护区是保护自然资源和生物多样性的有效途径，也是保护珍稀濒危物种的有效手段。

中国政府在有亚洲象分布的地区（西双版纳州、临沧市南滚河、普洱市莱阳河）先后建立了自然保护区，并对亚洲象这一珍稀濒危物种进行了保护。

9.1 南滚河自然保护区的建立和沿革

1960年1月，中国科学院云南热带生物资源综合考察队，曾经到班洪进行了考察工作。考察队的植被组1月21日向沧源县委、县人民委员会首次提出建议，将不宜开垦的芒库河沿岸深谷地区，特别是野象常出没的地方划为自然保护区，禁止砍伐、狩猎。但由于历史原因，保护区建设之事被搁置。1979年，临沧地区行署以保护亚洲象为由，就建立南滚河自然保护区的建议两次上报云南省人民政府，省政府向国务院提交了《关于建立南滚河自然保护区的报告》。1980年3月，国务院以专文批准建立了南滚河自然保护区。由于受限于当时对自然保护区的认识水平，仅划定面积6671hm²（公顷），1987年又把面积调到7082.5hm²。保护区位于中国西南边陲，中缅边境中段，云南省临沧市沧源佤族自治县的班洪、班老乡境内，介于东经98°54′~99°54′，北纬23°12′~23°19′之间，面积7082.5hm²。保护区边界离国境线最短距离5km。1995年前，其一直作为省级自然保护区管理；1995年，经林业部确认为国家级自然保护区。

在有关专家的建议下，1999年保护区开始申报扩建，2003年获国务院批准。扩建后的云南南滚河国家级自然保护区面积50887hm²，位于云南省临沧沧源佤族自治县和耿马傣族佤族自治县境内，地处北回归线以南，在东经98°57′32″~99°26′00″，北纬23°09′12″~23°40′08″之间，属野生生物类别、野生动物类型的自然保护区，主要保护对象是孟加拉虎、亚洲象、豚鹿、白掌长臂猿、黑冠长臂猿等珍稀野生动物及其栖息的多种森林环境。

保护区各时期界线见图9-1。

9.2 保护区规划及亚洲象保护的定位

南滚河自然保护区申报的主要理由就是保护南滚河流域的亚洲象。由于申报初期对保护区尚处于探索阶段，所以先得到国务院的批准，然后才规划设计。1981年，云南省森林勘查四大队对南滚河自然保护区进行了第一次专业调查和规划，在专业调查中聘请了几位动物学家，其中有对亚洲象驯养比较熟悉的专家。调查自然把亚洲象作为重点，调查得出了南滚河流域亚洲象保护存在的问题：①用动物园驯养的亚州象作参考，按一头成年象一天食用270~320kg的青饲料来计算，则保护区的亚洲象一年需要97200~115200kg的青饲料。经估测，南滚河流域每平方米可产嫩鲜的马鹿草0.5kg，则每年一头象需草地194400~230400m²（约19~23hm²）；按10头象计算，需要190~230hm²，加践踏掉的3~5倍，为570~1150hm²。另外，还需要可食用的灌木、竹子等食物。从调查中得知，以马鹿草为主的撂荒地面积至少在1000hm²以上，从维持当前种群雨季需要的食料来看是够的。但综观全局，考虑到本保护区内其他动物和亚洲象数量增

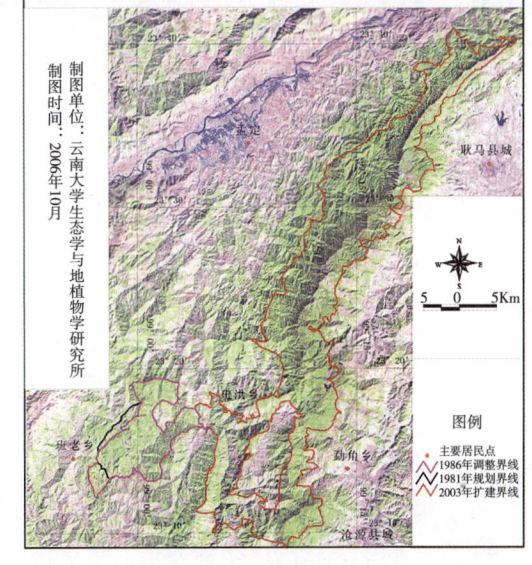

图9-1 南滚河国家级自然保护区边界变迁图

长的需要，认为保护区面积过小，食料供应不足。尤其到了旱季后，食料的供应肯定是会有问题的，保护区的面积应相应增大至 1.67~2.00 万 hm^2 之间。②垌南海地处班老与缅甸接壤之地，1979 年之前象群曾在这一带活动并越过国境，1979 年之后缅方在此地的森林遭到焚毁，象群失去通道，就稳定在芒库河两岸地带活动。但是，目前该地区已经撂荒两年，不仅各种草类丛生，而且还长出了灌木，竹子已成了小片的林子，不仅给予了大象以充足的食料，而且还提供了休息和隐蔽的场所。与此同时，缅甸方面的那些土地，也撂荒不种；远远望去，缅方这一地带的山梁沟谷，也都郁郁葱葱翠绿一片，几乎与我国保护区连成一片，为大象生活提供了充足的条件。在芒冷、芒库、南腊一带如果毁林烧山，象群受胁迫取道垌南海进入缅甸境内是完全可能的。即使不毁林，由于象群数量继续扩大，兼之垌南海一带气候较热，植物生长快，而且在毁林后生长的禾本科植物也较多，加之大河底、石头寨两处水源充足，象群很容易被吸引过去，出境的可能性也就更大了。

为此，专家们提出了稳定象群的建议：①建立饲料基地，充分利用两个寨子搬出后留存之水田以及已被撂荒的坡地，因地制宜地种植一定数量的玉米、甘蔗、稗草、苏丹草（牧草的一种）及一定数量的旱谷，作为象群的精、粗饲料的补充；②在草料丰富但又缺乏遮荫场所的地段，设立几个 20~40 m^2 左右的遮荫棚，棚高宜在 6~7m 之间，棚内设立"料槽"，定时添加精饲料及盐碱。这样，既可使大象及时得到精料和休息，又可逐步使人接近大象，为"驯象"创造条件；③在遮荫棚附近建立几个不渗水的人工泥滚塘，为象洗泥澡创造条件；④设法逐步扩大马鹿草的面积，有意识地挖除（深挖）一部分飞机草，移植马鹿草（要先做几次试验）；⑤在垌南海一带种植橡胶、茶树、果树等，不要种粮食，即"消灭"大象能吃的植物，防止象群外逸（境外）。

从第一次调查和规划看，认为主要存在三个问题：一是目前保护区基本能满足亚洲象的需要，忽略了保护区建立后植被的演替方向；二是亚洲象管理工作的重点是防止亚洲象沿南滚河"逃出"国外，忽略了进出中缅边界是南滚河亚洲象形成的习性，对于亚洲象的扩散和种群间的遗传物质交流有重要意义；三是完全把南滚河流域的亚洲象当作家象来看待，忽略了家象与野象之间存在的本质差别。

9.3 保护区建设

9.3.1 机构设立及管理人员构成

保护区建立后，省政府设置了 70 人的编制，于 1983 年设立了自然保护区管理所，成为沧源县的正式职能部门。管理所下设 6 个管理站和 1 个林业公安派出所，形成了所、站二级管理的管理体系。保护区扩建后，设管理局一个、管理分局 2 个，下设 15 个保护站。

南滚河自然保护区沧源管理局现有职工 41 人，其中管理人员 7 人，占 17.1%；技术人员 8 人，占 19.5%；公安干警 2 人，占 4.9%；工人 24 人，占 58.5%。技术人员均为初中级职称，其中工程师 2 人，助理工程师 3 人，尚未评聘 3 人。职工年龄比例为：30 岁以下 6 人，占 14.6%；31~40 岁 21 人，占 51.2%；41~50 岁 12 人，占 29.3%；50 岁以上 2 人，占 4.9%。职工文化层次结构为：大学本科 3 人（其中党校 2 人），占 7.3%；大学专科 9 人（其中党校 3 人，其他函授 4 人），占 21.9%；中专 3 人，占 7.3%；高中 4 人，占 9.8%；初中 18 人，占 43.9%；小学 4 人，占 9.8%。

南滚河自然保护区耿马管理局现有职工 7 人。

9.3.2 保护区基础设施建设

南滚河国家级自然保护区以云南省政府和临沧地方政府投资为主。由于投资不足,长期以来基本建设滞后,设备奇缺,科研工作落后,保护工作只停留在"看护"的水平上。据统计,截至 2001 年,云南省政府共投入建设资金 123 万元人民币。

南滚河国家级自然保护区管理局现有房屋面积 2946.00m^2,包括:管理局业务、科研、辅助用房 939.72m^2,职工住房 1423.2m^2,6 个管理站用房 583.08m^2。这些房屋大部分在 20 世纪 80 年代完成,年久失修。保护区管理局另建有了望台一座。

2001 年,国家林业局批准了《南滚河国家级自然保护区建设项目可行性研究报告》,投资 1025.07 万元(中央预算内投资 615 元,省级配套 80 万元)对保护区进行了建设。其中,保护区管理局投资 221.62 万元,沧源管理局投资 575.98 万元,耿马管理局投资 227.47 万元,建设工作正在进行中。

9.3.3 保护区管理

保护区建立以来,沧源管理局主要做了如下工作:

(1) 培训工作。积极开展各种形式的培训活动,提高管理人员的素质。有 3 人从西南林学院专修班结业,2 人获得西南林学院的专科文凭,1 人获得昆明理工大学的专科文凭,1 人就读本科函授,5 人就读大专函授。参加各种短期培训 60 人次。同时派技术人员参加科研院所专家在南滚河自然保护区进行的科研活动,使管理人员得到了锻炼,增强了解决问题的能力。

(2) 加强对资源的管护。保护区建立了巡护管理制度,规定了各管理站的巡护范围,规定了巡护时间,规范了巡护记录,进行不定期抽查和年中、年末检查验收,考核基层站的工作成效。强化管护措施,采取各管理站日常巡护和管理局不定期巡逻相结合的办法。管理站负责面上管护,巡逻队深入重点地区、要害地段突击检查,收到了较好效果,确保了保护区资源的安全。

(3) 定岗定责。管理局机关建立了岗位责任制度,强化了岗位的职责和分工。同时,当好地区各级领导的参谋,协调处理与地方各部门的关系,使保护区工作得到多方的支持,也争取到了省政府领导、省林业厅领导和地方政府领导多次来保护区视察和指导工作的机会,帮助解决了存在的问题。

(4) 加强合作。与国内外的科研、教学、规划设计单位密切合作,进行过多次综合性的或单项的科学考察,基本了解了保护区生物资源的家底。

(5) 加大了执法力度。1986 年以来,共查处盗伐、偷猎、毁林开荒和蚕食自然保护区土地等案件近 200 起,并积极参与了国家林业局组织的"天保行动""南方二号行动""猎鹰行动"等专项斗争。特别是 2001 年,在地、县森林公安的支持下,成功破获了猎象案,一举抓获一个猎杀、盗窃、贩卖象牙的犯罪团伙。通过严打,震慑了犯罪分子,教育了群众,使林区社会治安得到了一定的改善。

(6) 关注周边社区发展,争取实现社区共管。保护区管理局将周边社区发展作为自己的工作目标之一。在保护区建立伊始,迁出了大河底、石头寨两个村寨,政府通过保护区管理局发放损失补偿费 18.9 万元,使搬迁农户的生产生活得到妥善安置。在管理经费困难的情况下,管理局尽量帮助周边群众解决实际困难。2003 年,在政府的帮助下,又成功迁出了芒永寨。

(7) 做好宣传工作。一方面采取召集会议、到集贸市场摆设宣传点、到田边地头说教、到中小学校授课、张贴宣传材料等形式，宣传建立自然保护区和保护生物多样性的意义，宣传党和国家有关自然保护区建设的方针政策和法律法规，使公众的保护意识不断得到提高。另一方面，通过媒体向外宣传自然保护区，增加了保护区的知名度，让外界了解并支持自然保护区的建设。

（8）抓好森林消防工作。针对佤族的生活习惯，落实各项管理制度，通过加大森林防火宣传力度、加强火源管理等措施，使保护区多年来没有发生过重大森林火灾。

（9）积极做好野生动物造成的人身、财产损失调查核实、上报和补偿兑现工作。1998年前，按沧源县政府的有关规定，补偿对象仅限于亚洲象和虎造成的损失，补偿范围只限于稻谷、橡胶和牛（水牛、黄牛）。1998年《云南省野生动物造成人身财产损失补偿办法》出台后，1999年开始按此规章执行。但由于市、县两级政府政策配套不足，补偿金额仍然很低。历年来补偿标准见表9-1，补偿费发放的情况见表9-2，除亚洲象以外其他动物造成的人身财产损害区域分布见图9-2。

表9-1 南滚河自然保护区周边历年国家重点保护陆生野生动物造成的人身财产损害补偿标准表

时间	标准									依据
	水牛（元/条）	黄牛（元/条）	猪（元/头）	稻谷（元/公斤）	玉米（元/公斤）	豆类（元/公斤）	橡胶（元/株）			甘蔗（元/吨）
							苗	幼树（定植桩）	成树	
1980年至1998年	70.00	50.00		0.17			0.50	7.00	15.00		按沧源县政府的有关规定补偿，补偿范围仅限于亚洲象和虎造成的损失
1999年	250.00	150.00		0.50						65.00	《云南省野生动物造成人身财产损失补偿办法》颁布后，按此规章执行，标准按省财政拨款金额、临沧市实际损失数量由临沧市林业局统一确定
2000年	250.00	150.00		0.40	0.40			6.00	50.00		
2001年	250.00	150.00	100.00	0.60	0.50	0.50	7.50	100.00			
2002年	750.00	500.00	125.00	0.18	0.13		7.50	150.00			
2003年	700.00	450.00	75.00	0.60	0.50	0.50	2.50	7.50	60.00		
2004年	125.00	75.00	20.00	0.28	0.15	0.20	0.50	1.25		25.00	
2005年	130.00	110.00	60.00	0.20	0.20	0.50	2.00	50.00			

表9-2 历年野生动物造成的人身财产损失按损害对象分类补偿情况表（单位：元）

时间	合计	粮食	家畜			橡胶	甘蔗
			水牛	黄牛	猪		
1980	13574.50	9834.50	1540.00	2200.00			
1981	13298.60	7748.60	2100.00	3450.00			
1982	13018.90	5468.90	2100.00	5450.00			
1983	19865.90	6675.90	3640.00	9550.00			
1984	15836.80	5446.80	2940.00	7450.00			
1985	24240.50	15461.50	2450.00	6000.00		329.00	
1986	23317.34	14671.34	2240.00	5300.00		1106.00	
1987	21947.84	12775.84	2660.00	6050.00		462.00	
1988	18520.45	15790.45	630.00	2100.00			
1989	17217.00	15147.00	420.00	1650.00			
1990	17256.06	14266.06	840.00	2150.00			
1991	17842.98	15706.98	560.00	1450.00		126.00	
1992	4857.05	3479.05	280.00	1000.00		98.00	
1993	18407.55	16747.55	210.00	1450.00			
1994	19478.98	17848.98	280.00	1350.00			
1995	33654.90	31784.90	420.00	1400.00			
1996	35494.46	34584.46	210.00	700.00			
1997	15299.20	12233.20	350.00	1400.00		1316.00	
1998	24365.50	16911.50		300.00		7154.00	
1999	20550.75	16457.50	250.00	1350.00		2282.00	211.25
2000	46545.00	35136.00	750.00	3900.00		3804.00	2955.00
2001	79291.90	57389.40	2000.00	5250.00		8167.50	3010.00
2002	135495.25	80371.50	6750.00	10000.00		31485.00	6888.75
2003	171172.00	109251.00	13300.00	13950.00	75.00	31410.00	3186.00
2004	72175.85	46006.66	5250.00	3975.00	220.00	15706.30	1000.00
2005	70815.00	45997.00	2990.00	3410.00	120.00	17748.00	550.00

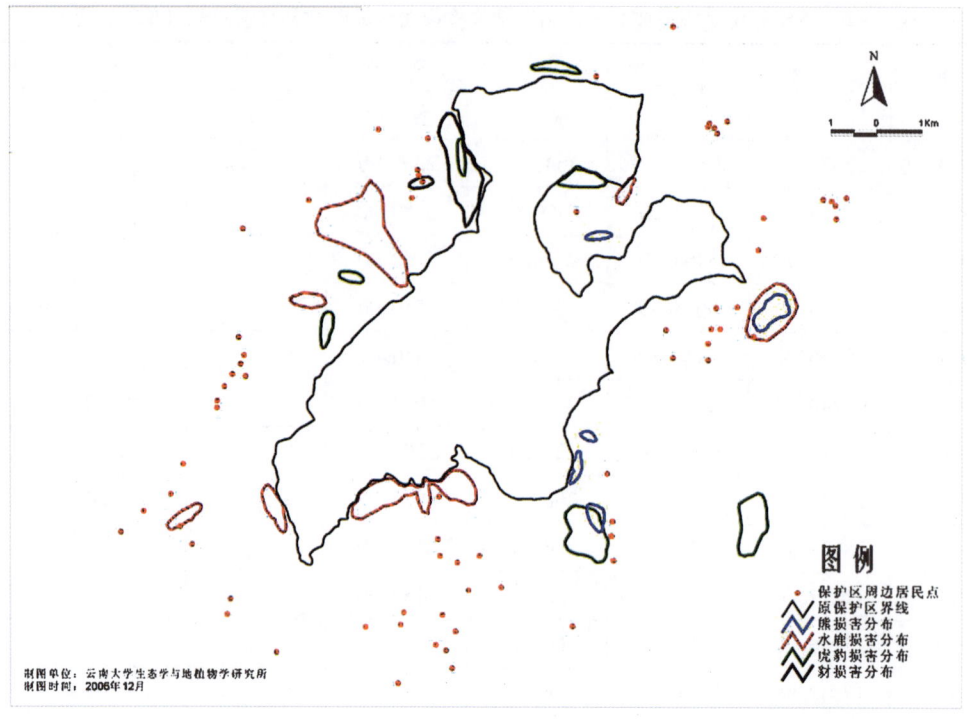

图9-2　南滚河保护区周边其他问题动物历年造成人身财产损害分布图

9.4　亚洲象保护的探索

除了上述自然保护区的常规管理外，保护区管理局针对亚洲象的保护，进行了一些有意义的探索。

9.4.1　利用佤族传统文化保护亚洲象

9.4.1.1　弘扬班老"贡象节"文化

在项目的支持下，保护区管理局配合项目负责人帮助上班老佤族举行了3届"贡象节"，使佤族传统的象文化得以弘扬，同时宣传亚洲象保护的法律知识，使当地公众的保护意识在娱乐活动中得以加强。

9.4.1.2　利用佤族传统文化开展亚洲象跨国保护方面的探索

利用同一个跨境民族具有相同文化背景的特点，把跨境民族的传统文化用于生物多样性的跨国保护，一样具有有效性。在社会制度或经济基础不同、政府间难与沟通的两国之间的生物多样性跨国保护问题上，跨境民族传统文化的利用对生物多样性保护会显得尤为实用。另外，在生物多样性保护跨国合作的初始阶段，可以把跨境民族的文化利用作为切入点，可能会使工作进行得更加顺利。例如：

（1）邀请相关民众代表共商亚洲象保护问题。

（2）邀请缅方佤族民众参加佤族象文化节活动。

为了使有利于生物多样性保护的佤文化得到弘扬，并发挥其应有的作用，云南南滚河国家级自然保护区管理局重视对佤族传统文化的研究，选择其中有影响力的内容加以弘扬，支持佤族社区举行年节，并通过中缅佤族之间的联姻等途径方式，邀约缅方佤族参加活动，趁此机会与缅方佤族进行保护亚洲象问题的沟通。

案例9-1：邀约缅方佤族参加班老"贡象节"

"贡象节"曾经只是佤族家庭内的小仪式。为使这项活动为亚洲象的保护起到积极作用，2002年和2004年4月中旬，云南南滚河国家级自然保护区管理局资助班老乡上班老村举办了规模较大的"贡象节"，并鼓励国内佤族通过各种关系，邀请境外的亲朋好友参加这一活动。2002年有部分境外佤族应邀参加了"贡象节"。参加2004年"贡象节"的境外佤族明显增加。2006年，参加"贡象节"的境外总人数达3000人。国内外的佤族通过感受"贡象节"，唤起了原始的保护亚洲象的意识，为出走缅甸的亚洲象的安全提供了必要的基础。

---

(3) 利用佤族头人进行境外宣传。

1998年前，栖息在南滚河流域的野生动物特别是亚洲象经常出入边境，而缅甸国边境属于特区，法律约束力低，只能靠佤族传统文化的保护功能和缅甸地方武装的规章来保护野生动物。由于有其他民族混居在这一地区，所以猎捕野生动物的情况时有发生。为了保护好游走于南滚河流域的野生动物，使亚洲象、虎等动物有去有回，一些国内佤族头人利用自己在这一带的影响力，向中缅边境地区宣传中国保护野生动物的法律和政策，劝诫缅甸民众不要猎捕珍稀野生动物。已故原云南省人大副主任、佤族爱国人士保洪忠先生就为保护区做了大量这方面的工作。他在缅甸佤族中很有威信，常利用境外佤族人士常到他家看他和境外一些民族头人与他联系的机会，宣传我国的动物保护政策，同时为珍稀动物在国外活动信息的获得建立了一种渠道。

案例9-2：保洪忠促使亚洲象安全返回保护区

原中国人民政治协商会议第九届全国委员会委员、云南省第九届人民代表大会代表、省人大常委会副主任、著名民族上层爱国人士保洪忠，他同时是班老佤族的世袭头人"板勐"。在1960年前，南滚河一带大多是保家的势力范围；1960年后，保家也得到划归缅甸的佤族的尊敬，在这一带有很大影响力。

1994年，一群亚洲象从南滚河国家级自然保护区游走到缅甸，保护区管理局了解到境外的一些人有可能对象群下毒手，十分着急。为了保证这群象能顺利回来，管理局找到保洪忠，保老欣然应允帮忙。他自己花钱购买礼品，派人到缅甸说服佤族群众不要伤害这群大象。他请缅甸佤族群众阻止大象继续往下游迁移，以防止大象惨遭不测。缅甸佤族群众见到保洪忠的信使并得到传话后，用敲击锅盆等方法，将象群往上游驱赶，使这群象安然返回南滚河自然保护区。

(4) 参照中国的法律解决境外问题。

由于跨境而居的佤族间的交往密切和保护区管理局的宣传，境外的佤族也对中国有关生物多样性保护的法律法规、政策以及现代管理方法有所了解。在人象冲突发生时，若境外佤族群众主动提出用中国的法律法规来解决，保护区管理局都会给予妥善处理。

案例9-3：按照中国法律对境外佤族的损失给予补偿

佤族有一个习俗，就是旱谷收割后，不能立即运回家中，要在山上堆成谷堆存放7天。1998年，缅甸一个佤族村寨派人找到保护区管理局，诉说"中国大象"到缅甸掀翻他们的谷堆。他们听说中国有赔偿政策，要求给予补偿；若不给予补偿，将请人猎杀大象。管理局派技术人员到国外了解情况，购买了香烟、糖、茶等礼品，按照佤族的礼节向受害者表示道歉，给予受害者精神抚慰，并邀约缅方佤族群众到班老商议，用中国的政策对他们进行了补偿，还给他们赠送了锄头等农具，使缅方佤族群众十分满意，并表示愿与保护区合作，保护亚洲象等野生动物。

9.4.2 开展亚洲象的科学研究

保护区管理局组织技术人员力所能及地开展了一系列亚洲象的研究活动，同时配合科研院校和其他科研单位开展了一些亚洲象科研工作，取得了一些成果。

9.4.3 猎杀亚洲象案件的查处

保护区管理局配合森林公安和地方公安，成功破获了发生在南滚河流域的几起猎杀亚洲象的案件，打击了猎杀亚洲象的违法犯罪活动，教育了当地的民众，震慑了违法人员，使猎杀亚洲象的活动得到一定程度的遏制。

9.5 保护管理工作存在的问题

保护区的建立，无疑是亚洲象保护的一种积极有效的方式，为南滚河流域的亚洲象创造了更好的生存环境。但由于多种因素的制约，保护区管理工作还存在很多问题。

9.5.1 保护区的管理能力评价

9.5.1.1 管理条件评价

保护区机构的管理能力尚比较薄弱。体制方面，业务上由省林业厅指导，行政上归县政府领导。在保护区人员结构调整等问题上，业务部门无法参与决策，一方面导致保护区人才缺乏，管理水平低；另一方面保护区管理局领导为县政府委派，在管理、执法等问题上受到干扰，无法完全体现管理者的意志。基层管理人员配置不合理，管理站人员不足。

管理人员素质低。目前在第一线管理的人员大多来自保护区周边社区，是因为所居住社区的土地被划入保护区而被照顾录用的。他们大多为初中文化水平，虽然有些人接受了培训和进修，但是由于文化基础差，只能进行较简单的巡护工作，很难使管理工作走向科学化、规范化方向。

其他方面还有：①交通工具不足，很难满足保护区管理工作的需要。保护区管理人员以步行等落后的交通方式到保护区周边开展亚洲象等野生动物的巡查，常造成人身财产损害，宣传工作效果也不好。②通讯设备不够。如遇紧急事故，管理站工作人员需步行到管理局报告，工作效率极低。③缺乏宣传教育设备和器材，无法有效地对周边社区公众进行宣传。④没有科研设备，无法开展较高水平的科研活动，无法对自然资源进行有效监测。⑤缺少科技图书资料及配套设施，管理人员无法获得新的管理知识。⑥到目前为止，保护区还没有建立资源数据库，更谈不上应用地理信息系统等科学管理手段。⑦缺乏必要的保护设施。虽然已经埋设了部分界桩，但太稀疏，还没有标牌和警示牌。⑧没有建立固定的哨卡、观察台、投食台。⑨没有设立气象观测站、资源监测站等。

9.5.1.2 亚洲象科研工作评价

保护区缺少一支训练有素的科研队伍，科研人员知识面窄；虽然与大专院校、科研院所和国内外专家有了一些合作，但面不广，力度不大，加上缺乏专题研究经费，在南滚河很少开展重点保护对象的专题研究。针对亚洲象的研究大多是伴随着其他研究一起进行的，如南滚河自然保护区规划、南滚河自然保护区综合科学考察。虽然也开展了几次亚洲象的专题研究，但由于是保护区管理局自己组织技术人员开展的，缺乏专家指导，如前面分析的那样，成果往往没有参考和使用价值，无法作为制定亚洲象管理目标、保护规划和管理计划的依据。已经发表的有关南滚河自然保护区亚洲象的论文更是凤毛麟角，限制了外界对南滚河流域亚洲象的了解和认识，无法吸引国内外的专家到南滚河从事亚洲象的研究工作，进一步限制了南滚河流域亚洲象科研水平的提高。

9.5.1.3 亚洲象保护工作评价

经过多年的保护，南滚河保护区管理工作固然取得了一定的成绩——至少亚洲象等物种能继续在保护区及周边地区保存下来，种群得到延续，但也存在很多问题。

(1) 目标简单，管理粗放。由于缺少科研成果作为依据，保护管理的目标不是十分明确，只是简单的以种群数量的增长为目标；管理工作分不出重点，管理仅仅是停留在"看守"水平上，停留在开展防火、制止猎杀及控制人为干扰等一般性的管护工作上，没有就亚洲象的行为习性开展更具针对性的管理活动，如改善生境条件等。

(2) 巡护过程简单。由于设备不足、管理人员知识储备不够等原因，保护区管理人员在巡山护林中，只是沿巡护路线不停地走。如果巡护过程中发现问题，尽量当场解决，无法解决的上报管理局；如果没有发现问题，就算完成了任务，巡护后也几乎不做任何巡护纪录。这也是亚洲象保护管理工作缺乏真实数据的原因之一。

(3) 管理中执法不严。国家和地方制定了很多有关自然保护区管理和野生动物保护的法律法规。但在南滚河流域，许多法律条文形同虚设，如《中华人民共和国自然保护区条例》第二十六条明确规定：禁止在自然保护区内进行砍伐、放牧、狩猎、捕捞、采药、开垦、烧荒、开矿、采石、挖沙等活动。但保护区内到处都是野放的牛，保护区管理人员也司空见惯。原因很简单：民族习惯、法不责众。

(4) 对亚洲象造成人身财产损失的评估没有统一的标准。云南省在中国率先出台了《云南省重点保护野生动物造成人身财产损害补偿办法》，对判断人身财产损害是否符合取得政府补偿的条件、损失的调查程序等作出了明确规定。但在南滚河保护区，还没有完全按照法规规定的程序开展调查评估工作,评估的标准也不统一。各保护站之间还会出现一定的差异,缺乏科学性和严肃性。

(5) 宣传工作不到位。保护区建立后,开展了大量的宣传工作,保护区管理工作得到了大部分民众的认可和支持,但也存在一些不到位的地方。例如,在内容上只重视宣传法律法规,告诉人们种种限制,忽视了有关南滚河保护区建设意义的宣传;在方法上虽然采取了许多民众喜闻乐见的形式,但都是灌输性的;在对象上主要是针对南滚河流域的佤族村民,部分针对中小学生,忽视了对具有决策权领导的宣传;在范围上只重视在保护区周围开展,忽视了对外界的宣传,使保护区没有获得应有的知名度。

(6) 缺乏严格而适当的监督和激励措施。保护区管理局制定了一些规章制度,明确了岗位职责,但需要进一步完善。而且,保护区管理部门还需制定一套监督和激励办法。目前,南滚河国家级自然保护区管理部门还缺少一套切实可行的对管理人员的工作进行监督、评价和奖励的办法,管理人员积极性受到影响,管理工作的效果可想而知。

9.5.1.4 管理效果评价

保护区建立后,保护区的资源得到了有效保护,但作为主要保护对象的亚洲象死亡8头。其中,被非法猎杀4头,意外死亡1头,自然死亡3头。亚洲象种群数量不仅没有增长,比起保护区成立初期还略有下降。

9.5.2 社区共管的缺失

9.5.2.1 保护区管理部门与周边社区关系评价

保护区的建立影响了周边社区公众的生产生活。保护区建立初期,从保护区搬迁了大河底、石头寨两个寨子,并做了安置工作。保护区管理部门在当地招聘了大部分职工,为当地提供了就业机会,在教育、扶贫等方面给予了周边社区一定的帮助。但由于保护区自身经济能力有限,又没有相应的社区发展项目支持,导致保护区管理部门对社区的扶持力度不大。周边社区经济落后,对自然资源的依赖性大,对保护区资源产生了威胁。加上保护区对主要保护对象(亚洲象)给周边社区民众造成的损失补偿力度不大,使周边社区民众对保护区工作产生不理解情绪,所以造成保护区管理机构与周边社区民众之间的关系不太和谐。另外,保护区管理机构在政府机构中影响力往往相对较弱,使其在利益冲突处理中易受轻视,造成当地政府的发展计划与保护工作目标不一致的情况发生,从而造成政府机构与保护区管理机构之间的矛盾。至今,没有建立能有效协调各种利益者之间关系的共管机构,来调和保护区与周边社区的关系。

9.5.2.2 影响南滚河自然保护区周边居民参与保护区管理的因素分析

自然保护区管理是个社会问题,需要社会来共同参与。社区共管作为自然保护区管理工作的一种形式,已经得到人们的认可。能否提高周边社区居民的参与积极性,已成为保护区管理工作成败的关键因素之一。目前,南滚河自然保护区与周边社区关系紧张,矛盾突出。

(1) 保护区自然因素

地理位置。南滚河自然保护区地处边疆,交通不便,加上宣传不力,虽然有神奇的山谷、茂密的雨林和丰富的动植物资源,但并未被外界大多数人所认识。周边社区居民不能通过"国家级保护区"这块牌子争取到国内外的投资、援助，或吸引游客给他们带来可观的经济收入。

地貌特征。南滚河保护区三面环山，一水中流，村寨分布在保护区上面，海拔相对较高。除班老有部分水田外，保护区周边社区均无法有效利用南滚河的水资源，而保护森林的效益最容易从水资源中体现出来，所以保护区周边社区居民感受不到保护区的存在和保护区内森林的恢复给他们带来的好处；保护区产生的效益得不到居民的认可，居民也就不关心保护区的管理工作。

（2）保护区管理机构因素

保护区无法对公众提供扶持。自然保护区是公益事业，靠国家拨款维持各项工作的开展，无法筹集社会资金对周边社区进行扶持，无法帮助周边社区解决需要花钱的事，使民众认为保护工作与自己无关、保护区管理部门可有可无。

保护区不能给社区提供技术。南滚河自然保护区管理局人员文化素质低，技术力量十分薄弱，在帮助周边社区村民解决生产生活中的技术问题方面很难发挥作用，因此管理局的管理人员与周边社区居民关系淡漠。

管理人员思想的局限。保护区管理人员在管理工作中不愿意接触群众，不注意依靠群众和当地政府，把自己与周边居民的关系看成一种纯粹的管理者与被管理者的关系，因而与当地群众的关系不融洽。

（3）政策因素

公众损失的补偿不足。南滚河自然保护区周围几乎都被开发。随着保护区的划定和管理工作的开展，野生动物对农作物的损毁和家畜的伤害情况越来越严重。以1997年为例，野生动物造成的粮食损失超过2.75万kg，约占班洪、班老两乡粮食总产量的5%。其中，亚洲象造成损失1.29万kg，水鹿造成损失1.45万kg，黑熊造成损失690kg；虎咬死（伤）耕牛15头，黑熊伤1人。多年来，管理局一直按县政府办公室规定的补偿办法，分别按稻谷0.34元/kg、黄牛50元/头、水牛70元/头、橡胶幼苗0.50元/株、开割前橡胶树7元/株、开割的橡胶树15元/株的价格来补偿；补偿价格远远低于现行市场价格，而且补偿范围仅限于亚洲象和虎造成的损失。群众要求增加补偿金额和扩大补偿范围的呼声越来越大，也因此与保护区管理局的矛盾日益尖锐。1998年，云南省人民政府颁布了《云南省重点保护野生动物造成人身财产损失补偿办法》，加大了野生动物造成人身财产损失的补偿力度。但由于地方经济困难，无力依法配套补偿经费，到受害者手中的实际补偿金额仍然很低。

扶持力度不够。政府没有因保护区的建立影响南滚河流域佤族民众的生产生活而在投资上予以倾斜，民众没有因保护区的设立得到政府和其他非政府组织的好处，民众与保护区之间缺乏直接的依存关系，使民众对保护区的建立和亚洲象保护的意义产生怀疑。

9.5.2.3 文化因素

历史中形成的对自然的依赖。保护区周边的班洪、班老两个乡直接从原始社会过渡到社会主义社会。特别是班老，1960年才从缅甸划归祖国，一直处于自给自足的小农经济状态，对自然资源的依赖性很强。自然保护区的建立，从某种程度上限制了当地居民对自然资源的利用。过去，佤族采取刀耕火种的原始耕作方式。到建国初期，人均水田面积不足半亩；以放"野牛"为主的传统牧业，也需要大面积的牧场。自然保护区建立时，还将一部分农民的土地划入保护区，对农民的生产生活造成了一定的影响。

参与意识差。佤族的传统文化和习俗中有许多有利于生物多样性保护的内容，但近年来由于新思想的传播和受教育人数的增加，一些有益的传统文化逐步丧失，而新的环保思想又未形成，居民对自然保护工作有抵触情绪。另外，周边社区居民文化水平低，文盲占总人口的20%以上，因此居民对事物的观察、分析、判断和决策能力较低，这也影响了他们对保护区管理的参与性。

9.5.2.4 社会经济因素

（1）市场诱惑。市场经济对野生资源（特别是野生动物产品）的需求量增加，使野生资源的市场价格飙升，这导致部分民众对自然资源虎视眈眈。保护区周边土地的不合理开发使保护区外围森林大面积减少，居民获取薪材和建材的难度越来越大，也对保护区的资源造成威胁。另外，部分领导和民众因在经济作物开发中得到好处，产生了保护不如开发的思想。

（2）社区贫穷。保护区周边社区经济不发达，贫困面大，贫富不均。从调查看，与亚洲象有关的社区，这种贫困更为突出。这也限制了公众参与保护活动的愿望和能力。

总之，南滚河自然保护区周边社区居民几乎没有参与保护区的管理，也就是说保护区的管理工作一直得不到周边社区居民的有力支持。要确保保护区管理工作的顺利进行，必须充分考虑周边社区的可持续发展，发挥保护区的优势，帮助周边社区脱贫致富，让居民从中得到实惠，从而与自然保护区建立一种互利互惠的关系。

9.5.3 过去的管理忽略了跨文化冲突

跨文化（Inter‐Cultural）又叫交叉文化（Cross‐Culture），是指具有两种不同文化背景的群体之间的交互作用（Raghu Nath. 1987）。跨文化管理（Intet‐Cultural Management）被现代企业广泛运用，是指与企业有关的不同文化群体在交互作用过程中出现矛盾和冲突时，在企业管理的各个层级、方面中加入对应文化的整合措施，有效地解决这种矛盾和冲突，从而高效地实现企业管理。

在少数民族地区，自然保护区和生物多样性的管理实际上是一种跨文化的管理。一方面，少数民族的传统文化尤其是生态文化，就是用自己独特的方式对自然资源加以保护的。以南滚河流域的亚洲象为例，在保护区建立前，它们就是靠南滚河流域佤族特有的象文化得以受到保护。另一方面，保护区的建立引入了新的保护理念，包括组织机构、技术方法、管理措施、法律法规等。两者相遇，传统被打破，新的理念一时无法被民众接受，必定产生冲突，表现在如下方面：

（1）忽视文化传统所塑造的不同民族性格而直接导致的跨文化冲突。

传统文化是民族文化的深层积淀，它溶入民族性格之中，使各民族表现出不同的个性。民族的责任、个性与人性的冲突，往往构成跨文化沟通的困难（黎伟，2004）。南滚河流域的佤族在长期适应自然的过程中，对亚洲象有了深刻的认识并建立了一种和谐的关系，认为亚洲象就是需要和人类在一起，亚洲象需要人类实行刀耕火种为它们提供栖息环境。而新的保护理念是保证保护区自然生态系统的完整性和自然演替。二者之间产生了冲突。

（2）不同民族的不同思维模式，是导致跨文化冲突的重要原因。

思维模式是民族文化的具体表征（黎伟，2004）。调查发现，虽然说佤族人具有豪爽、奔放、直率的性格特点，但是佤族的语言表达方式较含蓄，偏好使用带有许多比喻的语句，如佤族熟语中"你是一头大象"意思是"你强壮得像一头大象";在讲述道理时,也常采用故事、寓言等方式说明问题,所以说佤族人的思维方式带有一定的含蓄性。如果直截了当对他们宣传政策或法律条文,他们难以接受。在开展社会调查时,进入佤族人家里,主人往往会准备饭菜,不论好坏,你最好都要吃一点,以免主人认为你看不起他。工作人员在佤族群众家就餐后,如果直接支付伙食费,那就会被误解为小看主人,主人也会被邻居耻笑。但换一种方式,跟主人借一碗米和两根蜡烛,把钱放在上面,送给主人家里的老人或直接送给主人,叫"送魂",主人就会欣然接受。

(3) 民族文化所形成的处理问题的不同行为模式,使跨文化冲突时有发生。

行为模式是民族文化的外显形式,它以固定的结构,在相同相似的场合为人们所采用,成为群体表达认同的直接沟通方式。不同的民族文化造成不同的行为模式。在相同的环境中,这种不同的行为模式会表现出很大的冲突性(黎伟,2004)。佤族习惯于依赖自然资源和简单的技术获取生活资料,新的土地利用理念和开发理念使大多数佤族人不适应,在新的环境下不能控制自己的行为(如钱的花销)。

(4) 作为文化意义之一部分的语境,也会成为跨文化沟通的障碍。

改革开放多年后,虽然绝大部分佤族人已经能熟练使用汉语,但一部分人,特别是老年人的汉语能力很弱,在汉语语境下的交流有时会出现障碍。在调查中发现,即使汉语说得很流利的佤族人,在交谈中也常常用佤语与随行的佤族工作人员交流,而不喜欢用汉语与工作人员交流。

(5) 不同的宗教信仰经常成为跨文化冲突发生的重要原因。

南滚河流域的佤族形成了自己独特的宗教信仰。在这些宗教信仰中,有一些约定俗成的规矩,必须受到尊重。2004 年,国务院新闻办委托公安部中国警务报道组到南滚河流域拍摄有关亚洲象保护的专题片。专题片需要拍摄一组班老乡整治土地的镜头,征得下班老村民委员会永桑组组长同意后,摄制组决定到村边拍摄村民的劳动场面。但到拍摄地点后,不见村民出来劳作。组长前去动员,过了不久只见他按佤族的礼节,端着一个摆满香蕉、粑粑、香烟、甘蔗、花草的篾桌,来到摄制人员面前请求原谅,原因是他无法满足摄制组的要求,耽搁了摄制组的时间。经过了解,原来当天是佤族洗佛的日子,按当地宗教传统,所有村民要参加宗教活动,不能下地劳作。摄制组只好另择时间拍摄。

造成跨文化冲突的原因是多种多样的。只有认真研究不同文化的特质,才能在工作中妥善解决跨文化的冲突和矛盾,才能把不同文化中的优点结合起来,建立一套有效的跨文化管理模式。在过去的亚洲象保护中,忽略了这种跨文化的冲突,有利于亚洲象保护的那部分佤族文化没有得到弘扬和利用,佤族传统文化和习俗没有得到足够的尊重,产生了很多的矛盾和冲突。

第四篇　危机的反思

10　亚洲象生境被压缩

亚洲象喜欢的生境主要是食物丰富、水源充足和隐蔽场所都较好的区域。从身体结构与功能来看，作为毛被稀疏的厚皮动物，既要保温又要能散发体热，需要很好的水分代谢，亚洲象每天需要饮水数次，并且在气温高时需要通过泥浴或水浴来降低体温，因而亚洲象比较适应温暖、湿润的气候，对水源表现出强烈的选择性，喜欢在距离水源较近的地方活动。

研究表明，亚洲象对生境的选择并不是随机的。亚洲象的生境特化程度高，对环境具有一定的耐受性。但亚洲象生境范围较窄，受环境的制约较大。2018年亚洲象各类生境的面积为：最适生境和较适生境的面积较少，分别为 26.34 km^2 和 44.08 km^2，占流域总面积的 1.58% 和 2.65%；边际生境面积较大，达 71 km^2，占流域总面积的 4.26%。由此可见，2018年亚洲象各类生境面积均低于1988年的水平，表明亚洲象的生存范围在缩小，局限性升高。亚洲象的生境范围较窄，主要分布在南滚河上游和下游流域段。而最适生境被完全分离，使亚洲象难以有效迁移。

亚洲象生境被压缩的主要原因是：亚洲象的理想栖息地同时也是人类耕作、种植农作物（水稻、玉米等）、经济作物（如橡胶、砂仁、各种水果等）的理想地。作物的规模化种植带来了自然森林植被的大量减少和林下植物的单一化。据2000年统计，西双版纳州已经种植橡胶面积 139760 hm^2，茶叶 19500 hm^2，水果 9674 hm^2，砂仁 6706 hm^2，甘蔗 20640 hm^2。现在，西双版纳国家级自然保护区内与区外植被反差越来越大，使得保护区岛屿化、破碎化现象日趋严重。尤其是由于市场的需求量大增，西双版纳的橡胶种植业正以很快的速度发展。据2004年云南省农垦总局西双版纳热带作物研究所统计，橡胶种植面积已达 155780 hm^2，占全州土地面积的8%，生物多样性丰富度很高的自然生境越来越多地为单一种植的橡胶林所替代，适于野生亚洲象生存的面积越来越少，给野生亚洲象的生存和繁衍带来了更大的困难。

亚洲象生境被压缩从古至今一直在发生。在著名的沧源岩画中出现了许多围追驱赶亚洲象和其他动物的画面。所画人物高举双手，呈吆喝之状，手中没有武器。这可能是先民们防御亚洲象侵害和把野生动物逐出栖息地的措施。虽然不将动物杀死，只把它们轰走，间接保护了亚洲象，但占领野生动物生境，逼迫野生动物离开家园，也是破坏性的行为。

后来在南滚河流域的建设和开发对亚洲象的影响更是深远。1983年（保护区已建），为改善交通、发展经济，当时的班老乡政府决定架设班老至帕囊、班搞高压线路，需要把帕囊木桥改建为水泥桥。此项工程由施甸县工人陈某承包，施工工棚就设在桥头东边。1984年1月8日晚12点左右，陈某等人忽听竹林中"刷刷"声响，起床观望，在月光下见7头野象朝着工棚方向漫步而来（含一头幼象）。此刻民工们个个心惊胆颤，不敢大声言语，又束手无策。在危急时刻，但见那露着长牙的大公象扬起长鼻向四周探测了几下，野象先后全都在距工棚10多米远处躺下。在进退两难之际，陈某想到大象鼻子最灵的特点，提议在火塘中烧破衣服发出异味来驱赶大象，大伙都同意照此法办理。果然到第二天凌晨1点钟左右，大象嗅到烧破衣服发出的气味后，那大公象连续吹了几下鼻子，其他象都纷纷站起来，由大母象牵头引路，穿过南滚河，走向保护区的密林中躲避。可见，在高压线路建设中就对亚洲象的正常生活产生了影响。但这还没有完，1986年3月12日晚，一头公象在帕囊橡胶队附近用鼻子拉断一根高压线（离地面3.4米），触电后滚下山坡43米，同时引起火灾，当地民众及时扑救才得以将火扑灭。两年后的1988年10月18日，该头成年公象又在附近拉倒高压线杆，被高压电触倒，顺着掉落在地上的高压线滚下山坡，被高压线缠住头部，触电死亡，象牙也被高压线烧焦。

这条高压线路建成后由于缺乏维护经费，年久失修，一直是保护区的隐患，曾由于刮风，将竹梢吹到电线上而引起火灾。班老乡政府机关工作人员和村民赶到现场扑救，才避免了更大的损失。这种威胁一直到2002年该线路废弃才结束。但该工程也留下了后遗症，为了修建线路而修建的便道，现在成了班老至帕囊的主要通道之一，人员活动频繁，曾经由于深夜有人点燃火把照明通过该小路而引起火灾。该小路有多段是亚洲象的通道或"象路"，所以对亚洲象的影响也很大。

因为亚洲象的栖息地被侵占，南滚河流域的亚洲象被迫到地形复杂、生存条件恶劣的地方活动，造成了幼象的死亡。1988年12月22日，保护区管理人员进行亚洲象种群数量调查时，在保护区内的南洛河中发现一具幼小公象的尸体泡在水中，身上无致伤痕迹。事发地点地势险峻，管理人员判定小象为不慎掉落到南洛河中死亡。1995年10月，保护区管理人员在保护区内（西能河边芒黑老田），又发现一具幼象的尸体泡在小溪水中。幼象死亡地点河岸陡峭，周边发现母象为救幼象破坏植被的痕迹，可能是象群从此经过，幼象不慎跌落到小溪中，因母象无力营救而死。2002年10月，又有一头5岁左右的亚成年公象在保护区内莫名死亡。现场勘查表明，该象死于当年5~6月，发现时尸体已高度腐烂，象牙被盗走。但从现场看，象头部无劈砍痕迹，象牙是在象尸腐烂后才被取下的。经过反复勘查，也没有发现人为猎杀的痕迹（枪弹痕迹等），管理人员认定其为自然死亡。

后来围绕南滚河流域的所有开发活动，几乎都是在亚洲象的活动区域进行的。至2005年，保护区外围的亚洲象生境所剩无几。被开发的各种园地中，对亚洲象生境危害最大的要数橡胶园。

1988年，南滚河流域各土地利用类型中，林地面积最大，其次是耕地和橡胶林，分别占流域总面积的89.73%、4.85%和2.88%（魏建华等，1988）。到2018年，林地仍为最主要的土地利用类型，但其所占流域总面积比例有所下降，仅为77.51%；橡胶林种植面积已超过耕地面积，成为流域内第二大土地利用类型，所占流域总面积上升至11.65%。1988年~2018年间，林地面积减少的同时，橡胶林面积从48.07km^{2}扩张到194.09km^2；橡胶林种植面积增加了146.02km^2，年均增长4.87km^2，是所有土地利用类型中面积增加最大的地类。1988年~2018年间，土地利用变化均以林地转化为橡胶林为主，缅甸境内橡胶林扩张程度高于中国境内。

11 亚洲象在生态系统中的作用

亚洲象被喻为"生态系统工程师"和生态系统"关键种"，在增加物种丰富度和维持生态系统服务功能等方面扮演着重要的角色。亚洲象经过的区域增加了林隙空间,增加了同域分布的其他哺乳动物群落的多样性。亚洲象的粪便为蛙类、无脊椎动物如甲虫、白蚁、蚂蚁、蜘蛛、蝎子、蜈蚣和蟋蟀等创造了不可多得的微生境。填满雨水的亚洲象足迹还可为青蛙提供临时繁殖地和幼体的栖息空间。作为植食性动物,亚洲象可以推倒树木促进次生林生长,改变森林组成和改善生境;它们的取食偏好可改变植物的生物量以及植物群落的组成和结构。亚洲象食性广、栖息范围大、迁移路径远的特性,使其成为优秀的种子传播者。在缅甸和斯里兰卡,亚洲象分别是29种和60多种植物种子的传播者,传播距离为1~6公里。

亚洲象种群数量的减少会对生态系统改变带来连锁效应。如亚洲象的灭绝可能带来植物群落结构的简化、植物的繁衍率下降和地面生物量的减少。此外,亚洲象的灭绝对依赖其传播的植物的生存有影响,还会导致其他野生动物数量的减少。

亚洲象曾广泛分布于印度次大陆、西亚、东南亚和中国,现仅分布于南亚和东南亚的13个国家,总面积不足50万平方公里的区域,其95%的历史分布区已经丧失。目前,四分之三的野生亚洲象分布在印度和斯里兰卡,超过一半的亚洲象分布在印度。研究发现,斯里兰卡的亚洲象种群密度和遗传多样性最高,婆罗洲亚洲象种群的遗传多样性则极低。苏门答腊亚种是一个重要的进化单元。不丹、越南、尼泊尔和孟加拉国的亚洲象种群数量已经低于最小存活种群数量。除了斯里兰卡和苏门答腊岛,各亚洲象分布国广泛存在着跨境种群;全球近三分之二的亚洲象分散小种群数量在50头以下,种群存活力低。这些分散种群个体总数仅占全球种群数的12%,大部分(80%)分布在越南、老挝、缅甸、孟加拉国、苏门答腊和中国。保护这些分散种群,维持隔离种群的基因交流,是保持其遗传多样性和全球亚洲象重要分布区的关键。

目前,亚洲象在中国只分布于云南省的西双版纳州、普洱市和临沧市的热带雨林中。中国亚洲象的种群数量约为221~245头。杨帆等通过对亚洲象线粒体DNA序列片段的分析,对分布于中国云南省的5个亚洲象地理种群进行了分子系统地理学和遗传结构的研究。研究结果表明,中国亚洲象分属两个不同的演化分支α和β。其中,位于临沧市的南滚河种群属于β分支,南滚河地理单元;其他种群均属于α分支,西双版纳地理单元。

中国境内的亚洲象整体遗传多样性水平较低。位于西双版纳州的尚勇和勐腊种群和老挝南木哈省的亚洲象种群之间存在基因流动,但南滚河种群和缅甸北部密支那种群的交流已被阻断。

基因交流被阻断的原因被认为是栖息地破碎化阻断了种群间有效的基因交流。缺乏广泛有效的基因交流,势必会影响亚洲象的生存和发展。科学家们认为,目前地球正经历第六次物种大灭绝,灭绝率超出自然状态的上千倍。科学家预测,全球哺乳动物类群在未来一个世纪的进化方向为体型小、寿命短、繁殖能力强的广食性动物。作为亚洲最大的现存陆生哺乳动物,体型庞大、寿命较长、繁殖率较低的亚洲象面临较高的灭绝风险。

12　牛与亚洲象的生态位重叠

保护区周边的佤族民众一直以来有放"野牛"的习惯(平时把牛放在野外,到要用时才从野外把牛找回使用)。近年来,由于保护区外可以放牧的地方被开发殆尽,牛被大量赶进保护区内放养;有的村寨甚至在保护区内的大树上搭建看守棚,放养黄牛。大量的家畜放养在保护区内,直接的影响是:一方面与保护区内的食草动物争夺食物和硝水;另一方面牛主经常进入保护区找牛，干扰了亚洲象的正常活动，不利于管理。

在调查中发现，水牛的生态位与亚洲象的生态位重叠部分多，习性也与亚洲象相近，生境选择与亚洲象相似。水牛种群数量大。在有水牛生活过的地方，生物多样性破坏严重，植被被利用和践踏成荒地，导致飞机草等外来入侵物种滋生。近年来在理论适生区内放牧的水牛增加，水牛对热性灌丛和热性稀树灌木草丛的过度利用和践踏，使这些地区逐渐变为荒地，有害植物乘机入侵。

为了备耕，许多佤族民众到保护区内寻找野放在保护区内的耕牛，严重干扰了亚洲象的正常活动。为避让人类，亚洲象只好选择不停地迁移。

由于人类的活动，亚洲象不得不避让人类的干扰。如亚洲象不喜好选择海拔600m以下的生境，原因是除了这一区域主要在南滚河岸边，河岸陡峭，不便于采食外，更重要的原因是河岸边人类活动频繁，是放牧水牛的主要区域。水牛与亚洲象的生态位大部分重合，对亚洲象生境的破坏大，亚洲象无法更多地在水牛活动过的地方采食到食物。

13 人类活动的干扰

人类从诞生的那天起，就需要从自然界获得能量，从而对自然界造成一定的影响。人与自然具有冲突与协调的二重关系，人类社会总是在这种冲突与协调的矛盾中前进的；只是因为生产力发展水平、社会制度和组织形式以及文化背景的不同，这种冲突与协调的具体内容和表现形式也有所不同。在过去相当长的时期内，以征服自然为目的，以科学技术为手段，以物质财富的增长为动力的传统发展模式，在一定程度上使人类改造自然的力量转化为祸害人类自身的力量。人们在试图征服自然的同时，往往不知不觉地变成了被自然征服的对象。过度的耕作农业带来了水土流失、土壤沙化，这是世界上许多古老文明衰落的重要原因。

人类活动强烈地影响到地球上的动物界。据统计，1600年以来，有110多种兽类和139种鸟类已从地球上灭绝，其中1/3是近50年灭绝的；现在还有600多种动物面临绝种的危险，如我国的大熊猫仅存活1000多只。野生动物处于危机之中，在许多方面都直接或间接同人类活动有关。栖息地环境的改变和破坏是多数动物物种或濒危或灭绝的主要原因，对动物滥捕滥猎、对植物的乱采乱伐是造成物种濒危或灭绝的又一原因。在长期进化中形成的物种，一旦灭绝将无法再生，损失无法弥补。近年来，过多使用化肥和农药对动物界影响很大，造成一些猛禽和鸟类在陆地上的灭亡，而在淡水水域和沿海则导致大量鱼类和水禽死亡。海洋的石油污染也很严重，仅在荷兰沿海受石油污染致死的动物每年有2～5万只。因此，消除、降低和减少人类的不利影响，是保护野生动物最关键的一环；而建立自然保护区，禁止采伐树木和捕猎动物，是保护濒危动物的重要手段。

南滚河流域及邻近地区也不例外。亚洲象栖息环境的恶化是自然与社会因素叠加的综合性产物，人类行为这一社会因素在亚洲象的渐危过程中起到了催化剂的作用。研究发现，南滚河流域及邻近地区亚洲象渐危过程中的几个关键阶段，与人类的活动有着对应关系（具有共时性）。

13.1 对亚洲象产生影响的人类行为

前面的研究表明，人类的活动对南滚河流域及邻近地区亚洲象的影响有些是直接的，有些是间接的，主要的毁灭性行为有驯养、猎杀、侵占栖息地和战争。

13.1.1 驯 养

在临沧市境内,有很多有关驯象的文字记载、传说和遗迹。在《司岗里传说》中就有傣族雇请佤族养象的故事。在凤庆,有几处布朗族人勐氏驯养亚洲象的地名和遗迹,《凤庆旧志》也记载:"勐寅,万历初,袭职顺宁土知府,于万历3年(1575)3月,向明王朝进贡大象。"

14世纪开始,傣族陆续进入临沧市境内。傣族有悠久的驯象历史和丰富的驯象(包括捕捉)经验。傣族的进入,是临沧市境内大规模驯象活动的开始。在临沧市的主要傣族聚居区(孟定、永康等),都有过驯象的历史。尤其是在孟定。"孟定"地名来历的传说中就记载道:召武定来到芒掌,上树拨弄琴弦指挥大象。拨一弦,群象聚来朝贺;又拨一弦,群象起舞;再拨一弦,群象退出隐蔽。可见,傣族早已掌握了操琴驯象的技能。

驯象除作为役用(如运输工具)外,主要用于向朝廷上贡(表13-1)和战争。

表13-1 南滚河流域及附近地区向朝廷上贡亚洲象及产品一览表

朝 代	年 号	公元年月	上贡地方	大象或产品	数 量	备 注
明朝	洪武35年	1402.09	孟定	象牙		朝廷
	永乐元年	1403.01	孟定	大象		朝廷
	永乐3年	1405.04	孟定	大象		朝廷
	永乐21年	1423.01	孟定、镇康	大象		朝廷
	宣德3年	1428.01	孟定	大象		朝廷
	宣德8年	1433.01	孟定	大象		朝廷
	正统11年	1446	云县	大象		朝廷
	正统11年	1446.11	镇康	大象、象牙		朝廷
	景泰元年	1450.04	孟定	大象		朝廷
	万历3年	1575.03	凤庆	大象		朝廷
	万历12年	1584.03	耿马	大象	100余头	朝廷、地方少数民族作乱被打败所获
	万历21年	1593.11	镇康	大象		朝廷
	万历41年	1613.09	镇康	大象		朝廷
	万历44年	1616.04	耿马	大象		朝廷
	天启元年	1621.12	镇康	大象		朝廷
清朝	康熙54年	1715	双江	大象		傣族土司向朝廷投诚,贡象
	乾隆55年	1790.06	耿马	大象	2头	朝廷

注:部分资料来源于许再富(2000)。

如果用于进贡,因为路途遥远,遣送过程中会造成贡象的死亡;如果赶象的象奴在途中死亡,也会造成贡象的死亡。

13.1.2 猎 杀

在临沧市史籍中没有猎杀亚洲象的记载,但从古籍记载的临沧市境内向朝廷上贡亚洲象及产品的纪录(表13-1)看,上贡象牙除了来自死亡的驯象外,主要还是应该来自于对野象的猎杀。

由于佤族文化中有保护亚洲象的传统,所以,南滚河流域亚洲象被猎杀的历史不长。19世纪末军用步枪已经传入佤山,当时下班老龙头山寨一名叫达僻的青年,于1917年前组织了一支有5~10人参加的捕象队,使用带毒弩箭、土炮、毛瑟枪、步枪等武器,发动了一场惨烈的猎夺大象的活动,范围南起塔田(现在缅甸境内),北到南板河边,东至帕囊,西达南衣河。据民间传说,达僻的捕象队共猎杀大象100头,同时被大象踏死2人。达僻是第一个猎杀大象的佤族人,也是南滚河流域猎象第一人。之后,南滚河流域便陆续发生猎杀大象的事件。据对班老、班洪两个乡的访谈结果进行的不完全统计,大象不同时期被猎杀数量如下:20世纪20年代2头,30年代12头,40年代33头,50年代28头,1960~1965年7头,1966~1973年36头。1918~1973年总计猎杀大象115头、活捕幼象3头。以上这些还不包括达僻猎捕的数量。保护区建立后,又有4头象被非法猎杀。

13.1.3 侵占亚洲象生境

至少在距今一万年前的旧石器时代晚期,临沧市境内就有人类在这里繁衍生息(资料13-1)。到了新石器时代,这里的原始人群凭借优越的自然条件,利用天然洞穴作居所,过着物质上相对富足的生活。后来这群人或北迁与其他族群融合,或留居发展成了当地的土著民族。

资料13-1: 史前人类活动遗迹

临沧是人类远古文明的发祥地之一。考古发现,临沧境内有沧源农克硝洞和镇康县军弄淌河洞两处旧石器遗址。这两处旧石器时代文化遗址的发现,证明至少在距今一万年前的原始社会,即有人类在这里生息繁衍。临沧全市8县均有新石器遗址的发现,其中以澜沧江流域较为集中,著名的有云县忙怀、芒岗、芒亚、双江忙糯、大文,临沧马台等新石器文化遗址,以及澜沧江支流小黑江流域的耿马南碧河、石佛洞新石器文化遗址等。新石器文化遗址星罗棋布,形成临沧地区远古文化的明证。需要特别指出的是,云南的新石器文化遗址年代明确者不多,而耿马南碧桥新石器文化遗址距今4800年,是云南新石器文化年代明确的遗址之一。这一年代的确定至少说明,这里在4800年前就有了古人类。

专家、学者普遍认为,临沧境内的新石器文化是古代的濮人创立的。濮人无疑是临沧最古老的民族,同时也是最早开发临沧的民族,而佤族就是濮人的后裔。

后来随着其他民族特别是汉族的迁入和定居,临沧境内的人口不断增加,对临沧境内资源的开发力度也越来越大。随着人类对土地资源开发的不断扩大,亚洲象的生境也不断被压缩,亚洲象的分布范围随之不断南移。

资料 13-2：凤庆县人口变迁史

凤庆县位于临沧市北部，是目前临沧市的人口大县。通过凤庆县的历史沿革和人口变迁，可以看出临沧市的人类活动史。

凤庆，古为蒲蛮之地，百濮部落在此定居，故也称蒲门。早在春秋战国以前，便有人类在这里生活繁衍。最早居住在这里的为濮人，即百濮，是今天的布朗族、佤族的祖先。其次是傣族、彝族的进入，再次是白族、回族。明、清两代，汉族大量迁入，苗族、傈僳族、拉祜族和其他民族也相继入境定居。虽然凤庆各个时期的行政区划也有变动，但地域有入有出，基本保持平衡，其人口变化可间接反映出临沧市的人口变化情况。根据凤庆县旧志和相关资料记载，凤庆县人口增长情况如图：

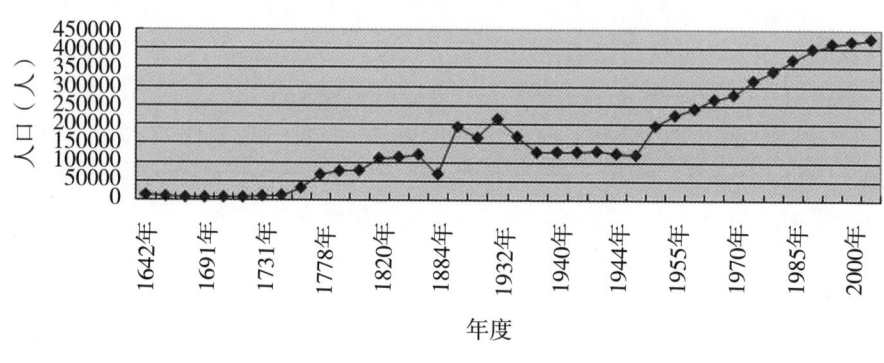

13.1.4 战争

历史上在临沧市境内发生了多次战争，有些战争直接将战象投入战斗，一方面使战象的需求量增加，刺激了驯象活动的发展；另一方面，许多战象在战争中被杀死、致残或俘获，这就需要有更多的野象被捕捉驯养来加以补充。战争也干扰了亚洲象的正常生活，迫使亚洲象离开了被作为战场的生境。

战争除了直接影响亚洲象的正常活动外，也同样给亚洲象之后的正常生活留下了隐患。据20世纪到缅甸定居的上班老原头人后代王建忠老人介绍，由于缅甸连年内战，交战双方在南滚河的下游埋设了地雷，常有亚洲象踩踏地雷而被炸死炸伤的事件。这是南滚河流域亚洲象近年来渐渐不再出游缅甸的主要原因。

13.2 亚洲象渐危过程和人类活动历史的共时性分析

共时性分析是对亚洲象渐危的各个特定时期所处的人文环境进行考察，以及对这种人文环境对亚洲象产生的影响进行分析，查找其是否有内在的联系。

从前面的研究结果和对史志文献分析的结果看，临沧市境内的亚洲象种群数量和分布范围大概经历了几个大的变化阶段：至少在元朝，临沧市境内有较大数量的亚洲象栖息；到明末清初，临沧市境内亚洲象的种群数量急剧下降，分布范围也南移；至20世纪初，亚洲象只在南滚河流域和孟定坝一带活动；到1940年，最后一头象离开孟定坝沿南汀河支流小黑河向南滚河迁移，亚洲象从此在孟定坝消失；1958年，亚洲象离开小黑河、章略河，翻过章略丫口，进入南滚河流域。从此，临沧市境内亚洲象仅在南滚河流域活动。

在南滚河流域，亚洲象的分布范围有几个明显减少的时期：第一次是1941年到1958年，第二次是1959年到1985年，第三次是2002年到2004年。

从以上分析及对其他历史文献的综合分析可知，临沧市境内亚洲象种群数量和分布的每一次变化，都有特定的历史事件与之对应。

13.2.1 傣族迁居临沧与临沧境内亚洲象种群数量下降的共时性

在傣族迁居临沧之前，临沧的土著居民濮人已开始驯养亚洲象，但规模很小，仅在凤庆留下遗迹，且数量不大，对亚洲象种群数量影响甚微。所以在元朝以前，临沧境内亚洲象分布广，几乎分布在临沧的所有大小河流域和坝区内，种群数量很大。

明朝洪武年间，傣族开始大量迁入临沧，占据了大多数坝区，并把驯象技术带到了临沧，当地人开始大规模驯养亚洲象。特别是由于在耿马县的孟定坝、永德县的永康坝建立了亚洲象驯养基地，大规模的捕捉野象的活动也从此开始。这可以从"孟定"地名的由来看出。

也是从这个时期开始，临沧境内的亚洲象种群数量开始急剧下降，分布范围有所缩小，但分布仍然较广，在澜沧江、怒江流域及其支流，仍然有零星的象群分布。

13.2.2 汉族移民临沧与临沧境内亚洲象分布南移的共时性

临沧境内有人类开发的历史可以追溯到新旧石器时代。但在元朝以前的漫长历史中，临沧境域内土地资源的开发基本上属典型的粗放状态。西汉时，临沧境域属哀牢地，有民则设郡长而治，无民则任其荒芜。公元69年哀牢王内附后，永昌郡共有20多万户、189万人，照此算来，人口密度约为0.54人/平方公里。此密度虽有不确定性，但可估算出当时的土地开发状况。公元1274年，著名的政治家赛典赤奉命组建云南行中书省，云南至此成为全国行省之一。行省之下依次设置路、府、州、县，共建37路、2府、3属府、54州、47县以及甸、部、寨等，政权机构层次之细密，大大超过前代。临沧境内先后设置镇康路（1276）、孟定路（1292）、谋粘路（1325）、顺宁府（1327），使封建领主和行政长官合二为一，开启了土司时代，这为汉族大规模迁居临沧打下了基础。明、清时期，内地汉族有规模地移居至今临沧辖区，带来了先进的耕作技术，是形成今天多民族"大杂居、小聚居"格局的重要时期。汉族移入的方式和途径，一是戍军，二是做官经商，三是民屯户，四是罪犯遣戍，五是逃难逃罪，等等。明代的军屯，军士都带有家属子女，大多数人事实上就在屯田场所定居下来了。明、清时代的军屯、民屯等通过政府行为移入的移民，主要在今天的凤庆、云县、临沧三县辖区内。因为这些区域靠近内地，"改土归流"较早（凤庆、云县在1598年，临沧县在1747年），成为内地和边地土司统治区域之间的缓冲地带，搞军屯、民屯最合适。而那些因经商、逃难、逃罪等自由移入的移民，可能进入了今永德、镇康等地。明、清时期内地汉族移民的进入，带来了先进的生产技术，促进了临沧境内土地资源的开发。

到20世纪初，临沧境内的大小河流两岸和平坝几乎都有人类居住。有了人类定居，也就需要大量的自然资源特别是土地资源满足人类需要，亚洲象的生境也就被人类侵占，亚洲象被挤兑到人类开发力度低或传统文化中有保护野生动物传统的区域。20世纪初，只在孟定坝（南汀河流域）、南汀河支流小黑河、章略河以及南滚河流域有象群活动。

13.2.3　滇缅铁路修建与孟定亚洲象灭绝的共时性

1939 年，因抗击日军的需要，滇缅路中的一段滇缅铁路全线开工。据记载，当时在孟定坝修筑铁路的民工累计达 30000 多人，整个南汀河畔工棚林立，炮声震天，昼夜施工。不久，为防止日军利用修好的铁路长驱直入，政府又下令炸毁铁路，孟定坝又一次炮火连天。接着，日军侵入孟定，国民党驻军在当地民众的配合下，与日军展开了激战。

由于连年的炮火，亚洲象选择了撤出孟定坝，退到小黑河、章略河和南滚河流域，从此亚洲象在孟定坝绝迹。

13.2.4　孟定开发与亚洲象最终从南汀河流域迁出的共时性

20 世纪 50 年代，孟定和邻近地区走上了社会主义道路。在政府的安排下，大量居住在高寒山区的少数民族进入孟定坝定居。他们砍去孟定坝的芦苇丛开垦成水田，整个孟定坝处于热火朝天的开发浪潮中。1958 年，孟定坝成立了军垦农场，在孟定坝开荒种地、种植橡胶。当时活动在小黑河两岸并伺机返回孟定坝的亚洲象，被迫彻底打消了回孟定坝的念头，选择翻过章略丫口，在南滚河流域艰难地定居下来。

13.2.5　南滚河流域开发与南滚河流域亚洲象分布范围变化的共时性

20 世纪 50 年代，南滚河流域的班洪乡率先走上了社会主义道路。部队进驻班洪地区，一些外地移民也随之在南滚河流域定居下来，一些先进的种植技术被引入南滚河流域。亚洲象从南汀河流域进入南滚河流域后，原来在忙苦河、新牙河、帕埃河的生境已经丧失，只好在南滚河两岸狭窄的范围内活动。

1973 年前后，政府号召部分佤族民众举家到南滚河边建立新的村寨（大河底、石头寨），开垦土地，一些村寨也到河边平缓地带开挖水田（嘎嘎田、芒黑田、帕囊田等），亚洲象的生境被进一步压缩。到 1984 年，南滚河流域亚洲象的生境被压缩到了最低的水平。

1980 年，南滚河自然保护区建立。到 1984 年，保护区内的村寨搬迁出保护区。由于生存环境的改善，亚洲象的活动范围有所扩大。

1998 年开始，南滚河流域新一轮的开发热潮逐渐开始，先是班搞、帕囊、龙头山的轮歇地被转让种植咖啡，亚洲象的生境缩小。2002 年，橡胶开发商进入南滚河流域，大面积的轮歇地和集体林地被租赁给开发商种植橡胶。为了清除大的树木，开发商采取了爆破的手段。为了加快种植速度，开发商更是引进了大量劳动力。顿时，南滚河下段又一次掀起了开发的浪潮。在人声沸腾的环境下，亚洲象不再到垌南海、南柯河一带活动，活动范围再一次缩小。这一时期，对亚洲象造成的损害也向忙库一带转移。2005 年后，橡胶种植基本完成，人为活动减少，亚洲象又回南柯河一带，分布范围又出现扩大的趋势。

第五篇　继续生存的机会

14　对亚洲象的管理和研究

对于如何保护好亚洲象的问题，不同的动物学专家和自然保护工作者根据各自的亚洲象研究成果提出了很多的政策建议并进行了有意义的实践活动。

国际自然保护联盟（IUCN）亚洲象保护专家组（AESG）完成了"亚洲象行动计划"，其目的是尽可能地在野生环境中保护所有的亚洲象，并减少人象之间的冲突。

国际动植物保护组织（FFI）在苏门答腊、越南、印度、斯里兰卡、泰国等国制定了亚洲象保护计划。这个计划旨在保护这些地区现存的亚洲象，防止森林进一步退化，减轻偷猎和人象矛盾对亚洲象的破坏性影响，并监测亚洲象的种群数量。其中，斯里兰卡的亚洲象保护行动计划分成六个部分，每个部分都提出了一个独立的政策：①缓和人象之间的冲突；②保护主要的野象群；③进行亚洲象管理的科学研究；④影响政治行动以确保政府的支持；⑤保护教育；⑥提升亚洲象在斯里兰卡文化、宗教及经济中的地位。

西双版纳自然保护区也在以保护亚洲象为中心的社区扶贫、食物源基地建设、亚洲象救护、防象工程（电围栏、防象沟）建设、亚洲象监测、跨国保护等方面进行了卓有成效的工作。

国际爱护动物基金会于2000年7月投资200万元人民币启动的亚洲象保护项目，以云南省思茅市（现普洱市）南屏真石头山大一社和翠云乡小海子两地4个自然村作为试点地区，开展社区发展项目。该项目通过开展社区发展、科学研究和环境教育等活动，一方面通过发放小额贷款"互助基金"的形式帮助当地社区农民发展经济，以提高群众自身对野象造成损失的抵御能力；另一方面提高农民保护野象及其他野生动物的意识，并通过退耕还林、修建硝塘等措施扩大亚洲象的栖息地，从而实现人象和谐共处的目标。

本研究的目的，就是找出南滚河流域亚洲象保护存在的问题，提出相应的对策及可行的行动方案。

14.1　参与式亚洲象保护问题及对策分析

14.1.1　**参与式亚洲象保护存在问题的分析**

14.1.1.1　保护区管理人员对亚洲象保护存在问题的分析

我们组织保护区管理人员，对亚洲象保护中存在的问题进行了认真的分析，大家提出了自然因素、人为因素和其他因素三大类的23个问题（表14-1）。这些问题集中反映了近年来亚洲象保护中存在的主要问题。自然因素中，造成野象栖息地减少的有外来物种入侵、森林过密等,问题较新颖,值得引起关注和进行研究。

表14-1 保护区管理人员亚洲象保护问题分析

因素		原因	后果
一、自然因素	1. 食源减少	树高草死;食源面积不足;其他野生动物争食;放牧;外来物种入侵	大象到庄稼地寻食损害农作物,加剧人象冲突;种群数量下降,直至灭绝
	2. 森林过密	未定期实行计划烧除、间伐,刀耕火种被禁止	大象食物减少,损害庄稼;种群数量下降
	3. 栖息环境缩小	周边区开发过度;保护区内植被恢复过快、过密	大象食物减少,活动范围减少,人象冲突加大
	4. 其他动物与大象争食	其他食草动物增加	大象食物种类减少,食物量不足;种群数量下降
	5. 大象繁殖速度慢,种群孤立	活动范围成为孤岛,邻近地区没有象群	近亲繁殖,繁殖率下降
	6. 保护区内悬崖壁多	平缓的栖息地减少	区内悬崖多,影响大象活动,导致幼象死亡
二、人为因素	1. 在保护区内放牧	周边牧场减少,保护区内饲草丰富;佤族有原始的放"野牛"习俗	牛影响大象活动;找牛人干扰大象正常活动;牛与大象争食
	2. 保护区内偷猎	周边社区经济不发达,群众生活困难,"野味"高额利润的诱惑;群众有逆反心理	严重干扰大象的活动
	3. 保护区内采集NTFP(非木质林产品)	群众生活困难,经济利益驱动;保护区外NTFP(非木质林产品)缺乏	严重干扰大象的正常活动
	4. 乱砍滥伐	保护区外缺乏建材、薪柴;当地传统房屋需要大量木材;木材商收购	破坏大象生境,干扰大象生活
	5. 周边区过度开发	政府管理失控,经济利益驱使和不良商业行为导致周边地区畸形过度开发	人象冲突,导致栖息地减少;周边区生态质量下降
	6. 猎杀大象(过去和境外)	象牙价值高,受经济利益驱使;对象器官药用价值的迷信;过去群众缺乏肉食	种群数量下降
	7. 人口增加,活动频繁	人口增加,周边地区开发,外来人增多且活动频繁	干扰大象生活;加大区内资源消耗

续 表

因素		原因	后果
三、其他因素	1. 对大象造成的损失补偿低	政府重视不够，补偿经费投入不足，损失量逐年增加。特别是大面积种植橡胶后，橡胶的损失很大	补偿费不稳定，公众不满意，与保护区管理人员的矛盾增加，管理难度增大
	2. 公众的保护意识差，缺乏参与	宣传不够，公众不能感受到保护的益处	公众依赖野生资源，不能实现共管
	3. 宣传力度不够	宣传经费不足，管理人员的自身素质有待提高，科研水平低，缺乏有效的宣传方法、手段	无法有效保护大象；保护区知名度低，外援项目少
	4. 执法力度不够	体制不健全；执法警力不足，装备缺乏；破案技术低	时有猎杀动物、盗伐、采集植物等违法行为在保护区内发生，影响保护区内生物多样性保护和生态平衡
	5. 保护经费严重不足	上级重视不够，投入不足，地方缺乏配套资金；科研项目太少，无自养能力	保护区资源家底不清，管理效果差，工作条件差

14.1.1.2 南滚河流域佤族村村民对亚洲象保护存在问题的分析和排序

项目组分别在南滚河流域南朗、营盘、上班老、帕囊和芒库5个自然村召集佤族村民开会，围绕"亚洲象保护中存在的问题"这一主题，在白纸上画出矩阵，请村民列出存在的问题，向村民讲解排序打分的目的和标准，逐一请参与的村民把自己对问题的看法用玉米粒代表分值填入矩阵内，其中非常严重4分（投4粒玉米粒）、很严重3分（投3粒玉米粒）、严重2分（投2粒玉米粒）、一般问题1分（投1粒玉米粒），最后对各自然村的打分结果进行汇总。有40位熟悉亚洲象习性的佤族村民参与了打分，5个自然村提出的共同问题及排序列于下表中（表14-2），个别自然村提出的问题列于另一个表中（表14-3）。

表14-2 亚洲象保护存在的问题及排序分析

亚洲象保护存在的问题	非常严重（4分）	很严重（3分）	严重（2分）	一般（1分）	合计分	排序	参与人数
保护区内森林太密，缺乏食物	120	15	8	1	144	1	40
栖息地减少	68	24	26	2	120	5	40
人类干扰	92	21	16	2	131	3	40
保护区缺乏大象喜食的稀树灌草丛	80	36	16	0	132	2	40

续 表

亚洲象保护存在的问题	非常严重 （4分）	很严重 （3分）	严重 （2分）	一般 （1分）	合计分	排序	参与人数
放牧（黄牛、水牛）行为影响亚洲象活动	36	51	24	2	113	6	40
保护亚洲象的传统佤文化的丧失	84	27	18	1	130	4	40

表 14-3 部分自然村民众对亚洲象保护存在问题的分析

亚洲象保护存在的问题	非常严重 （4分）	很严重 （3分）	严重 （2分）	一般 （1分）	合计分	排序	参与人数	参与者所属自然村
保护区内森林过密，不利于大象活动	68	9	0	1	78	1	31	南朗、上班老
缺乏防止大象走出保护区的设施	32	12	2	0	46	2	13	上班老、营盘
亚洲象跟随人群走出保护区	0	9	4	1	14	4	6	帕囊
周边社区民众贫困	16	6	2	0	24	3	7	营盘

调查表明，在佤族民众看来，南滚河流域亚洲象保护存在的问题主要是食物短缺、人类干扰和佤族传统文化的丧失。

14.2 根据研究结果发现的问题和提出的对策

根据亚洲象保护存在的问题，我们提出以下对策（表 14-4）：

表 14-4 发现的问题和提出的对策

内 容	问 题	对 策
1. 自然因素	①亚洲象生物学特性的局限； ②亚洲象生境选择的限制； ③南滚河流域亚洲象行为的特化； ④南滚河流域亚洲象生境特性的局限	①尊重自然规律； ②加强栖息地管理，减少人类的干扰； ③对生境进行改造，以适应亚洲象的需求
2. 人类的干扰	①猎杀； ②生境丧失； ③人类活动的直接干扰； ④保护区内放牧	①加强自然保护区和亚洲象生境的管理，严格执法，打击各种违法活动，把人类在亚洲象生境中的活动降低到最小限度； ②加强与政府部门的协调，减缓对亚洲象活动区域的开发力度

续 表

内 容	问 题	对 策
3. 文化因素	①有利于亚洲象保护的传统文化的丧失； ②新的保护意识没有形成； ③由于文化不适应导致的贫困	①弘扬以象文化为主的佤文化； ②加强环境教育，增强公众的保护意识； ③在周边社区开展农村实用技术培训
4. 保护管理工作因素	①对亚洲象保护工作重点不清； ②设施不足、设备落后； ③管理队伍综合素质低； ④科研工作滞后； ⑤管理工作粗放； ⑥执法不严； ⑦亚洲象造成的人身财产损害补偿偏低； ⑧尚未建立社区共管机制； ⑨跨文化冲突	①理清工作思路； ②加强基础设施建设，加强对管理人员的培训； ③加强与科研院校的合作，培养科研队伍，积极开展力所能及的科研工作； ④加大科研成果在管护工作中的运用力度，提高管护工作的科学性； ⑤加大执法力度，从细节抓起； ⑥争取提高补偿标准； ⑦在周边社区开展土地整治和实行替代生计策略； ⑧建立对管理人员的监督激励机制； ⑨协调各种关系，克服各种限制因素，建立社区共管机制； ⑩引入跨文化管理理念，构建新型生态文化

14.3 参与式亚洲象保护的对策分析

14.3.1 保护管理层面的对策分析

根据存在的问题、产生的原因和影响程度，我们对表 14-4 提出的 20 个问题进行了对策分析。管理人员积极参加了讨论，通过分析，整理出 7 个方面、13 个小项的对策，并提出了相应的行动方案（表 14-5）。

表 14-5 保护区管理人员对亚洲象保护提出的对策

内 容	对 策	行 动
1. 法律法规	①修改完善法律法规； ②加大执法力度	①建议有关部门修改完善有关野生动物保护和自然保护区的法律法规； ②在《沧源佤族自治县条例》中设置有关南滚河保护区管理及大象保护的条款； ③尽快制定《云南南滚河国家级自然保护区管理条例》； ④加强管理执法，积极查处破坏自然保护区资源的违法案件

续 表

内 容	对 策	行 动
2. 保护区管理	①加强保护区内自然资源的保护，改善亚洲象等主要保护对象的栖息环境； ②实现科学化规范化管理	①查清保护区内自然资源家底； ②完成总体规划并上报国家林业局批准； ③加强巡护工作，完善巡护制度； ④制定监测方案，定期对亚洲象等主要保护对象进行监测，并建立监测成果数据库； ⑤加强对保护区管理人员的培训，不断提高管理人员的素质
3. 生境改造	①开展栖息地改造的试验，并逐步推广； ②清除外来入侵植物	①有计划地对保护区内退化的荒山进行烧除； ②实验在局部地区引入火耕技术； ③砍伐部分林地； ④引进技术清除飞机草、紫茎泽兰
4. 增加食源	①在保护区内和部分周边社区种植亚洲象喜食植物； ②建设人工硝塘	①在保护区内大象经常活动的地方种植大象喜食植物：野芭蕉、竹子、粮食等； ②根据天然硝塘的分布情况，增设人工硝塘，投放食盐； ③定期对大象的食物资源量进行监测
5. 科学研究	①积极开展科学研究工作； ②不断提高科研水平	①购置科研设备，增加科研设施； ②培训技术人员； ③开展对以亚洲象为主的重点保护对象的科学研究工作； ④积极争取科研项目及经费； ⑤吸引科研院校的科学家到南滚河开展科研工作
6. 社区共管社区发展	①多渠道筹集资金，增加对保护区周边社区的投入； ②建立和完善社区共管机制	①建议政府加大对保护区周边社区的投资力度； ②引进项目扶持周边社区发展； ③开展农村实用技术培训； ④改善社区农田水利设施，提高单位面积的产量； ⑤在保护区及实验区开展旅游业； ⑥种植牧草，推广科学养殖技术； ⑦逐步建立社区共管组织，明确责任，鼓励不同利益群体参加保护区管理，订立村规民约
7. 补偿	①提高补偿标准； ②缓解人象冲突	①争取国家对民族地区野生动物造成的人身财产损失补偿经费的倾斜； ②严格按规定调查损失情况，实事求是对损失进行估算； ③争取当地政府对补偿经费给予配套； ④对损害严重地区的公众进行项目扶持，开展生计替代；对经常受大象损害的田地实行退耕还林，种植大象喜食植物； ⑤改善保护区内的栖息环境，种植大象喜食植物，吸引大象在保护区内活动

14.3.2 南滚河流域佤族民众层面的对策分析

对南滚河流域佤族民众提出的问题进行分析，找出问题的原因，提出对策以及可以采取的行动。对5个自然村提出的对策和行动按共同问题（表14-6）和个别问题（表14-7）进行汇总。有40位熟悉亚洲象习性的佤族村民参加了讨论，结果见表14-6、表14-7。

表14-6　南滚河流域佤族民众对亚洲象保护对策分析表（共同问题）

排序	问题	原因	对策	可采取的活动
1	保护区内树林太密，缺乏食物	①保护区内禁伐；②保护区内杜绝刀耕火种	①改造栖息地，适当降低森林密度；②复垦，恢复保护区内的田地	①在保护区内恢复轮耕，种植大象喜食植物；②在大象喜欢活动的地方砍树、烧荒；③砍除部分竹林，促进森林更新
2	保护区缺乏亚洲象喜欢觅食的稀树灌草丛	①不能在保护区内开展刀耕火种；②保护区内植被恢复快，不允许砍树；③嘎啦草等生长	适当砍去树木，用火烧荒，促进森林更新、嫩草生长，增加灌草丛面积	①选择大象经常活动的地方砍伐树木（留下部分遮荫树）；②模仿刀耕火种烧荒，种植庄稼等亚洲象喜食植物；③铲除嘎啦草等害草，用亚洲象喜食植物替代
3	人类干扰	①周边社区公众贫困，需要到保护区狩猎、采集，增加收入；②周边公众对天然资源的依赖性强，利用天然资源的习惯难以改变；③保护区管理部门管理力度不够；④周边社区公众保护意识较低；⑤人口增长，迁入人口增加，活动频率加大；⑥野生动物造成人身财产损害补偿标准低，公众不满意	①加大保护区周边的扶贫力度；②加强对保护区资源的管理；③加大宣传力度；④提高补偿标准	①引入项目，对周边社区进行扶持；②把保护区周边作为扶贫的重点；③保护区管理部门实施社区共管项目，为社区办实事，让群众自觉参与保护工作；④严格执法，依法查处违法人员，维护法律尊严，提高保护区管理部门在公众中的威信；⑤加强巡山护林；⑥对公众开展环境保护意识教育

续　表

排　序	问　题	原　因	对　策	可采取的活动
4	保护亚洲象的佤族传统文化丧失	①老年人不再向年轻人宣传传统文化；②年轻人重现实，不相信传统；③受外来文化影响，年轻一代放弃传统文化；④年轻人不再听信老人的话	①鼓励年轻人传承优秀的佤族传统文化；②弘扬佤族象文化	①经常请老人讲述传统民间，将故事编写成册，弘扬佤族传统文化；②继续举办"贡象节"，使之成为佤族固定的年节和旅游项目；③促进传统文化与新的理念结合，重构新颖的佤族文化，使公众特别是年轻人易于接受；④推行"大象日子"，每年制作印有日历的宣传画，标明"大象日子"；⑤在部分村寨建大象雕塑
5	栖息地减少	①保护区周边大面积种植橡胶，使保护区外的亚洲象栖息地丧失；②保护区植被恢复快，树林密，有些原来的栖息地已经不适于亚洲象活动，使亚洲象活动的区域缩小	①巩固现有栖息地；②改善栖息环境，挖掘保护区内栖息地的潜力	①加强对保护区的管理，防止亚洲象栖息地被蚕食；②改造不适于亚洲象活动的栖息地，模仿佤族刀耕火种，在亚洲象活动的区域砍伐部分树木，促进大象喜食植生长；③加强对保护区内放牧行为的管理，避免家畜争占亚洲象栖息地
6	放牧（水牛、黄牛）行为影响亚洲象活动	①保护区外围大面积开发橡胶地，缺乏牧场；②高海拔地区饲草没有保护区内丰富；③村寨离保护区边界太近；④佤族有放"野牛"的习惯	①合理布局养殖业，控制养殖数量；②依法加强对进入保护区的牛的管理；③推广新的养殖技术，改变放"野牛"的习俗	①做好畜牧业发展规划；②推广科学种草技术；③推广圈养技术

表 14-7　南滚河流域佤族民众对亚洲象保护对策分析表（个别问题）

排序	问题	原因	对策	可采取的活动
1	保护区内树林太密，不利于亚洲象活动	①保护区内禁伐	①适当降低森林密度	①砍伐大象不采食的树木，促进森林更新；②模拟刀耕火种，间伐平缓地带的树木
2	缺乏防止象走出保护区的设施	①缺乏投资	①申报相关项目	①建防象沟；②架设电围栏
3	亚洲象跟随人群走出保护区	①亚洲象喜欢人种的庄稼；②保护区外有丢荒的轮歇地供大象采食	①在保护区内建设人工生境	①在保护区内种植亚洲象喜欢吃的植物；②建设人工硝塘，投放食盐
4	周边社区公众贫困	①土地少、贫瘠；②缺乏技术；③国家扶持力度不够	①国家开发项目扶持	①种植高优生态茶园；②对村民进行实用技术培训③种植紫胶寄主树

14.4　南滚河流域两个乡政府对促进经济发展项目的选择

通过收集班洪乡及班老乡的政府工作报告、"十一五"规划资料和访谈有关领导，我们得到了两乡在今后一段时期内经济发展的项目选择（表 14-8）。

表 14-8　南滚河流域两个乡发展经济的项目选择

项目类别	项目内容	班洪乡	班洪乡
种植业	橡胶	★	★
	木薯	★	★
	咖啡		★
	玉米		★
	黄竹草		★
	香料烟	★	★
	紫胶寄主树	★	
	高优茶园	★	
	草果	★	
	巨龙竹	★	
	西南桦	★	
	泡核桃	★	

续 表

项目类别	项目内容	班洪乡	班洪乡
农田水利基本建设	开挖灌溉沟渠	★	★
	人畜饮水	★	★
	高稳产农田	★	★
畜牧业	养牛	★	★
能源建设	沼气池		★
劳动者素质培训	实用技术培训	★	★
劳务输出		★	★
旅游业	旅游景点建设	★	★
水利项目	水电开发	★	★
林业	退耕还林	★	★
异地扶贫搬迁		★	★
盘活资源	土地转让	★	★

14.5 亚洲象保护需要开展的活动及排序

召集保护区管理人员,对南滚河流域亚洲象保护工作需要优先开展的活动展开讨论,提出活动内容,并根据各自的看法,对活动优先度进行打分,结果见表14-9。

表14-9 南滚河流域亚洲象保护需要优先开展的活动及排序

活动内容	最应该（4分）	很应该（3分）	应该（2分）	可有可无（1分）	合计分	排序
弘扬佤族象文化	32	15	2	0	49	3
保护区内种植亚洲象喜食植物	36	9	2	1	48	4
亚洲象栖息地（保护区）周边开展保护亚洲象宣传活动	48	6	0	0	54	2
提供资金让村民在损害严重的田里继续种农作物给大象吃	12	15	10	1	38	5
在保护区内进行栖息地改造	12	6	2	1	21	7
提高亚洲象造成损害的补偿标准	40	15	2	0	57	1
加强巡护,严格执法,提高管理水平	32	3	0	0	35	6

14.6 南滚河流域亚洲象保护优先行动方案

根据以上的研究结果,综合分析各方面的意见,考虑保护区管理部门的执行能力和项目来源的难易程度,我们确定了南滚河流域亚洲象保护的优先行动方案(表14-10)。

表14-10 南滚河流域亚洲象保护优先行动方案

行动归类	行动方案
亚洲象科学保护和生境管理	行动之一:管理人员的培训
	行动之二:开展亚洲象的科学研究
	行动之三:加强保护区的管理
	行动之四:亚洲象的监测和数据库建立
	行动之五:亚洲象生境管理
公众保护意识教育与文化重构	行动之六:文化反哺
	行动之七:弘扬佤族象文化
	行动之八:南滚河流域生态文化整合
社区发展与社区共管	行动之九:农村实用技术培训
	行动之十:生计替代——竹子资源的深度开发
	行动之十一:土地合理利用规划——以芒库村为例
	行动之十二:社区共管组织——南滚河流域佤族亚洲象保护协会

具体的行动方案在以下各章中论述。

15 亚洲象保护重点行动方案

15.1 亚洲象的监测和数据库建立

15.1.1 目 的

通过对南滚河流域亚洲象的种群数量、种群结构、分布格局、生态习性、栖息地选择及人类干扰、亚洲象造成人身财产损害等方面信息数据的收集和分析,掌握南滚河流域亚洲象的种群数量、分布区域、生活习性及活动规律,为制定亚洲象保护管理条例提供科学的依据。

15.1.2 理 由

亚洲象生境的管理是亚洲象保护工作的重点,也是南滚河保护区管理部门的主要任务和职能。从研究结果看,南滚河保护区目前的管理工作不能适应亚洲象等保护对象生存的需要,保护区内人类活动频繁,放牧对生境的压力很大,是亚洲象保护中存在的最大问题和亚洲象种群数量增长的主要限制因素。

15.1.3 实 践

2003年,国家林业局和公约(CITES)国际野生濒危动植物贸易下属的非法猎杀亚洲象监测(MIKE)项目在云南省启动,南滚河流域是三个项目区之一。按照项目要求,自然保护区组织人员参加了培训和研讨会,并开展了监测活动。该项目主要监测亚洲象被猎杀的情况,也涉及其他监测内容,但由于重点在西双版纳自然保护区,所以对南滚河流域亚洲象的针对性不强。

15.1.4 行动描述

(1)巡护监测。定期或不定期地沿着一定的路线巡山护林,记录和收集相关的信息。由于巡护是经常性的工作,各个保护站有各自的巡护范围,相对于整个保护区而言面积较小,在巡护的同时,很容易及时收集到大量亚洲象的信息。通过对各保护站常年的记录进行整理,可以得到亚洲象活动规律、栖息地情况、采食植物的物候和采食行为季节性变化、人类干扰情况等资料,这是亚洲象监测工作中不可或缺的。在巡护过程中,除常规的巡护记录表外,需要针对亚洲象采集的巡护监测信息制作参考样表(表15-1和表15-2)。

表15-1 亚洲象巡护监测记录样表

监测单位: 时间: 年 月 日

	痕迹类型	小地名	经度	纬度	海拔高度	生境类型	发生时间	估计数量
遇见痕迹记录								
	痕迹类型包括:1.足迹;2.食迹;3.卧迹;4.粪便;5.鸣叫;6.其他(如有其他,直接填写文字)。							
遇见实体记录	群1	小地名		经度		纬度		
	序号	雌雄	年龄段	肩高	象牙长	足迹(长×宽)	步幅	行为
	1							
	2							
	群2	小地名		经度		纬度		
	序号	雌雄	年龄段	肩高	象牙长	足迹(长×宽)	步幅	行为
	1							
	2							
	独象	小地名		经度		纬度		
	序号	雌雄	年龄段	肩高	象牙长	足迹(长×宽)	步幅	行为
	1							
	2							
备注								

巡护员签名: 组长签名:

表 15-2 亚洲象巡护监测记录样表

监测单位：　　　　时间：　　　年　　月　　日

	事件类型	发生时间	小地名	东　经	北　纬	海拔高度	活动强度
人类活动记录							
	事件类型：1. 猎人；2. 偷猎痕迹；3. 挖药者；4. 挖药痕迹；5. 棚子；6. 剥树皮；7. 烧火痕迹；8. 放牧；9. 旅游；10. 采松脂；11. 薪柴；12. 割橡胶（如有其他，直接填写文字）。 发生时间：1. 当场；2. 1~2 天；3. 3~7 天；4. >7 天。 强度：1. 无；2. 弱；3. 强；4. 很强。							

	取食植物种类	采食时间	取食部位				取食强度		
			根	茎	叶	花果	高	中	低
亚洲象食物记录									

备注	

巡护员签名：　　　　组长签名：

（2）亚洲象造成人身财产损害监测。由于南滚河流域分布的亚洲象栖息地面积小，象群比较集中，每年都会损害周边农作物。通过监测损害情况，可以分析亚洲象的种群数量变化，所以是一种很有效而又简单的监测方法。一般来说，亚洲象损害农作物的地点就是当年亚洲象活动的最外缘，通过监测可以了解亚洲象的活动情况。根据多年监测数据，可以分析亚洲象的活动变化规律，还可以了解周边社区人象冲突的情况和周边社区民众对保护亚洲象的态度。

在进行对亚洲象造成人身财产损害的调查时，除了按要求填写《重点保护陆生野生动物造成人身、财产损害调查登记表》外，还可以收集到许多信息，成为亚洲象的监测数据，具体参考亚洲象造成人身财产损害监测记录样表（表 15-3）。

表15-3 亚洲象造成人身财产损害监测记录样表

调查单位				
发生时间		报告时间		调查时间
受损地点	乡　　村民委员会　　组（小地名）			
	经度		纬度	
	离保护区边界距离　公里		离村寨距离　公里	
受害人姓名			受损种类	
耕地种类　□旱谷地□山地□水田□台地			条件　□好 □中 □差	
耕种面积　亩		受损面积　亩		
估计产量　公斤		受损数量　公斤		占比例　%
田地受损情况　□强 □中 □弱			修复所需工时　个	
事情经过简记				
受损经济作物种类			受损性质　□采食 □践踏 □推倒	
种植面积　亩		受损面积　亩		占比例　%
种植总株数　株			生长情况　□好 □中 □差	
生长期　□苗期（苗圃）□定植桩□二年生□接近收获期□收获期□成树				
受损数量　亩			比例　%	
事情经过简记				
受害家畜种类			养殖总数　头（只）	
受害家畜生长期　□幼畜　□亚成年畜　□成年畜				
受害数量　幼畜　头　亚成年畜　头　成年畜　头				
受害家畜总数　头			占比例　%	
事情经过简记				
受人身伤害者性别		年龄		是否主要劳力
受人身伤害部位			程度　□轻伤□重伤□死亡	
事情经过简记				
参损亚洲象数量　头	成象　头，其中雄象　头，雌象　头			
	亚成年象　头，其中雄象　头，雌象　头			
	幼象　头			
受害人态度				
调查人签名			组长签名	

(3) 通过公众访谈监测。由于保护区周边社区民众（主要是农民）经常在保护区附近劳作，或者进入保护区放牛、采集等，接触或遇见亚洲象的机会很多。所以经常到社区对民众进行访谈，甚至建立一种较稳定的报告制度（与民众建立一种友好关系，或设立奖励制度，请民众主动把看到或遇到大象的情况及时汇报给保护站，保护站做好记录），就能很容易地收集到许多有关亚洲象的信息。记录的内容参考样表（表15-4）。保护区管理人员在通过访谈获得信息后，要对信息进行核实。

表15-4 周边社区民众访谈调查记录表

记录时间			
被访问人或报告人姓名		年龄	性别
住址　　乡　　　村民委员会　　　组			
其他遇见人姓名			
遇见实体地点	地名	□保护区内　□保护区外	
	经度	纬度	
遇见实体时间			
遇见时大象行为类型		种群数量	
种群结构　成象　头　亚成年象　头　幼象　头			
性比　雄象　头　雌象　头		估计从何地来	
向什么方向移动		估计将到何地	
遇见痕迹地点	地名	□保护区内　□保护区外	
	经度	纬度	
遇见痕迹时间		估计发生时间	
痕迹类型		新鲜程度	
估计种群数量		估计从何地来	
估计种群结构　成象　头　亚成年象　头　幼象　头			
向什么方向移动		估计将到何地	
备注			
记录单位		记录人签名	

(4) 固定样线监测。每年进行两次。第一次在南滚河两岸，设平行于南滚河的样线2条，分布于南滚河两侧，主要在9~10月开展（该时段难过河）。第二次在垂直于南滚河的两岸进行，设垂直于南滚河的样线6条，穿过南滚河，在每年3~4月开展。在样线监测中，记录与亚洲象有关的一切信息（参考样表15-5、表15-6、表15-7）。

表15-5 亚洲象巡护监测样线基本情况样表

样线编号：　　　　　　　　　　　　　　　　　　　　日期：20　　年　　月　　日至　　月　　日

起点	小地名	经度	纬度	海拔

终点	小地名	经度	纬度	海拔

参加人员		线路长度		记录人	
出发时间		结束时间			
路线最低海拔		路线最高海拔			

表15-6 亚洲象实体及其痕迹遇见记录样表

痕迹类型	小地名	经度	纬度	海拔高度	新鲜程度	生境类型	时间	备注
备注								
说明	痕迹类型：1.足迹；2.食迹；3.卧迹；4.粪便；5.鸣叫；6.实体；7.尸体；8.其他。 新鲜程度：1.3日内；2.15日内；3.15日以上。							

表15-7 人为活动遇见情况记录样表

事件类型	发生时间	小地名	东经	北纬	海拔高度	活动强度	备注
备注							
说明	事件类型：1.猎人；2.偷猎痕迹；3.采集者；4.采集痕迹；5.棚子；6.剥树皮；7.烧火痕迹；8.放牧；9.旅游；10.捕鱼；11.薪柴；12.放紫胶；13.其他。 发生时间：1.当场；2.1~2天；3.3~7天；4.>7天。 强度：1.无；2.弱；3.强；4.很强。						

(5) 固定样地检测。以本项目的样地分布为基础，在样线上选择固定样地。样地设在曾经有亚洲象活动的地方，大小为 20m×20m，在样地四角埋设标记物，在样地内的树木上挂上序号（图15-1）。第一次调查时详细记录样地内的情况，并每隔4年做一次详细调查。调查样表参考表15-8。第二次到第四次主要调查生境的健康状况和亚洲象的活动情况，记录调查日期、天气情况、有无亚洲象活动、痕迹类型（新鲜程度）、人类干扰（类型、强度、发生时间）、其他动物活动情况（种类、时间）、植物生长情况（编号、病虫害、人为采伐、物候、干枯等）。

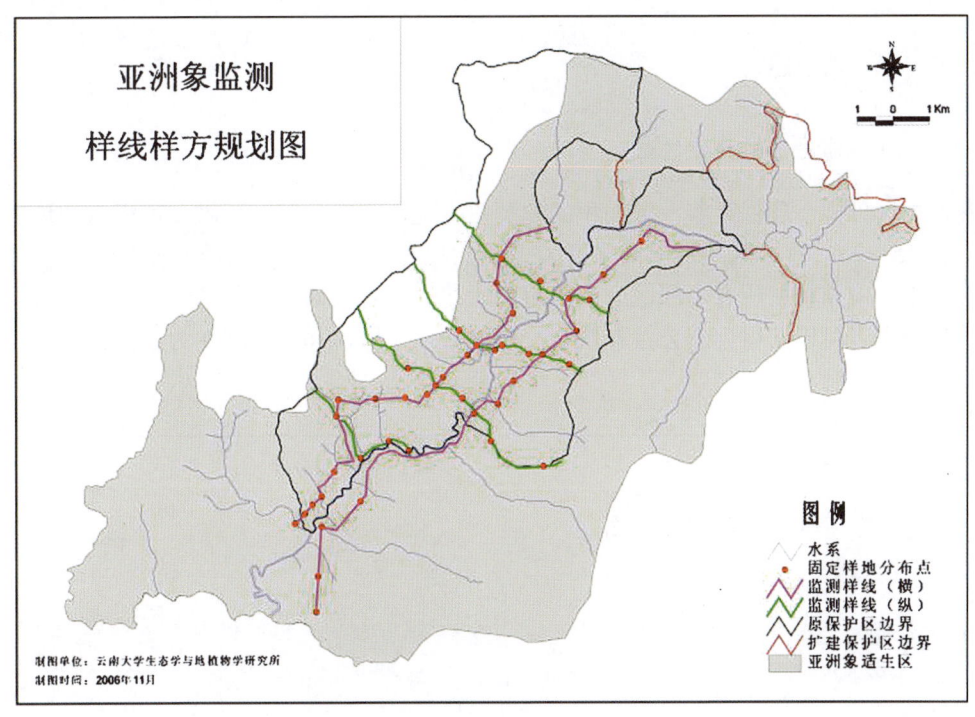

图 15-1 亚洲象监测样线样方规划图

（6）周边社区监测。收集南滚河流域各社区的社会经济状况统计表，分析社区经济发展的规律及对亚洲象的影响。选择40~50户农户作为长期监测对象，了解其生活水平的变化轨迹及其对亚洲象的影响情况。

（7）建立监测的长期数据库。只有将亚洲象各个时期的监测信息进行比较，才能体现出检测的目的，因此建立长期数据库显得尤为重要。利用"3S"技术和GIS强大的空间数据分析功能，结合野外调查结果，建立图形数据库和属性数据库相结合的数据库，用来分析亚洲象生境的动态变化和亚洲象种群数量的时空变迁、活动范围变化以及产生这些变化的原因，提出生境管理的具体对策，为管理工作提供依据。

15.2 亚洲象生境管理

15.2.1 目 的

通过亚洲象现存生境的保护和改造，使生境更能满足亚洲象的要求，适应南滚河流域亚洲象特化行为的需要，让亚洲象在南滚河流域有限的生境中得以继续生存和发展。

15.2.2 实　践

2001年，西双版纳自然保护区管理局建立了占地400亩的亚洲象食物源试验基地，规划了5个区，种植野生芭蕉、竹类、棕榈、甘蔗、象草、玉米等植物，并增建硝塘3个，取得了一定的效果和经验。此外，南滚河流域佤族祖祖辈辈沿袭着刀耕火种的农作方式，亚洲象适应了这种方式，所以佤族的刀耕火种技术对亚洲象栖息地改造行动来说是很好的实践活动。

15.2.3 行动描述

15.2.3.1 建立社区共管区域

在保护区外围，还保存着一定面积的亚洲象生境，主要分布在班洪乡芒库村和班老乡班搞村（图15-2）。这些区域目前尚未开发，仍然保存有森林，是亚洲象和周边社区之间很好的缓冲带。应与林权所有者和政府部门协商，建立共管区域，将其纳入重点生态公益林范畴，林权所有者可以获得生态公益补偿费。通过管理，把这部分区域作为亚洲象生境，完整地保存下来。

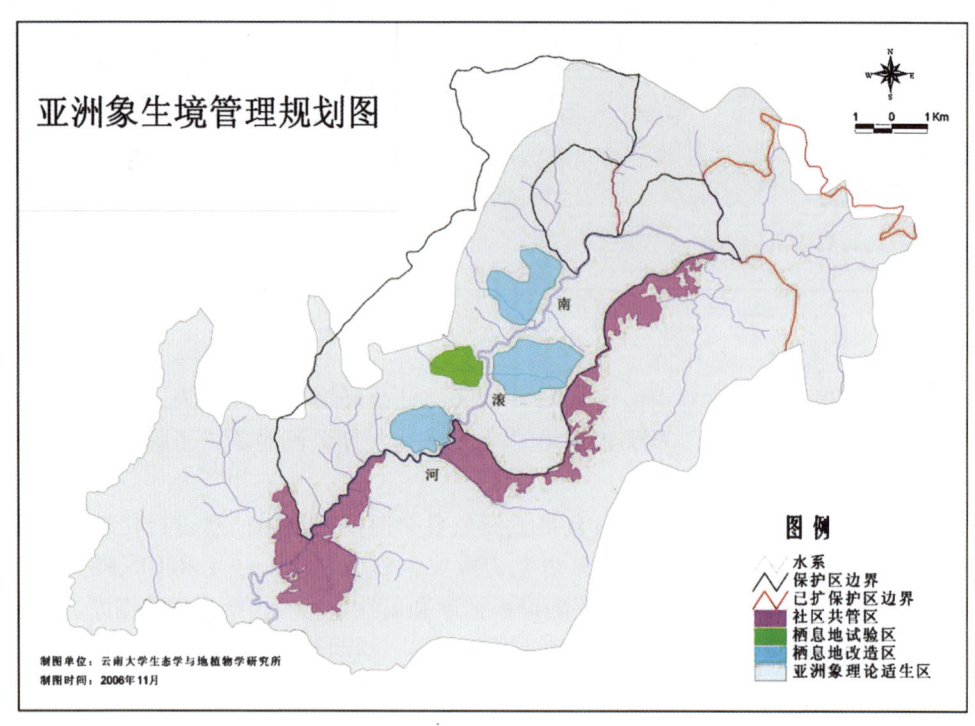

图15-2　南滚河流域亚洲象生境管理规划图

表 15-8 样地调查样表

痕迹地点： （小地名） 坡向： 坡位： 坡度： 经度： ° ′ ″ 纬度： ° ′ ″ 海拔： m
植被类型： 人类干扰类型： 程度： 亚洲象活动情况：
样地号： 样方大小： m² 郁闭度： 调查日期：20 年 月 日 调查人员：

		乔木层							灌木层、草本层、层间植物层						
编号	植物名称	树高	干高	胸径	冠幅	盖度	生长情况	编号	植物名称	叶层高	花序高	冠径	丛径	数量	盖度	生长情况

其他动物	活动痕迹	足迹	取食	粪便	其他
	痕迹、个体数量				

备注：

15.2.3.2 生境改造

(1) 根据参与式方法从保护区管理人员处获得的亚洲象主要活动区域及排序（见表15-9）。

表15-9 南滚河流域亚洲象主要活动区域及排序

小地名	最常活动 （4分）	经常活动 （3分）	时常活动 （2分）	偶尔活动 （1分）	合计分	排　序
上嘎嘎田	32	12	2	1	47	2
怕囊二三组老田	16	18	6	1	41	6
老石头寨	48	6	0	0	54	1
大河底	28	9	8	0	45	4
那布永	32	9	4	1	46	3
芒黑老田	20	18	4	1	43	5

(2) 生境改造试验区的选择。由于生境改造是一个复杂的活动，很可能对保护区带来负面的影响，所以必须先进行试验。在需要改造的4块生境中，选择靠近南板河的一块规划为试验区（图15-2）。

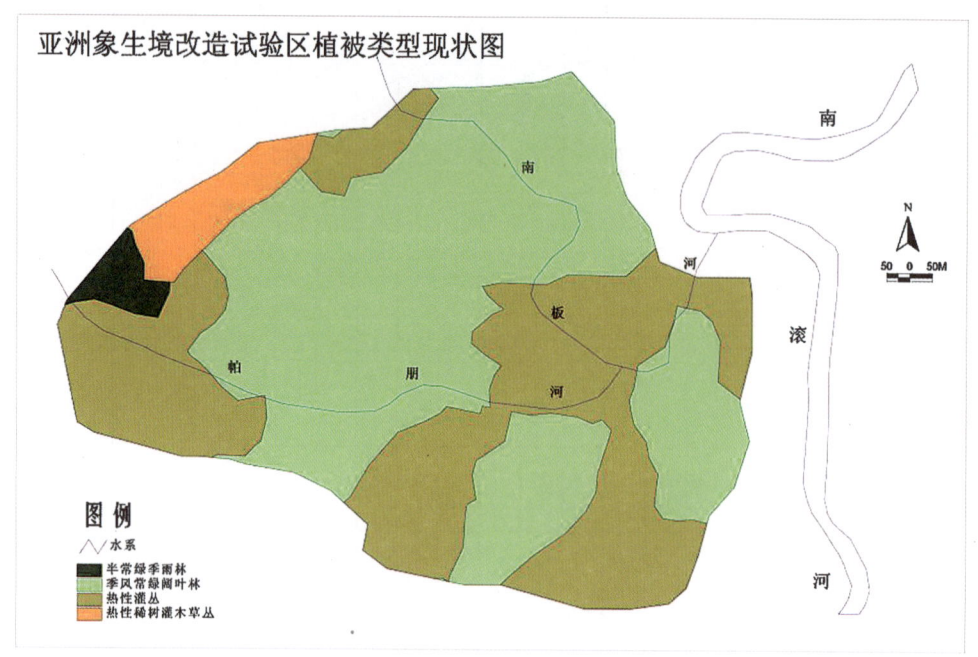

图15-3　亚洲象生境改造实验区植被类型现状图

(3) 试验区植被现状（图15-3，表15-10）。该地块在保护区建立以前是佤族的水田和轮歇地，位于南滚河边缘，也是保护区的边界。目前该地块是水牛放牧的重点区域，所以地块中的热性灌丛和热性稀树灌木草丛被践踏和采食得比较严重，逐渐演替成菜蕨林和飞机草林。此处过去是亚洲象的主要活动区域,近年亚洲象只作为通道使用。

表 15-10 生境改造实验区植被现状

植被类型	斑块数	面积(公顷)	面积百分比(%)
半常绿季雨林	1	1.98	1.75
季风常绿阔叶林	5	62.82	55.51
热性灌丛	3	43.51	38.45
热性稀树灌木草丛	1	4.86	4.29
合计	10	113.17	100.00

(4)改造的内容(和方法)。根据亚洲象生境选择的分析结果、亚洲象栖息地现状分析以及用参与式方法对南滚河流域48位佤族乡民进行调查的结果(表15-11),考虑到试验区内的生境现状,对该试验区的改造包括建设食源地人工种植区(建设30hm^2,选择热性灌丛中平缓的地带,铲除外来有害植物和杂草,人工种植亚洲象食物,注意保留原来在地里的树木)、模拟刀耕火种试验区(建设20hm^2,在季风常绿阔叶林种选择一块林地,完全模拟佤族刀耕火种的方法、技术和程序,建设互不相连的几小块食源地,并加以监测)、天然食源地(留下一块热性灌丛,作为对比)、卧息场地(在季风常绿阔叶林中开辟几个平台)、硝塘(该地离天然硝塘较远,建几个硝水水泥池子,便于亚洲象补充盐分)、稀泥塘(在河流边建几个土池子,注入水,成为稀泥塘)、隐蔽场所(保护好原生植被,作为亚洲象的隐蔽场所)、缓冲带(在种植区与南滚河边建设一个缓冲带)。

表 15-11 亚洲象栖息地改造设计应包含的内容及矩阵排序表

设计内容	必须有 (4分)	需要有 (3分)	应该有 (2分)	可有可无 (1分)	合计分	排 序
种植食物	168	15	0	1	184	1
建人工硝塘	104	48	10	1	163	3
休息场地	84	24	22	8	138	6
隐蔽场所	116	39	10	1	166	2
人工泥塘	96	30	20	4	150	5
引洁净水	112	27	12	5	156	4

(5)人工种植植物选择。根据对亚洲象食性的分析和亚洲象对食物的偏好,参考在南滚河流域进行的参与式亚洲象生境改造种植食物种类及排序调查结果(表15-12)。人工种植的食物主要选择芭蕉、竹子、棕榈、甘蔗、玉米、旱稻(刀耕火种)、黄竹草(适当试种)和南瓜等。

表 15-12 亚洲象生境改造选择种植食物种类及排序表

植物名称	最佳（4分）	优良（3分）	一般（2分）	不好（1分）	合计分	参与人数	选择指数	排序
竹子（类）	148	27	14	0	189	53	3.57	2
棕榈（类）	132	42	10	1	185	53	3.49	4
芭蕉（类）	168	21	6	1	196	53	3.70	1
蛇藤	68	36	14	6	124	42	2.95	10
大乌泡	8	15	10	2	35	14	2.50	15
硬秆子草	44	0	16	1	61	20	3.05	9
皇竹草	20	9	14	6	49	21	2.33	18
对叶榕	20	21	10	2	53	19	2.79	12
山乌桕	8	12	8	4	32	14	2.29	19
艳山姜	12	6	12	3	33	14	2.36	16
山黄麻	40	42	14	3	99	32	3.09	8
山麻秆	24	18	12	3	57	21	2.71	14
云南翅子树	12	12	10	0	34	46	0.74	21
火绳树	0	3	8	2	13	7	1.86	20
甘蔗	48	24	22	7	101	38	2.66	15
稻谷	84	6	6	6	102	32	3.19	7
滇刺枣	44	33	10	5	92	32	2.88	11
中平树	40	0	14	4	58	21	2.76	13
构树	28	3	4	1	36	11	3.27	6
钩藤	12	9	0	0	21	6	3.50	3
血桐	8	15	0	0	23	7	3.29	5

注：用人均得分作为排序依据。

（6）各试验区改造内容的布局。根据实地调查，初步规划出试验区改造内容的布局（图 15-4）。

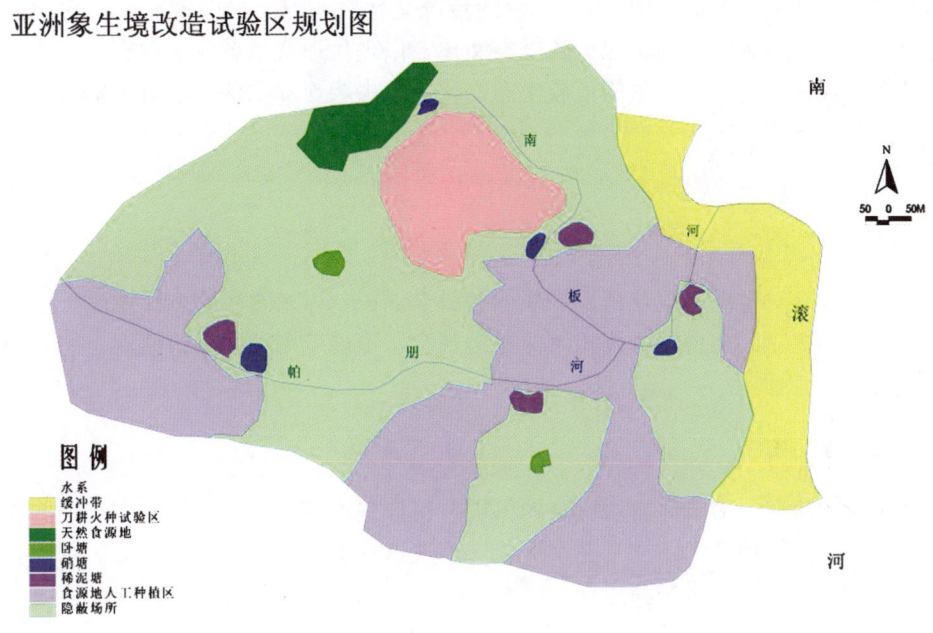

图 15-4 亚洲象生境改造试验区规划图

16 公众保护意识教育与文化重构

  公众保护意识教育就是向全体公民，尤其是各级领导干部、自然保护区工作者、当地居民和青少年宣传保护自然遗产的重要性和进行伦理道德观念的教育。生态保护意识教育是指为加强生态建设和生态保护、促进人与自然的和谐发展而进行的一系列旨在提高意识、规范行为的教育活动，其主要内容包括生态知识教育、生态保护意识教育、能源节约意识教育、消费节约意识教育、亲近自然意识教育和优化生态意识教育等，其中生态意识教育是重构生态文化的基础。

  意识决定行动，自觉的生态保护行动来源于人们正确的生态保护意识。人类对人与自然关系的认识、看法和评价是影响生态保护问题解决的重要主观条件，生态保护意识能够为环境问题的解决创造积极的社会环境。生态保护意识的培养和增强，能够引导社会为环境问题的解决提供更多的客观支持，使意识能够转化为客观物质力量和人的外在行为，从而促进环境问题的解决。公众生态保护意识是衡量一个国家或地区生物多样性保护水平的最重要标志之一。越来越多的事实表明，生物多样性保护的根本动力在于公众的参与，而公众参与的基础则是公众生态保护意识的普遍提高；只有生态保护意识提高，社会的价值观念、政府的决策行为、企业的生产行为以及公民的消费行为等才能一致向生物多样性保护方面倾斜，这是保护南滚河流域亚洲象的关健。

  民族文化在生物多样性的保护和利用中具有积极的意义。在联合国的《21世纪议程》和《生物多样性公约》中都已有体现："（每一缔约国应尽可能并酌情）依照国家法律立法，尊重、保护和维护原住民和当地社区体现传统生活方式与生物多样性保护和持续利用相关的知识和做法，并促进其广泛应用。""保障及鼓励那些按照传统文化惯例而且符合保护或持久利用要求的生物资源习惯使用方式。"佤族传统文化对亚洲象的保护功能，我们已经在前面做过论述。弘扬有利于亚洲象保护的佤族文化，以现代形式承载传统内容，把佤族传统文化因素融入现代保护意识中，重构佤族生态文化，不失为亚洲象保护的有力措施。

16.1 文化反哺

16.1.1 目　的

在于增进公众对生态系统及其发展规律的科学认识，以及对生物多样性保护意义的正确认识，在公众中树立人与自然协调相处的科学观念、道德准则和正确价值观，使亚洲象保护理念深入人心。

16.1.2 理　由

根据前面的研究，南滚河流域民众的保护意识参差不齐，体现在传统文化中的保护理念逐渐丧失，而新的保护意识还没有完全形成。出现这种问题的原因是公众保护意识教育目前尚未得到足够的重视，它对亚洲象保护潜在的巨大影响尚未得到充分的认识。而需要接受教育的人群包括未成年人（学生）及其家长，尤其是在领导岗位上的家长。

大自然是未成年人健康成长的摇篮和学习知识、增长本领的重要课堂。通过开展有针对性的教育活动，帮助他们全面科学地认识人与自然的关系，鼓励他们积极参与到生态建设和生态保护中来。对于保护区和保护亚洲象来说，开展适合未成年人特点和兴趣爱好的生态实践活动，让保护区周边的未成年人关注并力所能及地参与自然保护区的管理和建设，使他们在自然保护区管理的实践中增进对自然的感情，形成良好的生态保护意识是行之有效的方法。

美国人类学家米德从文化传递的角度，将人类社会由古及今的文化分为三种基本形式：前喻文化、并喻文化和后喻文化。前喻文化是指晚辈主要向长辈学习；并喻文化是指晚辈和长辈的学习都发生在同辈人之间；而后喻文化则是指长辈反过来向晚辈学习。周晓虹（1988）首次提出了"文化反哺"的概念，将"文化反哺"定义为"在急速的文化变迁时代所发生的年长一代向年轻一代进行广泛的文化吸收的过程"。将"文化反哺"用于保护意识教育中，在对学生进行保护意识教育的同时，通过他们把相关知识传递给家长，是一个一箭双雕的事情。

16.1.3 实　践

2006 年 9 月 8 日下午，课题组成员在班洪乡南板小学领导和教师的支持配合下，选择了一个有 20 名学生的五年级班级，开展了亚洲象保护知识的教育活动。我们向学生们讲授了有关亚洲象保护的相关知识，内容包括：大象在自然界中的位置、亚洲象的形态特征、亚洲象现状和致危原因，以及为什么会产生人象冲突？我们为什么要保护大象？我们能为保护亚洲象做点什么？讲课结束后，我们安排每位小学生写一篇有关亚洲象的小作文；同时，根据讲课的内容，我们设计了一套问卷（表 16-1），其中有 6 个问题。讲课中，对问卷中的前 5 个问题作了重点介绍，第 6 个问题的内容没有讲。为了便于统计，问卷全为客观题，为单项选择。在讲课前，通过班主任先把问卷发给学生，请学生把问卷带回家请家长填写，然后收回问卷。讲课结束后，又把同样的问卷发给学生，要求学生先把今天讲课的内容给家长讲一遍,然后再让家长填写问卷,最后收回问卷。

表16-1 亚洲象知识问卷统计表

问题(供选择答案)	授课前			授课后		
	正确	错误	正确率	正确	错误	正确率
①大象的头骨里是蜂窝状的,缝隙充满了什么物质?(空气;骨髓;液体;血液)	2	18	10%	9	11	45%
②大象的一副长牙是它的什么牙演化来的?(门齿;臼齿;犬齿;乳牙)	1	19	5%	8	12	40%
③大象的长鼻是什么器官(部位)的延长体?(鼻子;鼻子和上唇;鼻子和脸皮;鼻子和头皮)	7	13	35%	16	4	80%
④亚洲象被《濒危动植物种国际贸易公约》列为附录几?(附录Ⅰ;附录Ⅱ;附录Ⅲ;没有列入)	9	11	45%	14	6	70%
⑤大象濒危主要是由什么因素引起的?(自然因素;人为因素;环境因素;大象自身因素)	8	12	40%	14	6	70%
⑥大象一般几年才繁殖1胎?(2~3年;3~4年;5~6年;7~8年)	5	15	25%	6	14	30%

两天后收到作文20篇。同学们从不同角度谈了接受教育的感受,主要观点有:①过去就听长辈讲过大象的故事,通过这次活动,对大象有了进一步的了解,很高兴参加这样的活动。②通过这次活动,自己更喜欢大象了,愿意支持保护区管理部门保护好大象。③自然保护区是一个天然的动物园,是大象生活的地方,应该很好地进行保护。④为在南板一带再也看不到亚洲象而难过,为南滚河流域亚洲象的减少而心痛,为人类猎杀可爱的亚洲象而愤怒。⑤对人类不能和动物和谐相处、不能在同一环境下生活不理解。⑥爷爷奶奶见过亚洲象,所以会讲大象的故事;到爸爸妈妈不会讲了,因为他们没有见过大象。⑦大象有长长的鼻子、大大的耳朵、圆圆的小眼睛,真是可爱极了。听爷爷说过去我们这里有很多很多大象,可现在没有了,我们只能从故事里、课堂上听到大象了。⑧平时最喜欢听爷爷讲大象的故事了,希望人和动物以及动物们之间成为好朋友。⑨亚洲象生活在大森林里,我们长大后要揭开大自然的秘密。⑩我很想观察大象,但是我还小;长大后,我要去观察大象。⑪原来我们都不了解大象,通过听课,对大象有了一些认识。⑫大象是最大的陆生动物,它很重要,我们要保护它。⑬保护大象是大家的事,我们少先队员更应该保护大象。⑭我把今天听到的有关大象的故事讲给其他班的好朋友听了,他们很遗憾不能听到大象的故事。

"文化反哺"的实践活动也取得了预期的效果。从统计结果看(表16-1),除"大象几年繁殖1胎"在授课中没有讲到致使答案正确率没有太大变化外,其他问题授课后回答正确率明显提高,说明这种教育方法有一定的效果。在事后对家长的访谈中,学生都按要求把学到的东西告诉了家长;家长按学生介绍的情况填写了问卷,问题的正确率更取决于学生的接受能力和活动中学到的知识。本次"文化反哺"活动只是初步和试验性的,目标是吸引公众对亚洲象保护问题的关注和思考。我们不能期待通过一次活动就能一次性解决公众保护意识的全部问题，也不能期望公众能全部接受宣传的内容。

16.1.4 行动描述

教育内容主要包括：亚洲象的基本知识，亚洲象保护意义，现状和危机实例，持续发展论的发展观，法律法规，佤族传统文化与亚洲象保护的关系，注意事项等。教育的主要目的是传授科学知识，所以要编好教材（或讲义），做到对受教育者有吸引力，具备图文并茂、深入浅出、适合青少年的特点，同时又有一定的理论知识，可让成年人受到教育。有条件的学校，要结合播放野生动物录像、多媒体演示等方式进行教育。要采取互动式教学方法，让学生参与课堂讨论，增加学生的兴趣。要做好监测，抽查学生与家长的互动关系。

16.2 弘扬佤族象文化

16.2.1 目 的

通过象文化的弘扬，重新唤醒南滚河流域民众对亚洲象的尊重和爱护，从而支持亚洲象的保护工作。

16.2.2 理 由

南滚河流域，曾经存在过提倡人象和谐共处的象文化，但这种文化正在逐渐丧失，影响了亚洲象的保护工作。保护和弘扬象文化是南滚河流域亚洲象保护工作的重点之一。"贡象节"曾经是一个隆重的节日，经历"破四旧"等运动后，如今变成了部分佤族家庭内的小仪式，是佤族文化中需要弘扬的一个重要部分。

16.2.3 实 践

在保护区管理局和相关部门的配合下，研究项目支持南滚河流域的上班老村举办了3届"贡象节"，参加人数一届比一届多。到2006年，参加人数达到近4000人，参加的范围也从上班老村扩大到整个班老乡。"贡象节"已经被沧源县旅游局定位为沧源象民族文化旅游的内容之一。另外，项目还制作了1000枚有亚洲象形象的纪念章，在"贡象节"上发放，受到佤族民众的喜爱。同时，项目与国际爱护动物基金会（IFAW）合作，印制了有亚洲象保护知识和亚洲象形象的日历，同样受到佤族民众的喜爱。

案例 16-1：弘扬佤族象文化

2004年，在上班老举办了隆重的"贡象节"。"贡象节"在一系列的仪式中进行，准备工作也不例外。首先要测算"贡象节"的日子，由村里的"板勐"及家族的老人请佤族原始宗教的神职人员和缅寺的长老测算日子。"板勐"是佤族村寨民间管理村寨事物的官职，俗称头人，为世袭，主要负责调解族内的纠纷，协调与其他村寨和异族之间的关系，组织有关人员议事，牵头组织民间活动等。这种组织形式是过去原始社会制度的遗存，在佤族历史进程中起过积极的作用，至今仍有一定的影响。"贡象节"一般在泼水节期间，阳历4月中旬左右举办。

日子定下来后，开始做准备工作，最重要的就是扎白象了。老人们先选择扎大象用的竹林，然后带上贡品，到竹林旁举行拜祭仪式。领头的老人口中念念有词，向竹神说明砍竹子是为了扎大象，请山神、竹神原谅，并保佑"贡象节"成功，同时将贡品撒向竹林。接着，众人拿出刀子，开始砍竹子。竹子砍好后，由主持仪式的老人引路，把竹子抬到一个平台，把精选的竹子分割成大小不等的竹篾备用。

扎白象可是一件技术活，也是力气活，只有最了解象习性和身体结构的人才能完成。2002年，由年近70岁的老人杨帕浪领着几个老人做，年轻人只能在一旁当帮手。今年，这项任务落到一群30~40岁的中年人手里，但老人们还得在一旁不时地指点，关键处还需亲自动手。先用木材和竹子扎出大象的骨架，然后铺上竹席（篾笆），再在上面裱一层当地傣族用土法造的构树纸，最后用毛笔勾画出眼睛等五官，用彩色剪纸做装饰，几乎与真象一样大小、惟妙惟肖的"白象"就做成了。完成准备工作大约需5到8天时间。

"白象"的数量根据每年的经济状况而定，一般为1头。今年共扎了3头（1头公象、1头母象、1头幼象），可算是一个完整的小家庭了。今年还特意扎了1只老虎，这也是南滚河自然保护区的主要保护对象之一。有佤族老人说，有大象的地方必定有老虎，老虎是保护大象的，是大象的警卫；也有老人说，他看到过老虎跟在怀孕的大象后面，为的是捡食大象的胎衣。不管怎么说，老人们一致认为"白象"后面要跟1只老虎。

一切准备工作得在"贡象节"的前一天完。"贡象节"那天早晨，一群年轻人在老人的引导下，把"白象"抬到一个山包上，一部分人在山包上扎制贡象台，一部分人扎制一顶插满杯状栲花的花轿。

中午，迎象在一个简短的仪式中开始。上班老的男男女女在几位老人的带领下，敲起象脚鼓，打起锣，手捧着贡品，围绕"板勐"家门前的平地边唱边舞。其他人听到鼓声歌声，从四面八方聚拢来；当迎象队伍到一定数量后，便走出寨子，到山上迎接"白象"。沿途人们又唱又跳，不断有其他村寨的佤族群众加入到迎象队伍中，使队伍不断壮大。

到达"白象""生活的地方"，迎象的人们跪在贡象台前，倾听保洪兴等老人唱祝词，讲述"贡象节"的来历，宣扬保护大象的原始观念，祈求大象永远留在班老繁衍后代，带来风调雨顺，保佑庄稼丰收、家畜兴旺。佤族群众纷纷上前把准备好的贡品以一种特定的礼仪放在贡台上，有稻米、甘蔗、茶叶、蜡烛等，甚至还有人民币。跪请仪式结束后，保洪兴老人一声令下，年轻人抬起"白象"和"老虎"，朝上班老寨子进发。几个人手持佤族特有的长刀在前面舞动，好像披荆斩棘为"白象"开路，队伍中不时传出赞美大象的民歌声。沿路男女老少特别是年迈的佤族妇女都争先恐后地抚摸着"白象"，护送大象进寨。

当"白象"抬到上班老寨子时，在"板勐"家门前的平地上停下。这时候上班老缅寺的长老田岩掌出现了，活动也由此达到高潮。只见他在弟子们的陪伴下在"白象"前坐定，一手持法扇，一手翻开经书，诵读有关大象的经文。所有在场的佤族群众都围拢上去，虔诚地倾听诵经。可惜岩掌的汉语说的不好，他把这部分经文抄送于我，后来我请另一个缅寺的长老翻译。经文的大意是：原来大地上到处天干地裂，人类无法生存，主管动物的神派象来拯救众生。这头带有使命的小象出生时，一个王子也同时出生了。对于这种巧合，宫殿里的大臣们议论纷纷，建议国王将小象接到宫中，从此小象与王子结成兄弟。象所到之处，天下起了雨，生灵开始复活，人类开始繁衍。佛教教义也跟象有着密切的关系，据说始祖释迦牟尼就是其母亲梦见一头白象驮着一个男子从天而降，进入她的右胁而怀孕生下他的，大象是佛教徒崇拜的神物，与班老佤族因大象帮助过祖先而崇拜大象不谋而合。缅寺长老诵读的经文和佤族"贡象节"的传说共同宣扬了一种思想：有大象生活的地方都是好地方；如果大象出走或者灭绝了，人类也将无法生存。这些共同点恐怕就是原始宗教和佛教能在这一带长期并存的原因吧。

"白象"在人们的簇拥下，将游历上班老周围的佤族村寨。没来得及上山送贡品的人纷纷走出家门，送上一份"礼物"。每个寨子都要举行类似的仪式。每到一处，都有人送上贡品。经过一天的活动，这3头代表着亚洲象的"白象"被抬到班老佤族最神圣的地方——班老白塔旁。人们踏着佤族特有的舞步，唱着歌，绕着白塔转圈，最后把"白象"安放在白塔旁，让它们与众神同在。原始崇拜与佛教信仰之间的融合也在此时达到了极顶。

16.2.4　行动描述

继续弘扬"贡象节"，逐渐扩大其影响范围。制作亚洲象保护宣传挂历和日历，与佤族宗教人士合作，突出"掌令"的日子。与邮政的部门合作，印制有关南滚河自然保护区和亚洲象的明信片、贺年卡等。

16.3　南滚河流域生态文化整合

16.3.1　目　的

吸收和弘扬佤族文化中有利于生态保护特别是亚洲象保护的部分，用佤族习惯的文化方式约束民众，达到"润物细无声"的目的，同时把佤族传统文化与现代保护观念相结合，在南滚河流域构筑新型的生态文化。

16.3.2　理　由

民族文化是人们在特定的生态环境和人文背景下的产物，是人类为与其所处环境（包括生态环境和社会环境）达成一致而谋取生存的手段，并通过该特定环境的隔离机制得以保留与发展（李自然等，2005）。佤族传统文化所依托的生态、社会、心理隔离机制已经不复存在，传统文化变迁势在必然。要使这种变迁向着有利于亚洲象保护的方向发展，就要在南滚河流域进行文化整合。

在佤族的心目中，南滚河的亚洲象经历了由"神"（都是佤族文化和小乘佛教的崇拜对象）、经济动物（由于象牙和肉，被佤族群众猎杀），再到保护动物（受到法律、法规的严格保护）的过程。这个过程同时是文化变迁的过程。根据现代保护意识，需要建立一种和谐的人象关系，综合考虑亚洲象的生态价值、文化价值和经济价值，建立人与象之间的"朋友"关系。这种关系的建立，一样需要文化的支撑。这种文化需要去重新构建。

16.3.3　步　骤

在文化整合中，可以吸收和参考跨文化管理的理念。自然保护区管理者应掌握不同文群体的文化特点，在管理中尽量避免文化冲突和矛盾，融合文化中的优秀特质，塑造新型管理文化，从而建立起一套适合跨文化条件下的保护管理新模式。第一步是文化分析。不同的文化背景，决定了人们持有不同的价值观念、行为准则。要了解与汉族有着不同文化背景的佤族人，就必须了解他们的需求和价值观、行为模式。因此，建立有效的跨文化管理模式的第一步，就是对南滚河流域存在的文化进行分析，找出文化特质，以便在管理中有针对性地采取措施，减少文化冲突和矛盾，推进文化融合。第二步是文化影响分析。文化决定了公众的价值观体系，从而决定了他们利用资源的模式。这种模式，必然渗透到自然界中，影响亚洲象等物种的保护。因此，建立有效的跨文化管理模式的第二步，就是分析不同文化对亚洲象各个保护环节的影响，从而有针对性地减少保护工作者在履行职能时，有可能引起的文化冲突和矛盾。第三步是找出双方文化中的共同点（交叉点），作为文化整合的基础。跨文化沟通和文化融合的首要条件就是达成共识。第四步是调查佤族民众对于现代保护文化的容忍度。第五步是根据当地特点，决定采取哪种方式进行文化整合。第六步是确定文化整合的目标。第七步是将第六步所确定的新的管理理念运用到的各项职能中去，建立独特的跨文化的保护管理模式。第八步是设立反馈系统，检验文化整合后的保护管理模式是否高效。

16.3.4 行动描述

项目组与沧源佤文化研究会协作，开展佤族生态文化整合的专题研究，并在该研究会办的期刊《佤山文化》上开设专栏，刊载有关研究成果和征集相关文章。在开展类似"文化反哺"的行动时，教育内容中列举"司岗里传说"中有关佤族历次搬迁的故事做为案例。对佤族有关动物的故事进行新的释义。如佤族"贡象节"来历的故事中，谈到亚洲象离开班老后，班老一带连年遭受灾害，意思是没有亚洲象的护佑，佤族过不上好的日子。可以用新的理念解释为：亚洲象的离开，意味着环境条件已经不适应于亚洲象的生存；而亚洲象不能生存的地方，人类也难以生存。宣传亚洲象保护的科学知识，改变佤族对亚洲象的传统认识，如讲解亚洲象用次声波传递信息的科学知识，改变佤族对这种象行为的种种猜疑。

16.4 社区共管组织——南滚河流域佤族亚洲象保护协会

在任何一个文化或社会中，对"保护"的理解都是不同的。在西方国家中，占主导地位的想法是建立正规的保护区或国家公园。这种做法的前提是人类社会与自然界相互分离，因此，"保护区"的意思就是要排除任何主动的人类活动。西方国家大规模地开辟保护地始于19世纪，美国建立的黄石公园及约塞米蒂国家公园就是世界上最早的两个国家公园。但是，很少有人知道，当初美国建立黄石公园及约塞米蒂国家公园的目的是为了将原来居住在里面的土著印第安人赶出这些地方。几乎所有这些保护区实际上都是建立在原住民进行农业、渔业或者采集等活动的土地（水域）上的，原住民们曾将这些地方看作是自己的家园。现在，自然保护主义者常常忘记了，在他们眼里所看到的自然或原始生境，实际上也曾进行着人类的传统活动，如定期的烧荒、修枝、刀耕火种等。在20世纪早期及中期所建立的大多数保护区和国家公园，都采取了禁止人类活动等措施。在这些保护主义者们看来，人类的活动都可能对自然生境直接或间接造成影响，从而对生活在其中的野生动植物造成伤害。因此，在保护区中，他们强迫依赖这些动植物维持生计的当地居民放弃其传统的生产活动，导致当地居民与保护管理当局发生矛盾和冲突。这说明，两者在文化和对自然界的看法上存在着巨大的差异。综上所述，管理严格的自然保护区的建立常常会对当地居民造成深远的社会影响，因为这类保护区的建立要么会剥夺原住民对传统土地和资源的使用权，要么会重新分配这些权利。随着人们对该问题的认识逐渐深入，越来越多的保护工作者和管理人员已经开始对过去的保护策略加以重新认识（裴盛基，2004）。

研究表明，南滚河流域社区发展与亚洲象保护之间也存在紧密的联系。一方面保护区的建立和严格的管理方式，给当地的生产生活带来了很大的局限；另一方面，南滚河流域的民众由于经济上的贫困和文化上的不适应，采用廉价利用自然资源的方式，对自然保护区的资源构成了威胁；人类的频繁活动也给亚洲象的正常生活带来了严重的干扰，改变了亚洲象的行为，成为了亚洲象保护的隐患之一。

南滚河自然保护区多年的管理实践也说明，保护区不是一个孤立的自然生态系统，靠保护区有限的管理人员是管理不好保护区的。把保护区作为有生态系统和社会经济系统组成的开放复合系统，把社区活动作为系统的有机组成部分才是正途。从保护的角度考虑社会的发展，并将社区发展纳入保护的范畴，争取广大的利益相关者特别是保护区周边的农民群众的支持，才是做好保护区工作的唯一出路。要以平等的道德责任来对待当地人，改变南滚河流域佤族民众的贫困状态，客观尊重保护区社区的发展需求，在保护的基础上，建立起社区发展的能力，不断提高社区的福利水平，使保护区社区的利益直接或间接地与生物多样性保护相关联，把对立的利益关系通过共管在一定程度上协调起来。

社区共管是指保护区周边社区利益相关群体与保护区管理部门共同参与保护区保护管理方案的决策、实施和评估的过程，其主要目标是保护区自然资源的保护和可持续社区发展的结合。社区共管是目前国际上认可的一种自然保护区的管理方式，其思想和观念已在中国生物多样性保护领域得到广泛传播，各地各级保护管理部门在日常生活中已逐步接受了社区共管的做法。社区共管的关键是参与，参与是解决矛盾和冲突的有效方法。保护区社区共管的参与就是让社区在参与的过程中，共同认识问题与机会，共享知识和信息，共同发现利益，并通过参与相关决策，进而采取共同相关活动，解决问题和矛盾，实现保护与社区发展双赢。

16.4.1 目 的

在南滚河国家级自然保护区建立社区共管组织的基础上，在南滚河流域成立一个以保护亚洲象为主要目的的民间组织，用以协调有关方的关系，团结一切保护力量，体现公众的参与性，提高亚洲象保护的有效性。

16.4.2 理 由

南滚河流域亚洲象的保护一直缺少公众的参与，整个南滚河自然保护区的社区共管也正在规划当中，致使保护工作冲突不断，也影响了许多冲突的解决。一些佤族传统文化和对亚洲象的传统知识没有在保护工作中得到运用。需要成立一个民间组织，借用佤族民间的力量参与到亚洲象的保护工作中来。

16.4.3 实 践

在自然资源保护方面，随着国内外合作的加强，一些国外的先进保护理念进入我国，社区共管就是其中之一。近年来，GEF、FCCDP等项目在云南实施，许多自然保护区在社区共管方面取得了可喜的成绩和经验。中国第一个农民生物多样性保护组织"高黎贡山农民生物多样性保护协会"的成立就是一个很好的案例。

16.4.4 行动描述

在南滚河流域成立一个"南滚河流域佤族亚洲象保护协会"（暂名），可以隶属于已正在规划建设的南滚河自然保护区社区共管组织。本着自愿参加的原则，侧重吸收在各社区有一定威望，有协调和解决问题能力的人（家庭）参加。与社区共管组织相比，协会更注重农民的参加。协会的宗旨是通过农民自身组织来协调土地纠纷、人象冲突；组织申请和合作实施与亚洲象保护有关的经济发展项目；学习和宣传与亚洲象有关的知识和法律、法规；弘扬佤族象文化；带头保护亚洲象及其生境。协会完全按照民间组织的方式申报、选举领导等。参加协会的可以是当地的领导、教师、保护区管理人员、学生、医生和村干部等，也可以吸收一些外地对亚洲象保护感兴趣的环保工作者、企业家。成立的程序为动员、向乡政府申请成立、政府批准、正式成立、登记会员、第一次会员（代表）大会、选举领导、制定章程、明确会员的义务和权力、组织开展活动等。对于南滚河流域的佤族来说，协会正常运作的关键之一是项目的实施。保护区管理部门要积极争取社区发展项目，让协会实施，当地政府也要把项目向协会成员倾斜。另一个关键是经常开展活动。保护区管理局要筹集部分经费，组织协会经常开展活动，对那些为亚洲象保护作出贡献和为协会做出贡献的人，要予以奖励。

16.5 农村实用技术培训

16.5.1 目的

通过对南滚河流域农民进行实用技术培训，使他们掌握更多的科学知识和实用技术，增加他们的劳动技能和对现代化的适应能力，增加生计的选择机会，减少对自然资源的利用强度，减轻对亚洲象的压力。

16.5.2 理由

研究结果表明，南滚河流域的佤族民众劳动技能单一，对现代化的适应能力差，对生计的选择范围狭窄，对自然资源的依赖程度高，资源的利用率低。需要通过一系列的培训和实践，改变这种状态，提高佤族民众的经济收入，促进南滚河流域经济和社会的发展。

16.5.3 实践

当地政府每年都要举办农村实用技术培训活动。2005年南滚河流域遭受旱灾，班老乡政府针对性地进行了实用技术培训27场，参加人数达1986人次。研究项目在南滚河保护区管理局和当地社区的配合帮助下，进行了有意义的实践活动，成功举办了两次农民实用技术培训。

案例 16-2：南板村科学养牛技术

南板村民委员会位于沧源县班洪乡，是南滚河保护区周边生态环境比较差的一个村，也是南滚河自然保护区沧源管理局的扶贫挂钩点，村民对自然资源的依赖性强，对保护区的威胁主要是到保护区采集竹笋和到保护区内放牧。2005年9月3日，在保护区管理局、班洪乡政府、南板村村民委员会的配合下，在沧源县畜牧局和南板小学的支持下，我们在南板村举办了一期以科学养牛为专题的农村实用技术培训班。目的是通过培训改变佤族群众放野牛的习惯，为南板村佤族民众提供一种替代生计。培训班聘请了县畜牧局有经验的技术人员田军荣讲课，培训内容有：放"野牛"的弊病（发生偷盗，造成损失；不便开展疾病防控；疾病传播；对生态特别是保护区造成危害；对农田和经济作物造成损害，发生邻里纠纷）、优良牛品种介绍、牛常见疾病的土法防治、优良饲草的引种、先进的经营管理方法等。共有42位农民（其中妇女8人）参加了培训。

培训结束后，为了对培训效果进行了评估，我们设计了4个问题：①你是否赞成这种形式的培训？②你对这次培训的内容满意吗？③今天的培训内容你听懂了多少（少部分、一半、大部分、全部）？④你还希望开展哪些内容的培训？随机抽取13人（妇女3人）进行访谈，请参训人员就上述4个问题发表自己的观点，统计结果为：①对于第一个问题全部表示赞成。②对于第二个问题全部表示满意。③对于第三个问题，全部听懂的2人（妇女1人）；大部分听懂的5人（全为男性）；听懂一半的6人（妇女2人）。④对于第四个问题，希望接受养殖业培训的11人；希望接受种植业培训的2人；养殖业培训中，妇女倾向于学习养猪、养鸡等家庭养殖，男性希望学习养牛、疾病防治、引种改良等内容；在培训方式上，希望专家现场培训，实地操作。

案例 16-3：营盘村草果栽培技术培训

营盘村村民委员会位于沧源县班老乡，是南滚河保护区周边生态环境相对较好的一个村。但由于海拔较高（村民委员会所在地海拔1300米），所能选择的经济发展项目的范围比较少，对保护区的威胁主要是到保护区内放牧。保护区建设初期，隶属于该村的大河底从保护区搬迁出来，所退出的土地现在是亚洲象的主要栖息地之一。2005年9月28日，在保护区管理局、营盘村村民委员会的配合下，在营盘小学的支持下，我们在营盘村举办了一期农村实用技术培训班，目的是改变村民的传统观念，改变落后的生产方式，用先进的技术增加收入，减轻对保护区的威胁。由项目负责人李永杰讲授了草果的生物学特性等内容，从班洪乡班莫村请了两名有草果种植经验的农民介绍了草果种植的基本方法和自己的经济效益。理论培训结束后，进行了实作训练。培训的主要内容有：综述（草果生产的状况、临沧及沧源草果生产的历史和现状、草果的食用价值、草果的药用价值、草果的生态价值、草果的经济价值）、草果的形态特征（根、茎、叶、果、种子）、草果的生物学特征（草果生长发育的物候期及阶段、草果的分株习性、草果的开花结果习性）和生态习性（光照、温度、雨量和湿度、海拔、土壤、坡度与坡位）、草果的品种（纺锤形草果、卵圆形草果、近球形草果、地方性品种等）、草果的繁殖技术（无性繁殖——分株繁殖法和组织培养法、有性繁殖——种子繁殖法）、草果园地的选择与整理（草果园地的选择、宜植草果的园地整理）、栽植密度、移栽技术（移栽季节、移栽方法）、草果园的管理（草果幼龄期管理、草果成龄期管理、草果的施肥与培土）、病虫草害防治（草果的病害、草果虫害、草果的草害、草果的其他危害因素、野兽及牲畜危害、草果分株成活低的原因、草果花而不实的原因）、草果的采收与加工、草果品质规格鉴定、储运与保管等。有42位农民参加了培训。

培训结束后，为了对培训效果进行了评估，我们设计了4个问题：①你对这次培训满意吗？②培训的内容你听懂多少？③今天的培训对你有帮助吗？④你对今后的培训有什么建议（希望接受哪些方面的培训）？随机抽取32人（妇女11人）进行问卷调查，请参训人员就上述4个问题发表自己的观点。统计结果为：①对于第一个问题，非常满意11人（男6人、女5人），满意14人（男13人、女1人），一般7人（男2人、女5人），无不满意的人。②对于第二个问题，无全部听懂的人，听懂大部分的19人（男14人、女5人），听懂一半的11人（男7人、女4人），听懂少部分的2人（女2人）。③对于第三个问题，有很大帮助的14人（男10人、女4人），有帮助的12人（男10人、女2人），有一点帮助的6人（男1人、女5人），无没有帮助的人。④对于第四个问题，有希望扩大培训面，让更多人接受培训的；有希望再次进行类似的培训的；有希望老师讲得更细一些，对重点问题多讲解几次的；有希望开展养殖业、种植业方面的培训的。在培训方式上则希望专家到现场培训，实地操作。

16.5.4 行动描述

经过调查访谈，根据民众的培训需求，提出优先培训的内容：
（1）家庭理财（主要针对妇女）；
（2）家庭养殖技术培训（主要针对妇女）；
（3）旅游产品开发（传统工艺、编织技术等）；
（4）高优茶叶种植与管理技术；
（5）紫胶园建设、管理及放养技术；
（6）竹子加工技术；
（7）饲草种植及牛圈养技术；
（8）佤族民俗旅游接待；
（9）节水农业。

16.6 生计替代——竹子资源的深度开发

16.6.1 目 的

通过对易于获得的、有一定资源量的竹子进行深度开发，给佤族群众创造一个生计替代的机会。

16.6.2 理　由

在南滚河流域，亟需选择一些有利于亚洲象保护的生计替代项目，在改善民众生活水平的同时，减轻对亚洲象生境的压力，缓解人与亚洲象的冲突。竹子资源的开发是一个很好的项目。

南滚河自然保护区及周边竹子种类不下 10 种，野生竹种有思劳竹、黄竹、野龙竹、泡竹、梨藤竹等。佤族在传统上有种植竹子的习惯，佤族村寨几乎淹没在竹海之中，种植品种以巨龙竹、牡竹、勃氏甜龙竹为主。其中，以巨龙竹最多，约占全部竹子的 60% 以上。巨龙竹是南滚河周边社区栽培最广、最有特点的竹种，植株高大如树，直径一般都在 20cm 以上，最粗可达 30cm，是我国也是世界上已知最粗大的竹种。巨龙竹是我国乃至世界上十分稀有的巨型竹种资源，目前所知天然分布仅存在于云南南部至西南部地区，但分布最集中、生长最好和杆形最大者，只见于南滚河流域，尤其集中于保护区及周围地带。南滚河周边社区竹子资源见表 16 - 2。

表 16 - 2　南滚河流域周边社区人工栽培竹子统计表 （2000 年）

社　　区	有竹户数	户均竹丛数	丛均株数	总丛数	总株数	其中巨龙竹株数
班洪乡合计	1867			42559	1126875	697536
班洪	249	19.8	13.1	4930	46583	
班莫	318	20.0	25.0	6360	159000	
公杭	357	17.9	15.0	6390	95910	
南板	357	27.6	33.7	9853	332046	
富公	272	25.0	10.0	6800	68000	
乡企	25	10.0	15.0	250	3750	
芒库	289	27.6	50.6	7976	403586	
班老乡合计	1157			8876	32974	220927
上班老	331	2.3	38.7	761	29451	
下班老	134	2.6	25.7	348	8947	
新寨	159	5.5	16.0	875	14000	
营盘	175	10.0	17.0	1750	29750	
帕浪	215	17.2	38.8	3698	143482	
班搞	143	10.1	72.1	1444	104112	
周边社区总计				51435	1456617	918463

但从资源开发的程度看，竹子在当地主要作为建筑材料和一些生产生活用具的材料，处于自用为主状态，用量有限。近年来，一些矿山也开始收购竹子，但是量不大，价格也很低（一株巨龙竹 5～8 元）。与沧源县接壤的双江县的一个造纸厂也开始收购竹子，但价格同样很低（每株 5 元），没有给当地农民的增收带来大的帮助。所以竹子资源的开发速度也受到

制约，急需寻找途径，有效利用竹子资源。

16.6.3 实　践

竹子是森林资源之一，竹类植物是最好的可持续发展和利用的再生资源，其具有生产周期短、容易加工、用途广泛、在多方面可代替木材等特点。竹产业是劳动密集型产业，投资小，加工工艺设备比较简单。竹产业的发展对增加就业、农民增收和促进地方经济发展具有重要作用，目前越来越受到人们的欢迎，前景被看好。竹子的用途很广。随着工农业生产的发展和科学技术的进步，竹子及其竹副产品在日用、建筑、水利、化工、环保、家具及工艺品、食品、医药等方面得到了广泛的应用。现在，竹子除了发展传统的竹筷、竹椅、竹家具、竹工艺品外，还可发展竹地板、竹编胶合板、竹材制浆造纸、竹炭、竹酒、竹笋系列产品。并且，随着"以竹代木"形势的发展，竹子的发展前景将越来越广阔。中国的竹编、竹雕、竹工艺品、竹日用品等，历史悠久，工艺精细，居世界之首。中国云南西双版纳的竹楼、湖南桃花源中的竹廊，富丽堂皇，十分壮观。日本的竹细工，花道、茶道中的竹制品，制作也较精细。日本的公园、神社等，大多用竹篱、竹门装饰。韩国的折竹钓竿，东南亚国家的竹乐器、竹编等，畅销世界各地。这些竹子开发的成功实践，可以为南滚河流域的竹子资源的深度开发提供经验。

16.6.4 行动描述

根据南滚河国家级自然保护区周边社区竹子资源丰富、民众有传统的种植知识等特点，拟将竹产业作为周边社区优先选择的替代生计产业。在村寨周围、沟坎等地大力发展以巨龙竹为主的竹子种植，引进外部投资和技术，在班洪建立一个竹产品加工厂，选择的利用方式为高附加值的产业，以提高竹子的综合利用率，如工艺品加工，竹地板、竹编胶合板制造等。

16.7　土地合理利用规划——以芒库村为例

16.7.1 目　的

根据当前土地利用现状的分析，通过由当地社区民众代表参加的土地利用规划，提高土地的利用效率，减少亚洲象对社区人身财产的损害，促进社区发展。

16.7.2 理　由

研究表明，南滚河流域民众对亚洲象的干扰和亚洲象对社区民众造成人身财产损害的主要原因是土地利用格局和方式的不合理。对土地利用格局的重新规划和实施，对亚洲象的保护和社区的发展都有利。

芒库村村民委员会位于班洪乡南部，是近年来南滚河流域人象冲突的典型区域，具有很强的代表性。芒库村总人口1406人，经济林面积149.64公顷，经济作物以茶叶和橡胶为主，经济总收入116.33万元，年人均收入956元，略高于班洪乡水平；人均有粮242公斤，远远低于班洪乡水平。同时，芒库村也是亚洲象造成损害最严重的社区，2005年受害水田93.46公顷，占芒库村水田总面积（按卫星影像图测出面积，267.99公顷）的34.87%；损失稻谷27531公斤，占63.82%。

对卫星影像图进行判读，得出芒库村的土地利用现状（图16-1、表16-3）。

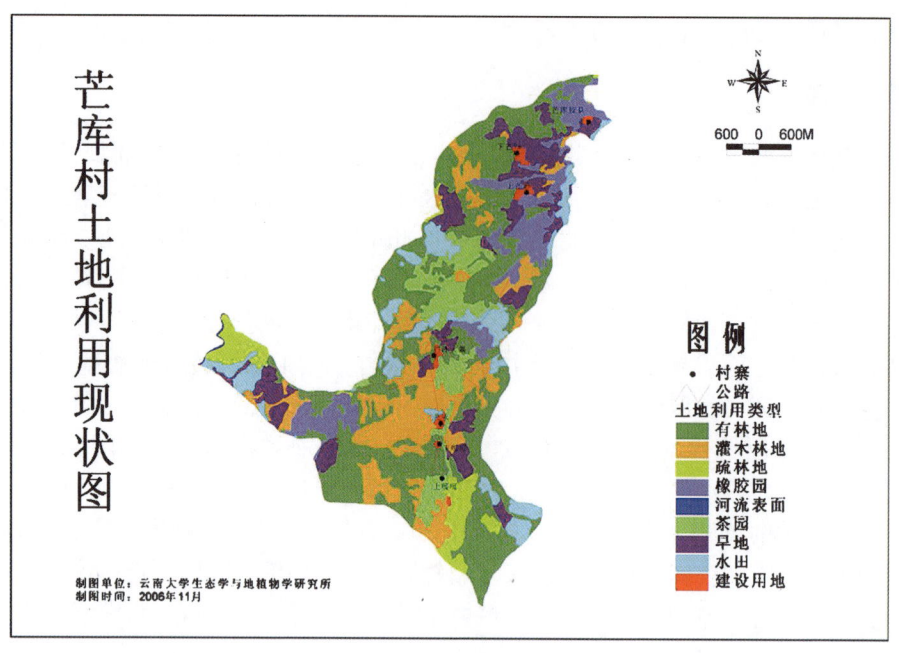

图 16-1 芒库村土地利用现状图

表 16-3 芒库土地利用现状

土地类型	斑块数量	面积（hm²）
茶园	5	228.88
灌木林地	29	485.00
旱地	20	326.41
河流表面	2	3.29
建设用地	8	29.75
疏林地	8	148.81
水田	26	267.99
橡胶园	15	289.29
有林地	25	1136.80

通过参与式的调查方法揭示出芒库村存在的问题后，我们进行了对策分析，结果如下（表 16-4）。

表 16-4 芒库村矛盾冲突及对策分析表

问题	对策	活动
发展与土地资源矛盾	集约经营，引入科学种茶种胶先进技术	1. 建高优茶园 2. 建人工胶园

续 表

问 题	对 策	活 动
基础设施建设差	改进公路路面及水利设施	1. 改善路面 2. 解决人畜饮水问题
与保护区界线不明	尽快明确界线	社区参与，限期完成勘界
缺技术	进行实用技术培训和科技推广	1. 种茶、养猪、种紫胶技术培训 2. 妇女实用技术培训
人与象冲突	拟种食料基地；国家收购大象活动区村民耕地，提高动物损害庄稼补偿金额	1. 在大象活动区实行退耕还林 2. 大象活动区种食料，国家适当补助 3. 国家收购大象活动区的村民土地
发展与保护的矛盾	对被划入保护区的土地给予补偿	享受国家优惠政策
缺钱	贷款发展项目	引入项目
社区治安不太好	加强执法	加强对偷盗行为的执法力度
观念更新慢	加强基础教育和公众意识教育	科技兴农，加强综合培训

16.7.3 实 践

2004年以来，班老乡科学开展土地利用的规划，以项目为依托，在远离亚洲象活动区域的南衣河（界河）岸新开发、整理良田近10000亩（666hm^2）；但由于水利设施的缺乏和技术的限制，效益还没有显现出来。另外，被置换出来的区域大部分用于种植橡胶，所以对亚洲象保护的贡献不显著。

16.7.4 行动描述

16.7.4.1 土地利用规划

在芒库村民众代表（村干部、小组干部、村民代表）的参与下，对芒库村的土地利用格局进行了规划。规划的原则是在得到当地民众（代表）认可的前提下，对靠近南滚河边经常受亚洲象损害的田地实行退耕还林，在距离亚洲象活动区较远的区域开造新田置换退耕的田地，在退耕还林地上发展对亚洲象影响最小的产业。规划实现后，芒库村将对土地资源进行重新分配。

16.7.4.2 产业选择和布局

根据村民的意见、乡政府的发展规划和产业对亚洲象的影响强度，选择种植业。首先是水田的开造，其次选择紫胶园建设，再次选择巨龙竹种植。经过现场勘查和讨论，决定了以下规划方案：对南滚河自然保护区边缘的有林地采取社区共管的方法进行严格保护；在帕埃河边进行土地整治；在帕埃河源头附近修建一个拦河坝，修建一条长约3.6公里的灌溉渠（三面光）；推广先进的水稻种植技术（包括节水农业技术）；在亚洲象活动区域实行退耕还林；在村寨周围种植巨龙竹。(图16-2)

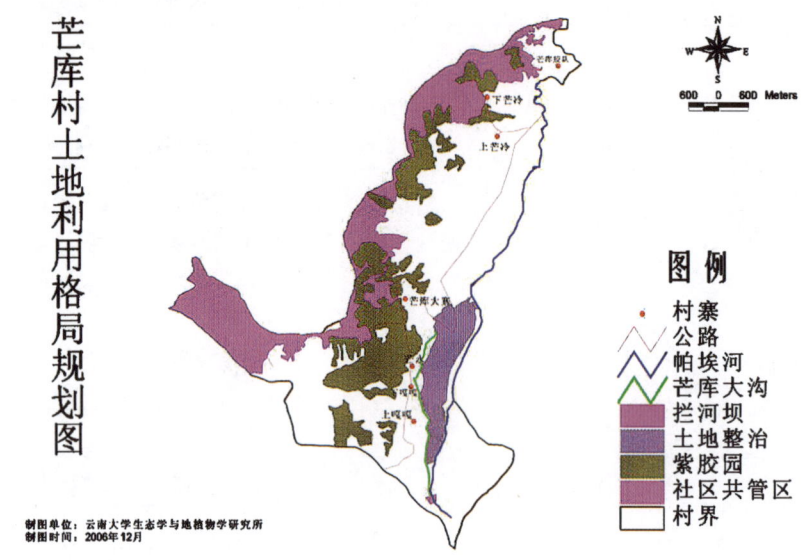

图16-2　芒库村土地利用格局规划图

参考资料

[美] C. 恩伯, M. 恩伯. 文化的变异——现代文化人类学通论 [M]. 杜杉杉, 译. 沈阳: 辽宁人民出版社, 1988.

Ilkka Hanski. 萎缩的世界——生境丧失的生态学后果 [M]. 张大勇, 陈小勇, 等, 译. 北京: 高等教育出版社, 2006.

Robert E. Ricklefs. 生态学 [M]. 孙儒泳, 尚玉昌, 李庆芬, 等, 译. 北京: 高等教育出版社, 2004.

安迪, 钱洁. 少数民族、技术与发展——云南参与式技术发展实践 [M]. 昆明: 云南科技出版社, 2005.

[美] 艾尔·巴比. 社会研究方法 [M]. 李银河, 编译. 成都: 四川人民出版社, 1987.

毕登程, 隋嘎. 司岗里（佤族创世史诗）[M]. 昆明: 云南人民出版社, 2009.

毕登程, 隋嘎. 司岗里文化新探 [M]. 昆明: 云南大学出版社, 2008.

毕登程, 隋嘎, 赵秀兰. 司岗里史诗原始资料选辑 [M]. 北京: 民族出版社, 2010.

毕京京. 推动社会主义文化大发展大繁荣学习读本 [M]. 北京: 人民日报出版社, 2011.

蔡家麒. 论原始宗教 [M]. 昆明: 云南民族出版社, 1988.

苍铭. 云南民族迁移文化研究 [M]. 昆明: 云南民族出版社, 1997.

沧源佤族自治县勐董水库建设管理局, 沧源佤族自治县旅游局. 神奇的沧源 [M]. 昆明: 云南民族出版社, 2001.

《沧源佤族自治县概况》编写组、《沧源佤族自治县概况》修订本编写组. 沧源佤族自治县概况 [M]. 北京: 民族出版社, 2007.

陈国庆, 谢玲. 佤族 [M]. 北京: 中国水利水电出版社, 2004.

陈明勇. 中国野象 [M]. 昆明: 云南科技出版社, 2008.

陈明勇, 吴兆录, 董永华, 等. 中国亚洲象研究 [M]. 北京: 科学出版社, 2006.

陈荣华. 追赶太阳的阿佤山 [M]. 昆明: 云南民族出版社, 2004.

成中英. 文化伦理与管理 [M]. 北京: 东方出版社, 2011.

崔明昆. 象征与思维——新平傣族的植物世界 [M]. 昆明: 云南人民出版社, 2011.

杜巍, 白应华. 首届中国佤族文化学术研讨会论文集 [M]. 昆明: 云南大学出版社, 2008.

段世琳. 佤族历史文化探秘 [M]. 昆明: 云南大学出版社, 2007.

樊华. 传统与现代的互动——以沧源佤族艺术为中心的研究 [M]. 北京: 商务印书馆, 2011.

方明, 王颖. 观察社会的视角——社区新论 [M]. 北京: 知识出版社, 1991.

高金和, 李小梅. 傣泰民族历史地理研究 [M]. 香港: 天马出版有限公司, 2011.

高志英．独龙族社会文化与观念嬗变研究［M］．昆明：云南人民出版社，2009．

［英］戈·埃·哈威．缅甸史（上，下）［M］．姚梓良，译．北京：商务印书馆，1973．

郭大昌，郭绍荣，段桦．中国佤族医药（一）（二）（三）（四）［M］．昆明：云南民族出版社，1990~1997．

郭大烈．云南民族传统文化变迁研究［M］．昆明：云南大学出版社，1997．

郭锐．佤族木鼓的文化链接［M］．昆明：云南大学出版社，2009．

郭思九，尚仲豪．佤族文学简史［M］．昆明：云南民族出版社，1999．

何俊，周志美，杨晏平．参与式农村社区综合发展——云南少数民族社区的实践经验［M］．北京：中国农业出版社，2011．

何清涟．现代化的陷阱——当代中国的经济社会问题［M］．北京：今日中国出版社，1998．

何群．土著民族与小民族生存发展问题研究［M］．北京：中央民族大学出版社，2006．

何群．环境与小民族生存——鄂伦春文化的变迁［M］．北京：社会科学文献出版社，2006．

胡箏．生态文化——生态实践与生态理性交汇处的文化批判［M］．北京：中国社会科学院出版社，2006．

季羡林．季羡林谈文化［M］．北京：人民日报出版社，2011．

［法］加科·布德．人与兽——一部视觉的历史［M］．李扬，王珏纯，刘爽，译．济南：山东画报出版社，2001．

［荷］吉尔特·霍夫斯泰德，格特·扬·霍夫斯泰德．文化与组织——心理软件的力量［M］．李原，孙健敏，译．北京：中国人民大学出版社，2010．

蒋志刚，谢宗强．物种的保护［M］．北京：中国林业出版社，2008．

［法］克洛德·列维-斯特劳斯．野性的思维［M］．李幼燕译．北京：中国人民大学出版社，2006．

库宝善．动物与人行为探秘［M］．北京：北京医科大学、中国协和医科大学联合出版社，1992．

李兵．云南民族村寨调查（佤族）——沧源勐董镇帕良村［M］．昆明：云南大学出版社，2001．

［美］理查德·B．哈里斯．消逝中的荒野——中国西部野生动物保护［M］．张颖溢，编译．北京：中国环境科学出版社，2010．

黎永泰，黎伟．企业管理的文化阶梯［M］．成都：四川人民出版社，2003．

李洁．临沧地区佤族百年社会变迁［M］．昆明：云南教育出版社，2001．

李静．民族交往心理的跨文化研究［M］．北京：中国社会科学出版社，2010．

李建友，何丕坤．中国林业转型期的社会［M］．昆明：云南民族出版社，2008．

李明富．沧源佤族自治县志［M］．昆明：云南民族出版社，1998．

李难．行为与进化——人类和动植物行为的奥秘［M］．上海：复旦大学出版社，2009．

李咏梅．佤族［M］．长春：吉林文史出版社，2010．

临沧地区民族宗教事务局．临沧地区民族志［M］．昆明：云南民族出版社，2003．

刘爱军．生态文明研究［M］．济南：山东人民出版社，2011．

刘建军．信仰的呼唤——社会主义市场经济条件下的信仰问题研究［M］．北京：人民出版社，2011.

刘军，梁荔．阿佤人 阿佤理——西盟佤族传统文化调查行记［M］．昆明：云南民族出版社，2008.

刘荣昆．傣族生态文化研究［M］．昆明：云南大学出版社，2011.

刘湘溶．人与自然的道德话语——环境伦理学的进展与反思［M］．长沙：湖南师范大学出版社，2004.

龙春林，等．民族地区自然资源的传统管理［M］．北京：中国环境出版社，2009.

罗康隆．文化人类学论纲［M］．昆明：云南大学出版社，2005.

罗康智，罗康隆．传统文化中的生计策略——以侗族为例［M］．北京：民族出版社，2009.

罗钰．云南物质文化——采集渔猎篇［M］．昆明：云南教育出版社，1996.

鲁颖．司岗里揭秘［M］．呼和浩特：远方出版社，2004.

［美］马尔科姆·沃纳，帕特·乔恩特．跨文化管理［M］．郝继涛，译．北京：机械工业出版社，2004.

莽萍．物我相融的世界——中国人的信仰、生活与动物观［M］．北京：中国政法大学出版社，2009.

民族问题五种丛书云南编辑委员会．佤族社会历史调查（一）、（二）、（三）、（四）［M］．昆明：云南人民出版社，1987.

纳麒．传统与现代的整合［M］．昆明：云南大学出版社，2001.

潘红．世界文化背景下的民族文化发展趋势［M］．昆明：云南人民出版社，2011.

潘年英．非物质文化遗产保护与本土经验［M］．贵阳：贵州人民出版社，2009.

裴盛基，龙春林．应用民族植物学［M］．昆明：云南民族出版社，1998.

裴盛基，淮虎银．民族植物学［M］．上海：上海科学技术出版社，2007.

乔健，李沛良，李有梅，等．文化、族群与社会的反思［M］．北京：北京大学出版社，2005.

钱俊生，余谋昌．生态哲学［M］．北京：中共中央党校出版社，2004.

［日］秋道智弥，市川光雄，大塚柳太郎．生态人类学［M］．范广融，尹绍亭，译．昆明：云南大学出版社，2007.

尹绍亭，［日］秋道智弥，等．生态与历史——人类学的视角［M］．昆明：云南大学出版社，2007.

任万竹，李昌连，叶建芳．云南高黎贡山国家级自然保护区腾冲县横河村傈僳族传统文化传承与生物多样性保护［M］．昆明：云南人民出版社，2010.

任兆胜，胡立耘．口承文学与民间信仰［M］．昆明：云南大学出版社，2007.

［美］塞缪尔·亨廷顿，劳伦斯·哈里森．文化的重要作用——价值观如何影响人类进步［M］．程克雄，译．北京：新华出版社，2010.

石磊．佤族审美文化［M］．昆明：云南大学出版社，2008.

施惟达，段炳昌，等．云南民族文化概说［M］．昆明：云南大学出版社，2004.

宋涛，等．传统裂变与现代超越［M］．北京：民族出版社，2006.

孙振玉．人类生存与生态环境［M］．哈尔滨：黑龙江人民出版社，2005.

唐纳德·L. 哈迪斯蒂. 生态人类学 [M]. 郭凡, 邹和, 译. 北京: 文物出版社, 2002.

田继周, 罗之基. 西盟佤族社会形态 [M]. 昆明: 云南人民出版社, 1980.

田继周, 罗之基. 佤族 [M]. 北京: 民族出版社, 1996.

《佤族简史》编写组,《佤族简史》修订本编写组. 佤族简史 [M]. 北京: 民族出版社, 2008.

王敬骝. 佤山纪事 [M]. 昆明: 云南民族出版社, 2007.

王敬骝. 佤族熟语汇释 [M]. 昆明: 云南民族出版社, 1992.

王利华. 中国历史上的环境与社会 [M]. 北京: 生活·读书·新知三联书店, 2007.

王珍喜. 文明冲突视野下的伦理社会——以梁漱溟与陈序经之比较为中心 [M]. 昆明: 云南人民出版社, 2011.

王学兵. 司岗里传说 [M]. 呼和浩特: 远方出版社, 2004.

王有明, 陈卫东. 佤族风情 [M]. 昆明: 云南民族出版社, 1999.

魏德明. 佤族历史与文化研究 [M]. 云南: 德宏民族出版社, 1999.

文焕然, 等. 中国历史时期植物与动物变迁研究 [M]. 重庆: 重庆出版社, 2006.

温益群. 住瓦房的司岗里后人——佤族 [M]. 昆明: 云南人民出版社, 云南大学出版社, 2003.

无碍. 佛教的故事 [M]. 北京: 北京出版社, 2004.

[美] 西蒙·A. 莱文. 脆弱的领地——负载型与公有域 [M]. 吴丹, 田小飞, 王娜, 等, 译. 上海: 上海科技教育出版社, 2006.

肖青, 张胜冰. 中国西南少数民族艺术哲学探究 [M]. 北京: 民族出版社, 2004.

谢斌. 人本生态观与管理的生态化 [M]. 北京: 科学出版社, 2009.

谢伟, 刘军, 梁荔, 等. 向文化要发展——西盟佤族经济文化现象透析 [M]. 昆明: 云南民族出版社, 2006.

许建初, 安迪, 钱洁. 中国西南民族社区资源管理的变化动态 [M]. 昆明: 云南科技出版社, 2004.

许再富, 段其武, 杨云, 等. 西双版纳傣族热带雨林生态文化 [M]. 昆明: 云南科技出版社, 2011.

[日] 旭硝子财团. 谁惹了地球——人类生存的困境与出路 [M]. 北京: 中共中央党校出版社, 2011.

岩采. 西盟佤族 [M]. 昆明: 云南民族出版社, 2011.

颜其香, 周植志, 李道勇, 等. 佤汉简明词典 [M]. 昆明: 云南民族出版社, 1981.

杨红. 摩梭人生态文化研究 [M]. 成都: 四川大学出版社, 2010.

杨庭硕, 田宏. 本土生态知识引论 [M]. 北京: 民族出版社, 2010.

杨煜达. 清代中期滇边银矿的矿民集团与边疆秩序——以茂隆银厂吴尚贤为中心. 中国边疆史地研究 [J]. 2008, 18 (4): 43~55, 147.

杨宇明, 杜凡. 中国南滚河国家级自然保护区 [M]. 昆明: 云南科技出版社, 2004.

杨宇明, 王娟, 王建皓. 云南生物多样性及其保护研究 [M]. 北京: 科学出版社, 2008.

杨志明, 等. 云南少数民族传统文化研究 [M]. 北京: 人民出版社, 2009.

叶平．生态伦理学［M］．哈尔滨：东北林业大学出版社，1994．

廖国强，何明，袁国友．中国少数民族生态文化研究［M］．昆明：云南教育出版社，2009．

尹绍亭，［日］秋道智弥．人类学生态环境史研究［M］．北京：中国社会科学出版社，2006．

尹绍亭．云南山地民族文化生态的变迁［M］．昆明：云南教育出版社，2009．

余达忠．生态文化与生态批评［M］．北京：民族出版社，2010．

于贵瑞，等．人类活动与生态系统变化的前沿科学问题［M］．北京：高等教育出版社，2009．

岳汉景．文化影响国家行为的机理研究［M］．合肥：合肥工业大学出版社，2011．

［英］詹姆斯·乔治·弗雷泽．金枝——巫术与宗教之研究（上，下）［M］．徐育新，汪培基，张泽石，译．北京：大众文艺出版社，1998．

张国壮．生态人——人类困境中的希望［M］．北京：中国社会科学出版社，2010．

张亚光．中国思想与企业文化［M］．昆明：云南人民出版社，2007．

张云初，等．企业文化基本［M］．深圳：海天出版社，2004．

赵富荣．中国佤族文化［M］．北京：民族出版社，2005．

赵富荣，陈国庆．佤语话语材料集［M］．北京：中央民族大学出版社，2010．

赵富荣，陈国庆．佤语基础教程［M］．北京：中央民族大学出版社，2006．

赵富荣．佤族风俗志［M］．北京：中央民族大学出版社，1994．

赵明生．佤族文化研究（第一辑）［M］．昆明：云南民族出版社，2011．

赵明生．论李定国对阿佤山的开发与影响［J］．临沧教育学院学报．2002，(4)：19-24．

赵秀兰．佤族研究（第一辑）［M］．昆明：云南民族出版社，2011．

赵岩社．佤族生活方式［M］．昆明：云南民族出版社，2000．

郑晓云，杨正权．红河流域的民族文化与生态文明（上）［M］．北京：中国书籍出版社，2010．

中共中央宣传部《党建》杂志社．文化中国［M］．北京：红旗出版社，2011．

周鸿．走近生态文明［M］．昆明：云南大学出版社，2010．

朱安启，胡柱志．中国古代环境文化概论［M］．北京：中国环境科学出版社，2008．

朱飞云，梁荔，刘军．解密佤山［M］．昆明：云南美术出版社，2005．

祝慧烨．发现企业文化前沿地带——30家中国企业文化优秀案例［M］．北京：企业管理出版社，2003．

祝慧烨，肖震东，李德洁．企业文化管理——中国企业进化之道［M］．北京：机械工业出版社，2011．

左永平．木鼓回归——佤族文化特质和当代价值研究［M］．昆明：云南大学出版社，2008．

民族生物学学科规范——美国国家科学基金（NSF）生物复杂性研讨会报告［R］．陈微，许建初，译．云南植物研究2004，26（05）1-3．

后　　记

　　本书是李永杰的心血之作，但还来不及面世，他却于 2020 年 2 月 29 日因病突然逝世。我是永杰的同学、同事和老朋友，责无旁贷地承担起了整理永杰遗稿的任务，代他完成本书出版的任务，以此来告慰永杰的在天之灵，并代他感谢支持过、关心过他的人们！

　　永杰病故后，他的爱妻李忠莲女士强忍悲痛，把永杰遗留下的电脑及移动硬盘中找到的书稿的电子文件移交给我。我在整理永杰留下书稿的有关材料时，发现其实书稿早在 2017 年已基本完成；永杰迟迟不出版，也不轻易示人，是在不断搜集新材料以完善书稿内容。这充分反映了永杰严谨治学、对自己的作品精益求精的态度。从永杰留下来的有关材料看，他确实是尽了最大努力搜集到了大量有关亚洲象的翔实资料，并花费个人资金购买了有关大象研究及少数名族文化与亚洲象保护的巨量书籍，投入了大量时间和精力研究亚洲象及相关的云南少数民族文化。眼前这些，令人对永杰未能亲自看到自己的研究成果出版而感到痛惜！

　　我在整理永杰的遗作时，尽最大努力保持了书稿原有的学术思想、学术结论和叙述风格。由于自己的水平有限，书中各方面的错误和疏漏肯定还有很多，在这里特别向本书读者声明，本书的文责全部由我承担。欢迎大家指出书中的错误、疏漏，以便改正。

朱　勇

2020 年 10 月 28 日于昆明